W. Arnold, W. E. Poser, M. R. Möller (Hrsg.)

Suchtkrankheiten

Diagnose, Therapie und analytischer Nachweis

Mit 36 Abbildungen und 32 Tabellen

Springer-Verlag
Berlin Heidelberg New York
London Paris Tokyo

Prof. Dr. Dr. Wolfgang Arnold

Universitätsinstitut für Rechtsmedizin
Butenfeld 34, 2000 Hamburg 54

Prof. Dr. Wolfgang Edgar Poser

Georg-August Univ. Göttingen, Psychiatrische Klinik
von-Siebold-Straße 5, 3400 Göttingen

Prof. Dr. Manfred R. Möller

Domagkstr. 6, 6650 Homburg

ISBN 3-540-19278-6 Springer-Verlag Berlin Heidelberg New York
ISBN 0-387-19278-6 Springer-Verlag New York Heidelberg Berlin

CIP-Titelaufnahme der Deutschen Bibliothek
Suchtkrankheiten: Diagnose, Therapie u. analyt. Nachweis/W. Arnold ... (Hrsg.). –
Berlin; Heidelberg; New York; London; Paris; Tokyo: Springer, 1988
(Suchtproblematik)
ISBN 3-540-19278-6 (Berlin ...) brosch.
ISBN 0-387-19278-6 (New York ...) brosch.
NE: Arnold, Wolfgang [Hrsg.]

Fotosatz: Brühlsche Universitätsdruckerei, Gießen
Offsetdruck: Heenemann, Berlin; Bindearbeiten: Lüderitz & Bauer, Berlin
2119/3020-543210

Vorwort der Herausgeber

Die erste gemeinsame Tagung der Deutschen Gesellschaft für Suchtforschung (DG-Sucht) und der Gesellschaft für Toxikologische und Forensische Chemie (GTFCh) fand am 30./31. Mai 1986 in Göttingen statt. Ihr Leitthema war: „Die Bedeutung chemisch-toxikologischer Analysen von Suchtstoffen – Diagnostische, forensische und therapeutische Maßnahmen".

Die hohe Beteiligung vieler namhafter Experten beider Arbeitsrichtungen ist ein Zeichen dafür, daß ein Gedankenaustausch unter Fachleuten mit z. T. konträren Ansichten zu bestimmten Problemen erforderlich ist. Die beiderseitigen Vorstellungen müssen gemeinsam diskutiert und Lösungen der diffizilen Aufgaben in der so vielfältigen Drogenszene angestrebt werden.

In den der Analytik zuzuordnenden Beiträgen wurde darauf hingewiesen, daß die Fortschritte in der Analyse biologischer Asservate von Drogenabhängigen nicht mehr wie früher mit teilweise erheblichen Unsicherheiten verbunden sind. Insbesondere gelingt es mit Hilfe des Einsatzes zweier voneinander unabhängiger Untersuchungsverfahren fast immer, zu eindeutigen Ergebnissen zu kommen. Damit wird eine weitgehend sichere Interpretation der Befunde ermöglicht.

Von den meisten in der Drogenszene tätigen Therapeuten wurde dies begrüßt und auch bestätigt, wenn auch in der Diskussion vereinzelt zum Ausdruck gebracht wurde, daß die enge, vertrauensvolle Bindung des Patienten zum behandelnden Therapeuten einer Analyse von Urin- und Blutentnahmen vorzuziehen sei und letztere nur stören würde. Leider führt aber, wie bisherige Erfahrungen zeigen, dieses vertrauensvolle Verhältnis nur zu oft zu einer Selbsttäuschung des Therapeuten, der einen Rückfall seines Klienten nicht bemerkt. In Zukunft bietet sich, sobald noch weitere Fakten auf diesem neuen analytischen Gebiet erarbeitet sind, die

Überprüfung eines Süchtigen mit Hilfe der Haaranalyse an, die lediglich in mehrmonatigen Abständen durchzuführen ist. Bei einem negativen Ausgang einer solchen Untersuchung kann der Therapeut weitgehend sicher sein, daß in der erfaßten Zeit der Patient nicht rückfällig geworden ist.

Klinisch-chemische oder toxikologische Analysen können aber auch eine Hilfe bei der Therapie sein: Ein besserer Laborwert ist ein Beweis für die Abstinenz und wird von dem Therapeuten akzeptiert und gewürdigt. Ebenso kann auch der Patient darauf stolz sein, da die sich bessernden klinisch-chemischen Parameter eindeutig aufzeigen, daß seine Alkoholschäden nicht irreversibel sind und seine Abstinenz sich lohnt. Aus toxikologischen Analysenbefunden zeigt sich oft erstmalig das Ausmaß einer Polytoxikomanie und gibt dadurch Hinweise für eine optimale Entzugsstrategie.

Einhellig bestand die Ansicht, eine derartige gemeinsame Tagung in nicht allzu langen Zeitabständen erneut zu veranstalten und weiterhin auch zwischenzeitlich in Verbindung zu bleiben, um vereint die wachsenden akuten Probleme in der Drogenszene zu lösen. Die Zunahme der Rauschgifttodesfälle im Jahre 1987 – allein in Hamburg 51 Tote – muß als eine dringliche Aufforderung zu einer engeren Zusammenarbeit aller Beteiligten angesehen werden. Dem Bundesministerium für Jugend, Familie und Gesundheit sowie der Hauptstelle gegen die Suchtgefahren sei an dieser Stelle für die großzügige Unterstützung der Göttinger Tagung vielmals gedankt.

Göttingen, im Frühjahr 1988   Wolfgang Arnold
                                               Manfred Möller
                                               Wolfgang Poser

Autorenverzeichnis

Altenkirch, H., Prof. Dr. med.
FU Berlin, Universitätsklinikum Steglitz,
Abteilung für Neurologie, Hindenburgdamm 30, 1000 Berlin 45

Apelt, S., Dr.
Max-Planck-Institut für Psychiatrie, Kraepelinstraße 10,
8000 München 40

Arnold, W., Prof. Dr. med. Dr. rer. nat.
Universitätsinstitut für Rechtsmedizin, Butenfeld 34,
2000 Hamburg 54

Baudisch, H., Dr.
Landesanstalt für Lebens-, Arzneimittel- und
Gerichtliche Chemie, Invalidenstraße 60, 1000 Berlin 21

Bäumler, J., Dr.,
Polizeidepartment Basel-Stadt, Pestalozzistraße 20,
CH-4012 Basel

Berg, S., Prof. Dr. med.
Direktor des Instituts für Rechtsmedizin, Windausweg 2,
3400 Göttingen

Beyer, K.-H., Prof. Dr.
Landesanstalt für Lebens-, Arzneimittel- und
Gerichtliche Chemie, Invalidenstraße 63–78, 1000 Berlin 21

Biro, G., Dr.
II. Medizinische Universitäts-Poliklinik, RIA-Labor,
6650 Homburg/Saar

Bühringer, G., Dr.,
  Max-Planck-Institut für Psychiatrie, Projektgruppe
  Rauschmittelabhängigkeit, Parzivalstraße 25, 8000 München 40

Bussemas, H. H., Ing.-grad.
  Institut Dr. Eberhard, Brauhausstraße 4, 4600 Dortmund 1

Conrad, B., Prof. Dr. med.
  Abteilung für Neurophysiologie der Universität,
  Robert-Koch-Straße 40, 3400 Göttingen

Daldrup, T., Priv.-Doz. Dr.
  Institut für Rechtsmedizin der Universität,
  Moorenstraße 5, 4000 Düsseldorf 1

Domagk, G., Prof. Dr.
  Max-Planck-Institut für experimentelle Medizin,
  Hermann-Rein-Straße 3, 3400 Göttingen

Donike, M., Prof. Dr.
  Institut für Biochemie der Deutschen Sporthochschule,
  Carl-Diem-Weg 2, 5000 Köln 41

Eggert, A.,
  Institut für Rechtsmedizin, Windausweg 2, 3400 Göttingen

Emrich, H. M., Dr.
  Max-Planck-Institut für Psychiatrie, Kraepelinstraße 10,
  8000 München 40

Fehn, J., Dr.
  Bayrisches Landeskriminalamt, Maillinger Straße 15,
  8000 München 19

Feuerlein, W., Prof. Dr.
  Max-Planck-Institut für Psychiatrie, Kraepelinstraße 10,
  8000 München 40

Gerchow, J., Prof. Dr. med.
Direktor des Zentrums für Rechtsmedizin der Universität,
Kennedyallee 104, 6000 Frankfurt 70

Glaeske, G., Dr.
Bremer Institut für Präventivforschung und Sozialmedizin,
Präsident-Kennedy-Platz 1, 2800 Bremen 1

Graf, N., Dr. med.
Universitäts-Kinderklinik, 6650 Homburg/Saar

Harhoff, F.
Institut Dr. Eberhard, Brauhausstraße 4, 4600 Dortmund 1

Havemann, U., Dr. rer. nat.
Max-Planck-Institut für experimentelle Medizin,
Abteilung für Biochemie und Pharmakologie,
Hermann-Rein-Straße 3, 3400 Göttingen

Heemken, R., Dr. med.
Zentrum für psychologische Medizin, Abteilung für Psychiatrie
der Universitäts-Kliniken, v.-Siebold-Str. 5, 3400 Göttingen

Holzgraefe, M., Dr. med.
Abteilung für Psychiatrie der Universität (Zentrum 16),
v.-Siebold-Straße 5, 3400 Göttingen

Käferstein, H., Prof. Dr. rer. nat.
Institut für Rechtsmedizin, Melatengürtel 60–62,
5000 Köln 30

Kampmann, H., Dr.
Institut für Rechtsmedizin, Windausweg 2, 3400 Göttingen

Kijewski, H., Dr. med. Dr. rer. nat.
Institut für Rechtsmedizin, Windausweg 2, 3400 Göttingen

Kuschinsky, K., Prof. Dr. med.
Institut für Pharmakologie und Toxikologie, Ketzerbach 63,
3550 Marburg

Lappenberger-Pelzer, M., Dr.
Landesinstitut für Lebens-, Arzneimittel- und Gerichtliche
Chemie, Abteilung für Toxikologie, Invalidenstr. 60,
1000 Berlin 21

Lemm-Ahlers, U., Dr.
Landesanstalt für Lebens-, Arzneimittel- und Gerichtliche
Chemie, Invalidenstraße 60, 1000 Berlin 21

Liesenfeld, B.
Psychiatrische Klinik der FU Berlin, Eschenallee 30,
1000 Berlin 19

Lucius, H.
Abteilung für Psychiatrie am Zentrum Nervenheilkunde
der Universität Kiel, Niemannsweg, 2300 Kiel

Matthaei, H., Prof. Dr.
Max-Planck-Institut für experimentelle Medizin,
Hermann-Rein-Straße 3, 3400 Göttingen

May, B., Prof. Dr. med.
Medizinische Universitätsklinik und Poliklinik,
Hunschneidtstraße 1, 4630 Bochum 1

Megges, G., Dr.
Bayrisches Landeskriminalamt, Maillinger Straße 15,
8000 München 19

Möller, M., Prof. Dr.
Institut für Rechtsmedizin, 6650 Homburg/Saar

Molzahn, M., Prof. Dr.
Humboldtkrankenhaus, Am Nordgraben 2, 1000 Berlin 27

Müller-Oerlinghausen, B., Prof. Dr.
Psychiatrische Klinik der FU Berlin, Eschenallee 30,
1000 Berlin 19

Niemann, J.
Max-Planck-Institut für experimentelle Medizin,
Hermann-Rein-Straße 3, 3400 Göttingen

Piesiur-Strehlow, B., Dr. med.
Abteilung für Psychiatrie der Universität (Zentrum 16),
v.-Sieboldt-Straße 5, 3400 Göttingen

Platz, W. E., Dr.
Psychiatrische Klinik der FU, Eschenallee 30, 1000 Berlin 19

Poser, W., Prof. Dr. med.
Abteilung für Psychiatrie der Universität (Zentrum 16),
v.-Sieboldt-Straße 5, 3400 Göttingen

Priebe, S., Dr. med.
Psychiatrische Klinik der FU, Eschenallee 30, 1000 Berlin 19

Reinbold, H., Dr.
Westfälisches Landeskrankenhaus Dortmund,
Marsbruchstraße 179, 4600 Dortmund 41

Remberg, R., Dr.
Institut für Rechtsmedizin, Windausweg 2, 3400 Göttingen

Reudenbach, G., Dr.
Institut für Rechtsmedizin, Moorenstr. 5, 4000 Düsseldorf

Rießelmann, B., Dr.
Landesanstalt für Lebens-, Arzneimittel- und Gerichtliche
Chemie, Invalidenstraße 60, 1000 Berlin 21

Schänzer, W., Dr.
Institut für Biochemie der Deutschen Sporthochschule,
Carl-Diem-Weg 2, 5000 Köln 41

Schmauss, C., Dr.
Max-Planck-Institut für Psychiatrie, Kraepelinstraße 10,
8000 München 40

Schmidt, L. G., Dr.
Psychiatrische Klinik der FU Berlin, Eschenallee 30,
1000 Berlin 19

Schneider, W.-R.
Institut für Rechtsmedizin, Frankfurter Str. 58, 6300 Gießen

Schönle, P., Dr.
Abteilung für Neuropsychologie der Universität,
Robert-Koch-Straße 40, 3400 Göttingen

Schütz, H., Prof. Dr.
Institut für Rechtsmedizin, Frankfurter Straße 58,
6300 Gießen

Simon, R., Dr.
PROP-Alternative e. V., Parzivalstr. 25, 8000 München 40

Sirowej, H., Dr. Dr. med.
Institut Dr. Eberhard, Brauhausstraße 4, 4600 Dortmund 1

Sprung, R., Dr. med.
Institut für Rechtsmedizin, Windausweg 2, 3400 Göttingen

Staak, M., Prof. Dr. med.
Direktor des Institutes für Rechtsmedizin, Melatengürtel 60–62,
5000 Köln 30

Sticht, G., Dr. rer. nat.
Institut für Rechtsmedizin, Melatengürtel 60, 5000 Köln 30

Strehlow, U., Dr. med.
Abteilung für Psychiatrie der Universität (Zentrum 16),
v.-Siebold-Straße 5, 3400 Göttingen

Thompson, T., Dr.
Institut für Rechtsmedizin, Moorenstr. 5, 4000 Düsseldorf

Vollmer, H., Dipl.-Psych.
PROP-Alternative e. V., Parzivalstraße 25,
8000 München 40

Wendland, G., Dr. med.
Abteilung für Psychiatrie am Zentrum Nervenheilkunde der
Universität, Niemannsweg, 2300 Kiel

Wennig, R., Prof. Dr.
Laboratoire national de santé (Laboratoire de Institut d'Hygiene
et de Sante Publique, Lab. de chimie toxicologique
et pharmaceutique, Postfach 1102, L-1011 Luxembourg

Wieland, H., Prof. Dr.
Abteilung für Psychiatrie der Universität (Zentrum 16),
v.-Siebold-Straße 5, 3400 Göttingen

Wildmann, J., Dr.
Max-Planck-Institut für experimentelle Medizin,
Hermann-Rein-Straße 3, 3400 Göttingen

Inhaltsverzeichnis

Begrüßung und Einführung (1)

S. Berg

Meine Herren Vorsitzenden,
Damen und Herren Kollegen, verehrte Tagungsteilnehmer!

Herr Kollege Poser hat mich namens der beteiligten Fachgesellschaften eingeladen, zur Eröffnung Ihrer gemeinsamen Tagung einige Worte der Begrüßung aus der Sicht der Göttinger Einrichtungen zu sprechen. Anfang des Monats stand auf der Jahrestagung norddeutscher Rechtsmediziner im Aachener Klinikum ebenfalls der Themenkreis „Drogenmißbrauch" im Zentrum; so werden sich vielleicht gewisse Vergleichsmöglichkeiten der Schwerpunktbildung in der grenznahen Großstadt einerseits und dem mehr ländlichen Einzugsgebiet von Südniedersachsen andererseits ergeben.

Göttingen selbst hat durch die Universität mit über 30 000 Studenten und eine ungewöhnliche Massierung von Kliniken, Landeskrankenhäusern und Max-Planck-Instituten bei geringer Industrialisierung eine Infrastruktur, die sich u. a. auch als sozialpsychiatrisch bedeutsam, um nicht zu sagen ergiebig, erwiesen hat.

Das Universitätsklinikum, welches dieser Tagung benutzerfreundlichen Raum bietet, wird nach Inbetriebnahme der 2. Baustufe zwar die meisten, aber nicht alle Einrichtungen des medizinischen Fachbereichs unter einem Dach vereinigen; so bleiben z. B. das Zentrum psychologische Medizin inklusive des Lehrstuhls für forensische und soziale Psychiatrie, dessen Neuetablierung in der Göttinger medizinischen Fakultät soeben beschlossen worden ist, ferner die Dermatologie, Mikrobiologie, Humangenetik und die sog. ökologischen Fächer zwar benachbart, aber doch gesondert untergebracht.

Das Zentrallabor und verschiedene Analysengruppen der Fachkliniken, wie die von Herrn Poser, decken den größten Teil der klinisch-toxikologischen Routineanalytik ab, wobei auch hinsichtlich

1

gewisser Suchtstoffe Screeningmethoden im Vordergrund stehen. Das Institut für Rechtsmedizin versieht die Alkohol- und Schwermetallanalytik und hat auf dem Gift- und Drogensektor seinen Schwerpunkt bei den identifizierenden bzw. quantitativen Methoden. Das gleiche gilt auch für unser Fachinstitut in Hannover, während die Hauptmasse der sog. „Polizeiurine" im Niedersächsischen Landeskriminalamt untersucht wird.

Herr Gerchow hat im vergangenen Jahr beim Mosbacher Symposium einen Überblick über den Panoramawandel der kriminologischen, soziopathologischen, psychiatrischen und toxikologischen Aspekte der Rauschgiftsucht seit den 60er Jahren gegeben. Seiner Feststellung einer Verlagerung von Basisaktivitäten der Drogenszene in die Randbezirke der Großstädte, in kleinstädtische und ländliche Bereiche entspricht das Bild der vom Bundeskriminalamt erfaßten Betäubungsmittelkriminalität, wonach eine Phasenverschiebung bezüglich der 3 großen Drogenwellen Haschisch/Heroin/Kokain zwischen den Großstädten und Hessen/Nordrhein-Westfalen einerseits und den Mittelstädten, Bayern, Schleswig-Holstein und Niedersachsen andererseits erkennbar ist; folgt man Karhausen, so kulminierten hier auch die Gipfelzahlen der Drogentoten etwa 1983, während sich in den übrigen Bereichen schon seit 1979 ein Rückgang abgezeichnet hatte. Gemeinsam sieht man seit 1984 ein erhebliches Ansteigen der Kokainfälle, bundesweit allein von 1984 auf 85 um 28,2%. Die Zahlenangaben über Drogentodesfälle enthalten eine innere Unschärfe insofern, als der plötzliche Anstieg der Jahre 1978–1980 wohl z. T. auf die Empfehlung des Bundeskriminalamts zurückzuführen ist, ab hier nicht mehr nur akut-tödliche Betäubungsmittelvergiftungen, sondern auch andere Todesfälle, die irgendwie in Zusammenhang mit Drogenmißbrauch standen, zu erfassen. In diesem Sinne bereinigte Zahlen ergeben, wie Arnold, Schmoldt und Püschel für Hamburg gezeigt haben, ein anderes Bild; für Göttingen fanden wir 2 Gipfelzahlen der Drogentoten, und zwar 1979 und 1984; mit einer Ausnahme handelte es sich um Herointodesfälle.

Die folgenden Daten wurden in Zusammenarbeit mit K. Pöhlmann gewonnen. Sehr häufig fanden sich neben Morphin noch weitere Wirkstoffe, wie Benzodiazepine, Barbiturate und leichte Schmerzmittel wie Amidopyrin; dies 1979 in 40%, 1984 bereits in

80% der Fälle. Der von Gerchow geäußerte Eindruck, daß die Grenzen zum Medikamenten- und Alkoholmißbrauch immer unschärfer werden, läßt sich auch nach unseren Befunden an Urinproben von klinisch auffälligen Straftätern bestätigen. Zwischen 1970 und 1980 stieg der Anteil der Benzodiazepinbefunde von 8 auf 38%, während in dieser Zeit der Anteil der Bromureide von 36 auf 2% abfiel. Zwischen 1980 und 85 stiegen die Sedativabefunde zusammen auf über 70%, im wesentlichen zurückführbar auf die imponierende Zunahme der Benzodiazepinbefunde, deren Anteil 1985 60% erreichte. Interessant war jeweils eine deutliche Korrelation negativer Befunde mit höheren Blutalkoholwerten und umgekehrt. Hinzu kommt der immer häufigere Nachweis von Ausweichpräparaten, nicht nur den "look-alike drugs" der Amerikaner, wie Coffein, Ephedrin, Propanolamin (Garriot et al.); häufig fanden sich außer Methaqualon, Fortral, Dextropropoxyphen, Cliradon, Polamidon, Buprenorphin und Fentanyl auch Codein, Diclofenac, Tilidin, Distraneurin und verschiedene Psychopharmaka wie Rohypnol und Maprotilin.

Vom *Suchtpotential des Fentanyls* waren wir anhand einiger, sich im Krankenhausmilieu abspielender Fälle beeindruckt:

Es handelte sich 2mal um einen Arzt und 2mal um Krankenpflegepersonen. In 3 Fällen war man durch das Fehlen von Ampullen im OP-Bereich aufmerksam geworden und hatte Blut- bzw. Urinanalysen veranlaßt. Die Zufuhr erfolgte in diesen Fällen durch intramuskuläre Injektion. Einer der Betroffenen brachte sich um durch Einatmung von Auspuffgasen. In einem weiteren Fall erfolgte intravenöse Applikation in einer Dosierung, die den Rückschluß auf nicht unerhebliche Toleranzsteigerung zuließ; der Tod trat unfallmäßig unter Umständen ein, welche die Verknüpfung mit einer autoerotischen Motivation der Injektionen erwiesen; der Betreffende hatte das Mittel offensichtlich zur Auslösung eines hypoxischen, über den CO_2-Anstieg in die Sexualsphäre irradiierenden Zustands eingesetzt, wie dies bisher eigentlich nur von weniger subtilen Praktiken autoerotischer Unfälle bekannt ist. Den 4. Fall teilte mir Herr Poser mit, es handelte sich um einen klaren Suchtfall einer Krankenschwester mit klassischer Entzugssymptomatik.

Von vielen Seiten ist auf die großen rechtlichen, aber auch therapeutischen Konsequenzen der *Analysenbefunde* hingewiesen worden. So macht auch die exakte Identifizierung von Fentanyl in Körperflüssigkeiten wegen der relativ niedrigen Wirkstoffspiegel nicht unerhebliche Schwierigkeiten. Bezüglich der Interpretation von THC und seinen Metaboliten verdanken wir Daldrup, hinsichtlich der Bewertung immunochemischer Screeningbefunde besonders den Kollegen Megges und Möller beachtenswerte Hinweise. Dabei geht es, soviel ich sehen kann, heute gar nicht mehr so sehr um unkritische *Anwendung immunologischer Verfahren* als um das interpretatorische Schicksal der herausgegebenen Screeningbefunde. Ich kann es aus der Perspektive der Ermittlungsverfahren gut verstehen, wenn manche Landeskriminalämter ein positives Betäubungsmittelergebnis, wie man so schön sagt, „für den ersten Angriff" nicht durch eine Kommentierung im Sinne des Memorandums unserer Fachgesellschaften entschärfen wollen. Sowohl Megges wie auch Möller formulierten dahingehend, daß, wenn die Absicherung positiver Befunde durch eine zweite Methode nicht möglich ist – und das dürfte beim Drogennachweis in Blutproben vielfach zutreffen – bei der *„Begutachtung"* darauf hingewiesen werden müsse. Solche präliminarischen Befundberichte gehen in aller Regel in die Akten ein, ohne daß die Staatsanwaltschaften und Gerichte auf die Idee kämen, noch eine eigene gutachterliche Interpretation der Befunde einzuholen, – das gilt leider auch für die Rezeptionsgeschichte unserer sog. „vorläufigen Gutachten" nach den Sektionen. Die primär für die Polizei erstellten Befunde der Kriminalämter sind als „Behördengutachten" – obwohl es sich sensu strictiori gar nicht um Gutachten handelt – prozessual verwertbar, ohne daß ein Gutachter geladen werden müßte. Man muß deshalb eine gutachterliche Kommentierung der Screeningbefunde *in jedem Fall* fordern, insbesondere auch im Hinblick auf die Überprüfung in Bewährungs- und Rehabilitationsfällen.

Meine Damen und Herren, ich hoffe, Sie mit dieser, nur einige Gesichtspunkte zusammenfassenden Einleitung aus der Sicht der Göttinger Gerichtsmedizin ein bißchen auf das folgende Vortragsprogramm eingestimmt zu haben. Ich wünsche Ihnen einen fruchtbaren Verlauf der Tagung und einen angenehmen Aufenthalt in Göttingen!

Literatur

Arnold W, Schmoldt A, Püschel K (1985) Morphologisch-toxikologische Befunde an über 200 Drogentoten im Raum Hamburg und ihre Interpretation. (Symposium „Forensische Probleme des Drogenmißbrauchs" der Gesellschaft für toxikologische und forensische Chemie, Mosbach 26.–27. April). Verlag D. Helm, Heppenheim, S 168

Daldrup T (1985) Zur Bewertung der THC- bzw. THC-Metaboliten-Spiegel in Blut und Urin. (Symposium Mosbach, S 56; s. Arnold)

Garriot JC et al. (1985) Five cases of fatal overdose from "Look-Alike" drugs. J Anal Toxicol 9:141

Gerchow J (1985) Drogenkarriere und Therapiemöglichkeiten. (Symposium Mosbach, S 4; s. Arnold)

Karhausen, OSTA Aachen (1986) Entwicklung der Betäubungsmittel-Kriminalität. (17. Jahrestagung des Nordwestdeutschen Arbeitskreises der Deutschen Gesellschaft für Rechtsmedizin, Aachen 2.–3. Mai)

Megges G (1985) Nachweis von Betäubungsmitteln im biologischen Material. (Symposium Mosbach, S 75; s. Arnold)

Möller M (1985) Bewertung immunologischer Befunde. (Symposium Mosbach, S 140; s. Arnold)

Begrüßung und Einführung (2)

J. Bäumler

Auch im Namen der „Toxikologischen Chemiker" möchte ich Sie herzlich begrüßen und Ihnen danken, daß Sie sich die Zeit nehmen, sich mit den Nachweismöglichkeiten der Drogen abzugeben. Es ist für uns erfreulich, mit Ihnen einmal über die dabei auftretenden Probleme zu diskutieren.

Gerade auf diesem Gebiet ist eine interdisziplinäre Zusammenarbeit nötig. So haben wir vor einem Jahr zu unserem Symposium über forensische Probleme des Drogenmißbrauchs Herrn Gerchow zu einem Referat über Drogenkarriere und Therapiemöglichkeiten eingeladen. Weitere gemeinsame Gespräche werden allen Beteiligten von Nutzen sein.

Wir überblicken eine Spanne von mehr als 15 Jahren intensiver Drogentherapie. Trotz vieler Gegenargumente hat sich immer wieder gezeigt, daß die Behandlung Drogenabhängiger nicht ohne Urinkontrollen auskommt. Zur Kenntnis toxikologischer Analysen im Rahmen eines Therapiekonzepts sagte Gerchow im bereits erwähnten Vortrag: „Die Analyse muß glaubwürdig sein, sonst gerät dieses wichtige Instrumentarium in Mißkredit. Sie kann allerdings bei mißverstandener Handhabung auch therapiefeindlich sein."

Die Durchführung seriöser Drogenanalysen ist nicht ganz einfach und benötigt einen gewissen Aufwand an Zeit, Erfahrung und Apparaturen. Weshalb? Vergegenwärtigen wir uns zuerst die Größenordnungen der nachzuweisenden Mengen. Einige Milligramm Heroin, Kokain oder Tetrahydrocannabinol werden auf den ganzen Körper, d. h. auf ein Gewicht von ca. 50–70 kg verteilt und im Verlaufe von 2 bis maximal 3 Tagen im Urin ausgeschieden. Als weiteres erschwerendes Problem kommt hinzu, daß die Drogen im menschlichen Organismus umgewandelt und in anderer Form im Urin ausgeschieden werden. In den Urinproben liegt die Konzentration dieser Stoffe unterhalb eines Mikrogramms. Das sind Quantitäten, die wir mit unseren Augen nicht mehr wahrnehmen können. Um derartig kleine Mengen zwischen einem Nano-(10^{-9}) und einem Mikrogramm (10^{-6}) in einem Gemisch von Substanzen, wie es im Urin vorliegt, feststellen zu können, sind komplizierte Analyseverfahren und -geräte notwendig.

Mit zunehmender Verbreitung der Drogen hat man nach einfacheren Nachweismethoden gesucht. Dies führte zu den sog. immunologischen Drogentests. Leider haben diese Immunotests aber auch Nachteile; die Ergebnisse sind mit einer gewissen Unsicherheit behaftet. Ein positives Resultat beweist nicht die Einnahme von Drogen, und ein negativer Befund schließt eine Drogeneinnahme nicht mit Sicherheit aus. Diese möglicherweise verwirrende Aussage möchten wir heute diskutieren, um zu zeigen, daß bei der Interpretation von Immunotests eine gewisse Vorsicht am Platze ist.

Bei allen Drogenuntersuchungen dürfen wir eines nie vergessen: Hinter jeder Analyse steht ein Mensch, der die Folgen des Analysenbefundes tragen muß. Der Chemiker darf daher nicht nur einen positiven oder negativen Befund herausgeben, er muß auch dafür Sorge tragen, daß der Befund richtig interpretiert wird. Er hat ferner den Auftraggeber zu orientieren über die Aussagekraft der Analyse und über die Empfindlichkeit und Spezifität der angewandten Methoden. Nur ein enger Kontakt zwischen Auftraggeber und Analytiker kann Fehlentscheide vermeiden helfen.

Wir sind der Meinung, daß bei Analysenbefunden, die eine negative Auswirkung auf einen Patienten oder Angeklagten haben, das Immunoergebnis mit einer zweiten, unabhängigen Analysenmethode überprüft werden sollte. Dieses in der gerichtlichen Praxis schon lange übliche Prinzip gilt auch für alle Drogenanalysen. Leider wird dieses Prinzip, das dem Schutze des Angeklagten dient, heute gerade bei den Drogenanalysen oft mißachtet. Der Grund liegt beim Sparen; jeder weiß es: Überall muß Geld gespart werden. Dies hat uns Analytiker in eine schwierige Lage gebracht. Unsere Auftraggeber wollen aus Sparsamkeitsgründen oft auf die notwendige Bestätigung mit einer zweiten Methode verzichten und verlangen nur einen Immunotest.

Ganz kurz sei hier berichtet, wie wir dieses Problem zu lösen versuchen. Wir führen Drogenanalysen für ein Heim aus, in dem Strafgefangene vor ihrer Haftentlassung Halbfreiheit genießen und bereits wieder beruflich tätig sein können. Aus Sparsamkeitsgründen wird zunächst nur eine radioimmunologische Untersuchung vorgenommen. Bei einem positiven RIA-Befund wird der Betreffende verwarnt, hat aber keine weiteren Konsequenzen zu befürchten; er darf weiterhin im Heim bleiben. Ist eine zweite RIA-Analyse positiv, so wird eine Bestätigungsanalyse mit einer anderen Methode vorgenommen. Erst bei deren ebenfalls positivem Ausfall kommt es zu einer Rückversetzung des Betroffenen in die Strafanstalt.

Leider verleiten die einfach zu handhabenden Immunotests viele mit der toxikologischen Analytik wenig vertraute Chemiker und Mediziner, Drogenuntersuchungen durchzuführen. Fehlanalysen, die dem Patienten oder Angeklagten schweren Schaden zufügen können, sind daher heute recht häufig. Die Deutsche Gesellschaft für Rechtsmedizin, die Senatskommission für Klinisch-toxikologische Analytik der Deutschen Forschungsgemeinschaft und die Gesellschaft für Toxikologische und Forensische Chemie haben in mehreren Aufrufen vor unsachgemäßer Beurteilung der immunologischen Tests gewarnt und an die Verantwortung des Analytikers und Auftraggebers appelliert. Trotzdem finden wir noch immer zahlreiche auf dem Gebiet der Drogenuntersuchungen arbeitende Labors, die nur Immunotests ausführen und nicht in der Lage sind, die nötige Bestätigung eines positiven Befundes mit einer Zweitmethode zu liefern. Allerdings ist beizufügen, daß in Deutschland wie in der Schweiz nicht nur ein Mangel an geeigneten Untersuchungsstellen herrscht, sondern auch an Analytikern mit Erfahrung in toxikologischen Analysen.

Neben den harten Drogen dürfen wir die verbreitete Medikamentensucht nicht vergessen. Hier ist die Vielfalt der in Frage kommenden Stoffe groß. Ich erwähne nur wenige: z. B. die zahlreichen Benzodiazepine, die Barbiturate, die Weckamine. Für ein Medikamentenscreening in Urinproben kommen nur spezialisierte Labors in Frage, die in apparativer und personeller Hinsicht entsprechend ausgerüstet sind. Es sind dies die Laboratorien der gerichtlich-medizinischen Institute, der Landeskriminalämter, einiger pharmakologischer Institute und einige wenige klinisch-chemische Labors. Gerade bei Polytoxikomanie ist ein enger Kontakt zwischen Therapeut und Chemiker notwendig, um die auftretenden Probleme zu lösen.

Ich hoffe, daß diese Tagung den Teilnehmern einen Einblick in die Problematik des Drogennachweises und zugleich auch eine Hilfe zur Interpretation der Analysenbefunde gibt.

Suchtstoffanalysen:
Probleme der Probengewinnung
und Auswertung im forensischen,
diagnostischen und therapeutischen Bereich

J. Gerchow

Problemstellung

Der Mißbrauch psychotroper Substanzen ist – bei jeder sich bieten-
den Gelegenheit wird darauf hingewiesen – zu einem ernsten Ge-
sundheitsproblem unserer Zeit geworden. Die therapeutischen Bemühungen haben sehr unterschiedliche Wege beschritten. Wir können zwar mit einer gewissen Genugtuung feststellen, daß heute ein
dichtes Netz von Hilfsangeboten für Suchtkranke zur Verfügung
steht; der permanente Ruf nach therapeutischen Alternativen
macht aber auch deutlich, daß offensichtlich Defizite im therapeutischen Bereich vorhanden sind. Die Extrempositionen der alternativen Forderungen liegen auf einer gleitenden Skala, die von der
kontrollierten Abgabe von exakt dosiertem Heroin auf der einen
Seite bis zur Nutzung und Bahnung transzendentaler Sehnsüchte
junger Menschen auf der anderen Seite reicht. Dazwischen liegen
die Forderungen nach Methadonerhaltungsprogrammen und nach
Codeinsubstitution. Beides wird inzwischen ohne jegliche Kontrollen in der Bundesrepublik Deutschland praktiziert.

Aus der *klinischen Diagnostik* – v. a. bei unklaren Vergiftungsfällen – ist die chemisch-toxikologische Analyse nicht wegzuden-
ken. Ihr Ergebnis ist häufig die Basis für gezielte therapeutische
Maßnahmen.

Im forensischen Bereich ist das Ergebnis chemisch-toxikologischer Analysen in der Regel der entscheidende Ausgangspunkt für
die Beurteilung. Einschränkend muß allerdings gesagt werden, daß
bei Medikamenten- und Drogeneinfluß eine bemerkenswerte „Beweisnot" v. a. bei Verkehrsdelikten bestehen kann.

In der Therapie Drogenabhängiger hat man erst in den letzten
Jahren begonnen, über den Stellenwert chemisch-toxikologischer
Analysen zu diskutieren. Nur in einzelnen Einrichtungen ist man
zu dem Ergebnis gekommen, daß die Hilfsangebote mit dem Ziel

einer Lösung aus subkulturellen Abhängigkeiten und der gleichzeitigen Einbindung in eine realitätsorientierte soziale und berufliche Lebensform auf chemisch-toxikologische Analysen als Bestandteil der Therapie nicht verzichten können. Inzwischen hat sich allerdings gezeigt, daß eine mißverstandene Handhabung derartiger Untersuchungen – vor allem eine mißverständliche Bewertung von Untersuchungsergebnissen – auch therapiefeindlich sein kann.

Bekanntlich hat auch der Staat auf verschiedenen Ebenen reagiert, und der Gesetzgeber hat mit der Neuordnung des Betäubungsmittelrechts in manchen Bereichen therapeutische Zugriffe ermöglicht, die vielfache Möglichkeiten und auch Notwendigkeiten für chemisch-toxikologische Analysen bieten. Das 1982 in Kraft getretene Betäubungsmittelgesetz (BtmG) ermöglicht drogenabhängigen Straftätern unter gewissen Umständen eine Zurückstellung der Strafvollstreckung zugunsten therapeutischer Maßnahmen. Das Ziel ist bekanntlich „weniger Strafvollzug, mehr Therapie", § 35 BtmG regelt die Zurückstellung der Strafvollstreckung; § 37 BtmG normiert die Kriterien, unter denen die Staatsanwaltschaft im Interesse einer wahrscheinlich erfolgreichen Therapie auf die Erhebung einer Anklage verzichten darf. In diesem Fall und v. a. bei Bewährungsauflagen – z. B. regelmäßiger Nachweis von Drogenfreiheit –, im offenen Vollzug und bei Hafturlaubsauflagen mit der Maßgabe, drogenfrei zu leben, gewinnen chemisch-toxikologische Untersuchungen zunehmend an Bedeutung.

Aus dem breiten Spektrum der Einsatzmöglichkeiten chemisch-toxikologischer Analysen sollen einige Problembereiche näher untersucht werden, insbesondere auch unter dem Aspekt der Probenbeschaffung.

Probenbeschaffung und Bewertung der Ergebnisse

Der Rechtsmediziner hat keine Probleme der Probenbeschaffung bei gerichtlich angeordneten Obduktionen von sog. Drogentoten. Wir haben inzwischen bei über 200 Drogentoten komplette Analysen durchgeführt und dabei vor allem einen bemerkenswerten Panoramawandel des Konsummusters registriert. Es hat den Anschein, daß die Analysenergebnisse bei Drogentoten Verhaltensänderungen der Drogenkonsumenten signalisieren und frühzeitig auf die besondere Akzeptanz bestimmter psychoaktiver Substanzen hinweisen können. So war auch aus den Analysenergebnissen der Drogentoten früh erkennbar – was aus der Sicht der Gesamtbeurteilung zunächst nur vermutet werden konnte –, daß die Grenzen vom reinen Heroinkonsum zum Medikamenten- und Alkoholmißbrauch zunehmend unschärfer geworden sind und daß Mischintoxikationen in vielen Fällen als todesursächlich angesehen werden müssen. Abgesehen davon sind bei Obduktionen gelegentlich neuartige, bis dahin nicht bekannte Rauschmittel festgestellt worden. So konnte z. B. Bohn (1981) nach dem Tod einer 16jährigen Schülerin Dimethoxybromamphetamin (DOB) nachweisen, das zu jener Zeit in verschiedenen Städten der Bundesrepublik angeboten wurde und sich ähnlich wie das damals bereits bekannte Dimethoxymethylamphetamin (DOM) als äußerst gefährliches Halluzinogen erwies.

Bekanntlich liegt ein polyvalenter Mißbrauch dann vor, wenn mehrere psychotrope Substanzen zu gleicher Zeit oder nacheinander in der Reflektion auf eine bestimmte Wirkung oder auch zur Vermeidung von Entzugserscheinungen genommen werden. Man sollte aber, wenn z. B. bei einer Urinanalyse mehrere Substanzen gefunden werden, nicht von Polytoxikomanie sprechen. Der Begriff ist erst dann zutreffend zu verwenden, wenn mindestens zwei Stoffe mit Suchtpotential in abhängiger Weise mißbraucht werden. Polyvalenter Mißbrauch kann zur Kreuztoleranz führen, jenem Phänomen, das vor allem bei Abhängigen vom Barbiturat-Alkohol-Typ bekannt ist. Beim Ausbleiben einer Kreuztoleranz gegenüber einzelnen Substanzen kann der polyvalente Mißbrauch lebensgefährlich sein. So erklärt die Toleranzsteigerung gegenüber einer oder mehreren psychotropen Substanzen und das Fehlen vermehrter Tolerierbarkeit gegenüber einer anderen Substanz manchen Drogentod, aber auch manchen Narkosezwischenfall, der in der Regel dann eintritt, wenn trotz hoher Dosierung nicht die gewünschte Narkosetiefe erreicht wird und dann das Narkosemittel gewechselt wird. Wenn eine Operation nicht aus einer Notfallsituation heraus erforderlich ist, dann sollte der Anästhesist sich bei Verdacht auf nicht bestimmungsgemäßen Gebrauch von Pharmaka nicht auf die Anamnese verlassen, sondern eine chemisch-toxikologische Analyse durchführen lassen.

In bezug auf verkehrsmedizinische Fragestellungen sprach ich eingangs von der „Beweisnot" bei Medikamenten- und Drogeneinfluß. Bekanntlich gibt es keine Alkoholdosis, die nicht in irgend einem Bereich eine Wirkung hat. Im Grunde gilt das auch für andere Stoffe mit psychotroper Wirkung. Der Nachweis allein – zumal im Urin – macht jedoch keineswegs immer deutlich, ob lediglich ein therapeutischer Effekt – z. B. im Sinne einer psychischen Stabilisierung – angestrebt wurde, der den Betreffenden u. U. erst fahrtüchtig macht, oder ob und in welchem Umfang die Leistung beeinträchtigt ist.

Wir haben an anderer Stelle (Gerchow 1985 a) darauf hingewiesen, daß beim Alkoholproblem die Verhältnisse relativ einfach liegen. Gute Quantifizierbarkeit, bekanntes Stoffwechselverhalten, überprüfbare und bedingt reproduzierbare Wirkungsweise haben eine – wenn auch unter medizinisch-naturwissenschaftlichen Aspekten nicht unproblematische – Anwendung von Grenzwerten ermöglicht. Die Vielzahl der Arzneimittel und Drogen, der unterschiedliche, u. U. vom Konsumverhalten abhängige Metabolismus, auch die Wirkungsmodalitäten und manches andere mehr bedingen Probleme, die eine Grenzwertanwendung und damit die Benutzung vereinbarter „Kennzahlen" nicht ermöglicht haben. Die Untersuchungen von Wagner (1959, 1961, 1962), Wagner u. Möller (1976, 1979), der Arbeitsgruppe Zink (Ulrich et al. 1984) – um nur einige zu nennen –, die verdienstvolle Übersicht von Staak und Berghaus (1983) haben umfassende neue Erkenntnisse gebracht, das Problembewußtsein geschärft, im Ergebnis für die Praxis aber gezeigt, daß bei Medikamenten und Drogen eine Grenzwertanwendung problematisch oder sogar unmöglich ist. Eine Vereinbarung über chemisch-toxikologische Befunde, die, wie bei der alkoholbedingten Fahruntüchtigkeit, einen Gegenbeweis nicht zulassen oder für die Bewertung bei der Beurteilung der Schuldfähigkeit ausschlaggebend sind, ist bei Arzneimittel- und Drogeneinnahme also derzeit und bis auf weiteres nicht möglich. Faktisch muß im Einzelfall bewiesen werden – nicht zuletzt aufgrund weiterer Anknüpfungstatsachen wie Ausfallerscheinungen und/oder Fehlleistungen –, ob sog. „andere berauschende Mittel" im Sinne von §§ 315a, 315c, 316, 323a StGB wirksam geworden sind.

Seit einiger Zeit bestehen Tendenzen, an Stelle der Blutalkoholuntersuchung das Ergebnis der Atemalkoholmessung zu verwerten. Ob unter Berücksichtigung der derzeit gültigen Gesetze und der historischen Entwicklung der Rechtsprechung zu den Grundlagen der Grenzwertbildung ein solcher Schritt möglich ist, steht noch dahin. Es gibt jedoch im polizeilichen Bereich bereits Methodenvorschläge zur Entwicklung „geeigneter Vorprüfungsmethoden zur Feststellung von Drogeneinwirkung bei Verkehrsteilnehmern an Ort und Stelle" ohne Entnahme von Blut oder Urin. Besondere Hoffnungen werden auf den Speicheltest gesetzt, obwohl man weiß, daß Speichel aus physiologischen Gründen denkbar ungeeignet ist. Es sind auch bereits Teststreifen auf der Basis der EMIT-Teste entwickelt worden. Der Fortfall der Blutentnahme würde zweifellos Verzicht auf Untersuchungsmaterial für die Beschaffung wichtiger Anknüpfungstatsachen bedeuten (Gerchow 1985a). Verzicht auf Beweismaterial vergrößert aber zwangsläufig die „Beweisnot". Da es schwierig ist, Alkoholwirkungen von Drogen- bzw. Medikamenteneinwirkungen zu unterscheiden, und in einer Vielzahl der Fälle wegen des vorhandenen Alkoholgeruchs ausschließlich an Alkoholwirkung gedacht wird, würde die Beschränkung auf die Atemalkoholbestimmung die Möglichkeit ausschalten, zu jedem beliebigen Zeitpunkt eine asservierte Blutprobe auf körperfremde Substanzen zu untersuchen. Auch wenn eine Vereinbarung über chemisch-toxikologische Befunde – d.h. die Benutzung vereinbarter „Kennzahlen", die wie bei der alkoholbedingten Fahruntüchtigkeit einen Gegenbeweis nicht zulassen – einstweilen nicht möglich ist, so hat die chemisch-toxikologische Analyse dennoch einen entscheidenden Stellenwert für die Begutachtung. Eine Pilotstudie von Ulrich et al. (1984) an Verkehrsteilnehmern in der Schweiz hat das Ausmaß des Problems erneut unter Beweis gestellt.

Da der Führerschein ein wichtiges Instrument für die Rehabilitation, überhaupt ein wichtiges therapeutisches Instrument sein kann, sind chemisch-toxikologische Untersuchungsergebnisse u.U. von ausschlaggebender Bedeutung für die Fahrerlaubnisbehörde bei Maßnahmen über die Erteilung bzw. Entziehung der Fahrerlaubnis von Drogenkonsumenten bzw. ehemaligen Konsumenten. In dem Gutachten *Krankheit und Kraftverkehr*, herausgegeben vom Bundesminister für Verkehr (Lewrenz u. Friedel 1985), wird der sichere Nachweis einer Abhängigkeit vom Alkohol oder einer anderen Droge verlangt und u. a. auf den Nachweis der Wirkstoffe im Blut oder Urin durch toxikologische Untersuchungen hingewiesen. Noch wichtiger ist der Hinweis, daß die Eignung nur dann wieder als gegeben angesehen werden kann, wenn durch Tatsachen der Nachweis geführt wird, daß keine Abhängigkeit mehr besteht. Hierzu ist nach einer Entgiftungs- und Entwöhnungszeit eine einjährige Abstinenz durch ärztliche Untersuchungen – mindestens 4mal innerhalb dieser Jahresfrist in unregelmäßigen Abständen – nachzuweisen. Ein solcher Nachweis der Drogenfreiheit kann nur durch chemisch-toxikologische Analysen geführt werden. Vor einem schematischen Reagieren der Behörden muß jedoch vor allem beim Nachweis von Cannabissubstanzen gewarnt werden.

Eingangs wurde gesagt, daß im Rahmen von Bewährungsauflagen ein regelmäßiger Nachweis von Drogenfreiheit gefordert werden kann. Dieser Nachweis ist praktisch nur durch chemisch-toxikologische Untersuchungen zu führen. Die Gerichte machen zunehmend davon Gebrauch. Die Regelung der Kostenfrage ist nicht unproblematisch. Wir haben wiederholt die Erfahrung gemacht, daß die Gerichte davon ausgehen, daß der Proband die Kosten trägt. In manchen Fällen konnte erreicht werden, daß die Sozialämter die Kosten übernehmen. Wichtig für den Erfolg einer Kontrolle der Drogenfreiheit ist jedoch, daß der Richter in seinen Beschluß hineinschreibt, daß der Proband mit der Bekanntgabe der Untersuchungsergebnisse einverstanden ist. Ich habe mehrmals die Herausgabe eines positiven Befundes verweigert, weil der Betreffende uns nicht von der Schweigepflicht entbinden wollte und in dem richterlichen Beschluß keine Vereinbarung über die Herausgabe der Untersuchungsergebnisse enthalten war.

In unserem Bereich sind in den letzten Jahren zunehmend professionelle, sehr differenzierte Hilfestellungen durch Nachsorgeeinrichtungen angeboten worden. Man hat Berufsausbildungs- und Schulangebote für ehemalige Drogenabhängige geschaffen und beschützende Werkstätten mit der Möglichkeit der Berufsausbildung eingerichtet, gleichsam Trainingsplätze für ein soziales Leben konzipiert. Derartige Einrichtungen, die naturgemäß auch unter dem

Gesichtspunkt des Kosten-Nutzen-Effekts solcher Bemühungen beurteilt werden, arbeiten unter dem „Erfolgszwang" sehr risikoreich. Die Erfahrung hat gezeigt, daß derartige Institutionen als drogenfreie Räume konzipiert werden müssen. Die Überprüfung im Rahmen dieser Nachsorge kann nur konsequent durchgeführt werden und effektiv sein, wenn die Möglichkeit zu Kontrollen gegeben ist. Die Urinanalyse ist in diesem Bereich zwar nicht Therapie im eigentlichen Sinne, dient aber hier ganz besonders einem therapeutischen Zweck. Selbstverständlich kann nur absolute Glaubwürdigkeit des Untersuchers den therapeutischen Einsatz rechtfertigen. Irrtümer oder Falschbestimmungen haben fatale Folgen. Das gilt sowohl für falsch-positive wie für falsch-negative Befunde.

Die Verläßlichkeit der Befunde, d. h. die Glaubwürdigkeit der Aussage, hat einen gleich hohen Stellenwert bei der Überprüfung auf Drogenfreiheit nach Rückkehr von einem Urlaub während der Haft. Dafür ein Beispiel, das ich schon in einem Vortrag auf einem Symposium in Mosbach (1985b) erwähnt habe.

Eine betäubungsmittelabhängige Frau wird in der Haft therapiert, erhält nach längerer Drogenfreiheit als Rehabilitationsmaßnahme Hafturlaub mit dem Ziel der Strafaussetzung zur Bewährung. Nach Rückkehr aus dem Urlaub wird sie kontrolliert. Eine Urinprobe wird nach dem EMIT-Verfahren untersucht, und die Barbituratgruppe ergibt ein positives Ergebnis. In dem Formulargutachten ist vorgedruckt, daß Barbiturate unter das Betäubungsmittelgesetz fallen. Daraus folgert der Staatsanwalt, daß ein Rückfall in die Betäubungsmittelsucht vorliegt. Sie bestreitet, Betäubungsmittel genommen zu haben und wendet ein, von ihrem Hausarzt Spasmo-Cibalgin erhalten zu haben. Da sie mit ihrem Vortrag ohne Erfolg bleibt, schaltet sie einen Rechtsanwalt ein, dem es gelingt, über die Strafvollstreckungskammer eine Nachuntersuchung des noch vorhandenen Urins durchführen zu lassen. Wir finden Propyphenazon, Allobarbital, Drofenin und Codein, also die Inhaltsstoffe des Spasmo-Cibalgin alter Form. Der Arzt bestätigt die Medikation.

Ganz abgesehen davon, daß ein solches Formulargutachten irreführend sein muß, ist es auch therapiefeindlich. Chemisch-toxikologische Analysen können nur dann ihre bedeutsame Rolle im Rahmen der Drogentherapie spielen, wenn sie verläßlich, glaubwürdig und in ihrer Bewertung unmißverständlich sind. Andernfalls muß ein so wichtiges Instrumentarium in Mißkredit geraten.

In unseren Untersuchungshaftanstalten – v. a. in der Frauenvollzugsanstalt, die zeitweise mehr als 30% Drogenabhängige aufweist – wird regelmäßig von anstaltseigenem Personal nach dem EMIT-Verfahren kontrolliert. Alle positiven Befunde werden von uns durch 2 voneinander unabhängige Verfahren nachkontrolliert. Dieses Vorgehen gibt allerdings keinen Aufschluß über falsch-negative Ergebnisse der anstaltsinternen Überprüfung.

Inzwischen gibt es ein Obergerichtsurteil (OLG Zweibrücken vom 17.12.1984) zum Thema „Wirkung eines Positivbefundes nach dem EMIT-Test für die vorzeitige Entlassung". Einem langjährigen Drogenabhängigen war von einer Strafkammer die vorzeitige Entlassung nach Verbüßung von $^2/_3$ der Freiheitsstrafe versagt worden, weil er nach Rückkehr von einem Urlaub im EMIT-Urintest einen positiven Cannabisbefund aufwies. Der Senat ist zu dem Ergebnis gekommen, daß ohne Kontrolluntersuchung der Schluß nicht aufrechterhalten werden könne, daß Betäubungsmittel konsumiert seien. Kreuzer (1986) hat zu den rechtlichen Konsequenzen von Drogentests in Haftanstalten kritisch Stellung genommen und auch darauf hingewiesen, daß der Konsum selbst nicht strafbar sei (Körner 1985) und daß im vorliegenden Fall eine Verletzung des Verbots schematischen Reagierens in der fehlenden Abstufung eventueller Reaktionen gegeben ist. Statt einer schematischen Reaktion sei eine individuell angemessene Beurteilung durchaus möglich. Ich meine, daß dies auch für Nachsorgeeinrichtungen und – wie schon betont wurde – für die Wiedererteilung der Fahrerlaubnis zu gelten hat.

Chemisch-toxikologische Analysen haben also bei forensischen Fragestellungen, bei der Diagnostik und bei therapeutischen Maßnahmen einen hohen Stellenwert. Ich habe versucht, diese Aussage mit einigen Beispielen zu untermauern. Im Interesse einer sicherlich intensiven Diskussion möchte ich mit dem nochmaligen Hinweis schließen, daß Analysenergebnisse auch mißverstanden werden können, u. U. sogar therapiefeindlich sind. Daraus folgert, daß einheitliche Standards ausgewiesen werden sollten. Alle, die dazu in der Lage sind, sollten pharmakokinetische Daten sammeln. Die offenbar auch vom Konsummuster abhängigen und sehr unterschiedlichen Halbwertszeiten können nach unseren Erfahrungen vor allem bei ausschließlichen Urinanalysen Probleme bringen, wenn es darum geht, den Zeitpunkt des letzten Konsums zu bestimmen. Möge die Diskussion und möge vor allem auch das weitere Programm dieser Tagung dazu beitragen, bei den Toxikologen und Chemikern ein vertieftes Problembewußtsein für die Sorgen und Nöte von Drogentherapeuten zu bewirken, andererseits bei den Therapeuten das Vertrauen in die Arbeit der Toxikologen und Chemiker zu stärken.

Literatur

Bohn G (1981) Illegal hergestelltes 2,5-Dimethoxy-4-bromamphetamin im Zusammenhang mit einer letalen Intoxikation. Toxichem (Mitteilungsblatt der Gesellschaft für toxikologische und forensische Chemie) 14:15–17

Gerchow J (1985a) Alkohol- und Drogenkriminalität unter dem Aspekt neuerer Entwicklungen. Blutalkohol 22:152–159

Gerchow J (1985b) Drogenkarriere und Therapiemöglichkeiten. In: Gesellschaft für Toxikologische und Forensische Chemie (Hrsg) Symposium „Forensische Probleme des Drogenmißbrauchs", Mosbach 26.–27. April 1985. Helm, Heppenheim, S 4–28

Lewrenz H, Friedel B (1985) Krankheit und Kraftverkehr. Gutachten des gemeinsamen Beirats für Verkehrsmedizin beim Bundesminister für Verkehr und beim Bundesminister für Jugend, Familie und Gesundheit. Bundesminister für Verkehr, Bonn, Heft 67

Körner HH (1985) Betäubungsmittelgesetz. Beck, München (Beck'sche Kurz-Kommentare, Bd 37)

Kreuzer A (1986) Rechtliche Konsequenzen von Drogentests in Haftanstalten. Strafverteidiger 3:129–131

Staak M, Berghaus G (1983) Einfluß von Arzneimitteln auf die Verkehrssicherheit. Bundesanstalt für Straßenwesen, Bereich Unfallforschung, Köln (Unfall- und Sicherheitsforschung Straßenverkehr, H 40)

Ulrich L, Rudin O, Amsler A, Zink P (1984) Häufigkeit von Medikamenten im Straßenverkehr. Eine Pilotstudie an Verkehrsteilnehmern in der Schweiz (Region Bern). Z Rechtsmed 93:95–110

Wagner H-J (1959) Die Erfassung des Einflusses von Arzneimitteln auf die Verkehrssicherheit. Aktuel Probl Verkehrsmed 1:103–110

Wagner H-J (1961) Die Bedeutung der Untersuchung von Blut- bzw. Harnproben auf Arzneimittel nach Verkehrsunfällen aufgrund der Überprüfung an 2060 Personen. Arzneimittelforschung 11:992–995

Wagner H-J (1962) Untersuchungen über das Ausmaß der Medikamenteneinnahme bei Kraftfahrern. Hefte Unfallheilkd 71:154–159

Wagner H-J, Möller M-R (1976) Möglichkeiten und Grenzen des Nachweises von Arzneimitteln im Blut von Verkehrsteilnehmern. In: D 31 Verkehrssicherheit durch Technik und Medizin. (Schriftenreihe der deutschen Verkehrswissenschaftlichen Gesellschaft, S 199–229)

Wagner H-J, Möller M-R (1979) Über Ausmaß von Arzneimitteleinfluß bei Kraftfahrern. In: Wissenschaftliche Sektion für Verkehrsmedizin der ärztlichen Kraftfahrvereinigung Österreichs (Hrsg) Arzt und Kraftfahrer. Verlag der Österr. Ärztekammer, Wien

Spektrum gebräuchlicher Suchtstoffe

R. Wennig

Das Suchtproblem ist kein neues Problem, wie uns die Geschichte der einzelnen Zivilisationen lehrt [3, 17]. Doch seit etwa 20 Jahren hat dieses Problem eine andere Dimension in unserer Gesellschaft erlangt. Es vergeht kein Tag, ohne daß wir uns in irgendeiner Weise mit dieser Problematik auseinandersetzen müssen.

Historisches

Cannabis ist zuerst vor 5000 Jahren in China beschrieben worden. Opiumalkaloide sind schon im alten Mesopotamien (2000 v. Chr.) bekannt gewesen. Ebenso wird schon 1550 v. Chr. im sog. „Ebers-Papyrus" (entdeckt 1874) aus dem alten Ägypten über Opiate berichtet. Hippokrates benützte Opiate in der Therapie ebenso wie später die berühmten Ärzte Galen, Avicenna usw. Paracelsus (1493–1541) führte das Laudanum in die Medizin ein. In Südamerika wird das Cocablatt schon lange gekaut. In Asien, in verschiedenen Teilen Afrikas und Arabiens ist das Khatkauen eine lange Tradition, ohne daß es zu einem eigentlichen Mißbrauch kam. Der Mißbrauch all dieser Substanzen setzte wohl erst viel später ein. So ist bekannt, daß der berühmte chinesische Staatsmann Lin Tse Hsu (1785–1850) sich im Kampf gegen den Opiummißbrauch in seinem Land verdient gemacht hat. Auf der anderen Seite, wegen der großen Opiumnachfrage, führten die Briten im letzten Jahrhundert den „Opiumkrieg" gegen China, weil sich letzteres den Monopolansprüchen der East-Indian Company widersetzte. Im letzten Jahrhundert wurde Rauschgift (Haschisch, Opium, Cocain) in gewissen Künstlerkreisen, und zwar von Charles Baudelaire, Arthur Rimbaud, Theophile Gautier, Guy de Maupassant, Edgar Allen Poe, Robert Louis Stevenson, Sir Arthur Conan Doyle, Guillaume Apollinaire, Alexandre Delacroix usw., „genossen".

Anfang dieses Jahrhunderts hat Louis Lewin (1850–1929), der berühmte deutsche Toxikologe sein Werk *Phantastica* im Jahre 1924 veröffentlicht. Die Welt von heute kennt natürlich auch seine Rauschmittel und Alkoholhelden: Jean Cocteau, Mezz Mezzrow, Charlie Parker, Marilyn Monroe, Elvis Presley, Jimi Hendrix, Janis Joplin, Natalie Wood, John Belushi und Rainer Werner Fassbinder, um nur einige zu nennen. Dies mag wohl auch als nachahmenswert für unsere Jugend gegolten haben und so zur Drogenverbreitung beigetragen haben.

Kampf gegen den Drogenmißbrauch

Ab 1912 gibt es ein internationales Abkommen gegen den Drogenmißbrauch, welches in den Jahren 1925, 1931 und 1946 ergänzt wurde [27]. Im Jahre 1961 kam es zur WHO Single Convention on Narcotic Drugs [28], und 1971 folgte das Abkommen über die psychotropen Substanzen [26]. Damit sie rechtskräftig werden, finden

Tabelle 1. Rauschgiftsicherstellungen in der Bundesrepublik Deutschland 1980–1985. (Nach Bundeskriminalamt Wiesbaden 1986)

	1980	1981	1982	1983	1984	1985
Cannabisprodukte [t]	3,2	6,7	3,1	4,6	5,6	11,5
Heroin [kg]	267	93	199	260	264	208
Cocain [kg]	22	24	33	106	171	165
Amphetamin [kg]	4	6	16	24	15	28
LSD [Trips]	29 000	31 000	42 000	41 000	41 000	30 000

Tabelle 2. Rauschgiftsicherstellungen in Luxemburg 1978–1985. (Nach Sureté Publique Luxembourg 1986)

	1978	1979	1980	1981	1982	1983	1984	1985
Cannabisprodukte [kg]	7,9	42,5	1,3	1,6	1,2	29,4	118,6	54,1
Heroin [kg]	9,8	0,014	1,6	0,053	0,030	2,1	3,1	6,8
Cocain [kg]	0,06	0,031	2,3	0,010	0,2	0,9	3,9	28,6
Amphetamin [g]	1	7	–	3	19	124	–	10
LSD [Trips]	12	1	63	–	87	–	116	202

diese internationalen Abkommen ihren Niederschlag in den nationalen Gesetzgebungen, den sog. Betäubungsmittelgesetzen (BtmG), welche ebenfalls laufend ergänzt bzw. geändert werden.

Es gibt auf der Welt zahlreiche Produktionsstellen von Rauschgiften entweder im Anbauland selbst oder in den Clandestine Labs der Verbraucherländer. Immer häufiger werden in Europa von gewieften Hobbychemikern Amphetamin und Analoge aus einfachen Chemikalien hergestellt, sogar im kleinen Luxemburg.

Einige klassische Reiserouten aus Südostasien, Türkei, mittlerem Orient, Südamerika usw., über die oft in einer regelrechten Ameisenarbeit die „Ware" herangeschafft wird, sind bekannt. Manchmal werden allerdings auch größere Mengen geschmuggelt. Da Cocain aus Südamerika kommt, ist damit zu rechnen, daß in Zukunft immer mehr „Ware" neben Amsterdam und Frankfurt auch über Spanien und Portugal nach Europa geschmuggelt wird. Über die Ermittlungserfolge unserer Polizei- und Zollbehörden geben die Statistiken der Sicherstellungen Auskunft. Den wirklichen Umsatz an Rauschgift kennen wir nicht, da die Dunkelziffer zu groß ist.

Wenn man beide Tabellen vergleicht, kann man feststellen, daß auch ein kleines Land verhältnismäßig große Mengen Rauschgift auf dem internationalen Schwarzmarkt beschlagnahmen kann.

In vielen Ländern der Welt haben die Postverwaltungen versucht, zumindest über die Briefmarkensammler auf das Drogenproblem aufmerksam zu machen. Es darf aber bezweifelt werden, ob dies einen Erfolg gebracht hat.

Erschwert wird uns Toxikologen die analytische Arbeit [11, 18] z. B. bei der Urinuntersuchung durch die Tatsache, daß der „Homo drogus" selten eine einzelne Substanz mißbraucht (Polytoxikomane). Er hat für jede Situation ein „Mittelchen" bereit. Es kommt hinzu, daß diese Rauschmittel einem intensiven Metabolismus im Menschen unterworfen sind und daß die meisten eine komplett verschiedene Pharmakokinetik aufweisen. Die Nachweisbarkeit dieser Drogen in Körperflüssigkeiten hängt also von der Pharmakokinetik (insbesondere Eliminationshalbwertszeit) und der angewandten Analysenmethode ab.

Trotz aller analytischen Schwierigkeiten und technischen Unvollkommenheiten ist eine toxikologische Urinuntersuchung durch ein kompetentes Laboratorium noch immer die beste Möglichkeit sicher festzustellen, ob ein Patient Drogen nimmt, ob er "clean" ist oder ob es sich um eine Schutzbehauptung handelt. Einschränkend muß allerdings darauf hingewiesen werden, daß nicht alle Drogen zur Zeit routinemäßig im Urin nachgewiesen werden können, daß wegen der komplizierten und individuell verschiedenen Pharmakokinetik der einzelnen Drogen im menschlichen Körper eine Interpretation der analytischen Befunde (besonders im Urin!) nicht immer leicht ist. Analysenresultate, die durch immunologische Verfahren gewonnen werden, bedürfen unbedingt einer Bestätigung durch eine zweite, nichtimmunologische, unabhängige Methode. Führt man die toxikologischen Analysen nur im Blut durch, so bringt dies zur Zeit auch nicht den erwarteten Erfolg, da in diesem Falle die Empfindlichkeit des Nachweises öfters nicht ausreicht.

Viele Substanzen können so nur bei starken Überdosen nachgewiesen werden. Bei Leichen besteht die Möglichkeit, neben Urin auch noch Leber, Gallenflüssigkeit, Niere, Lungen, Haare, Einstichstellen in der Haut usw. auf verschiedene Drogen zu untersuchen.

Die einzelnen Drogen, welche mehr oder weniger oft mißbraucht werden, werden im nächsten Abschnitt besprochen. Das Aussehen, die Anwendung und das Material, das bei dem Mißbrauch benutzt wird, werden bei den einzelnen Abhängigkeitstypen beschrieben.

Pharmakologische Einteilung der psychotropen Substanzen

Ganz grob können die psychotropen Substanzen in 3 Familien eingeteilt werden [4, 12, 20, 27]:
Psychoanaleptika: Aufputschmittel / „uppers" / Psychostimulanzien / Psychotonika,
Psychodysleptika: Halluzinogene / Psychotomimetika,
Psycholeptika: Beruhigungsmittel / „downers".

Andere Einteilungen sind ebenfalls möglich, und es gibt auch innerhalb der folgenden Gruppierungen fließende Übergänge von einer Gruppe zur anderen. Diese 3 Gruppen können natürlich auch noch unterteilt werden. Je nach Dosis, kann eine Substanz in eine oder andere Gruppe eingegliedert werden. Eine mehr oder weniger ausgeprägte euphorisierende Wirkung haben alle diese Substanzen gemeinsam.

Psychoanaleptika

a) Schwache Stimulantien:
- *Purindrogen* (Xanthinderivate): Coffein, Theophyllin, Theobromin,
- *Nicotin. Beachte:* Tabak macht eindeutig abhängig und stellt ohne Zweifel eine große Gefahr für die Volksgesundheit dar. Trotzdem haben die WHO-Experten auf die Aufstellung eines Tabak- bzw. Nicotintyps verzichtet, da die psychotoxische Wirkung von Nicotin viel kleiner ist als die der anderen hier aufgelisteten Substanzen. Dasselbe gilt auch für das Betelkauen [23].
- *Antidepressiva:* Monoaminoxidasehemmer, trizyklische, tetrazyklische und sonstige Antidepressiva. *Beachte:* Diese Substanzen haben kaum ein Suchtpotential. Es sind auch bis auf einige wenige Ausnahmen bisher keine Abhängigkeitsfälle bekannt geworden. Ausnahme: von Amineptine (Survector) sind bis zu 40 Kapseln Verbrauch am Tag bekannt!
- *Strychnin;*

b) Starke Stimulantien:
- *Cocain und andere Lokalanästhetika* (oft Streckmittel),
- *Amphetamin und Analoge:* Methamphetamin, Methylphenidat, Mefenorex, Phenmetrazin, Fenetyllin, Amfepramon, Ephedrin, Norpseudoephedrin/Cathin, Prolintan usw.

Psychodysleptika

a) Indolderivate:
- Dimethyltryptamin (DMT), Diethyltryptamin (DET), Dipropyltryptamin (DPT),
- Psilocybin (Psilocybearten),
- Bufotenin,
- Lysergid/LSD 25,
- Morning-glory-Samen: verschiedene Mutterkornalkaloide;

b) Phenylethylaminderivate: Mescalin (Peyotlkaktus);

c) *Amphetaminderivate:* 2,5-Dimethoxy-4-methylamphetamin (STP, DOM), 2,5-Dimethoxy-4-bromamphetamin (DOB), 3,4-Methylendioxyamphetamin (MDA), 3,4,5-Trimethoxyamphetamin (TMA), p-Methoxyamphetamin (PMA);

d) *Cannabinoide:* Tetrahydrocannabinol (Δ^9-THC), Cannabidiol, Cannabinol;

e) *Anticholinergika:*
   - Atropin (Atropa belladonna, Tollkirsche, Asthmazigaretten),
   - Scopolamin (Hyoscyamus niger, Bilsenkraut, "anticholinergic cocktail",
   - Hyoscyamin (Datura stramonium, Stechapfel),
   - Solanin bzw. Solanidin (Solanum nigrum, Schwarzer Nachtschatten),
   - Phencyclidin (PCP),
   - Antiparkinsonmittel, wie z. B. Trihexyphenidyl, Biperiden.

Psycholeptika

a) *Ethanol;*

b) *Lösungsmittel:* Alkohole, Äther, Ester, Ketone, Kohlenwasserstoffe, Halogenkohlenwasserstoffe;

c) *Organische Nitrite* (Rush, Poppers, Snappers usw.);

d) *Schlaf- und Beruhigungsmittel:*
   - Barbiturate: Phenobarbital, Brallobarbital, Secobarbital, Pentobarbital usw.;
   - Nichtbarbiturate: Glutethimid, Methyprylon, Methaqualon, Chloral (Mickey Finn), Nitrazepam, Flunitrazepam, Triazolam, Bromverbindungen, Clomethiazol;
   - Tranquilizer: Meprobamat, Benzodiazepine: Diazepam, Bromazepam, Ketazolam, Oxazepam, Alprazolam, Lorazepam usw.
   - Neuroleptika: Phenothiazine und Analoge, Butyrophenone. *Beachte:* Bei diesen Substanzen verfügt man über langjährige Erfahrungen in der Psychiatrie. So konnte festgestellt werden, daß für diese Substanzen kaum ein Suchtpotential besteht.
   - Antihistaminika: Diphenhydramin, Doxylamin, Chlorphenoxamin usw.;

e) *Analgetika:*
- *stark wirksame Narkotika:*
    - Opioide: Morphin, Diamorphin (Heroin), Dihydromorphinderivate: Dihydrocodein, Hydromorphon, Pethidin, Methadon, Dextromoramid, Propoxyphen, Fentanyl, Pentazocin, Buprenorphin, Tilidin;
- *schwache, mittelstarke bis starke Analgetika:*
    - Salicylate: schwaches Mißbrauchspotential,
    - Tramadol,
    - Paracetamol, Phenacetin,
    - Antiphlogistika (NSAID, "nonsteroidal anti-inflammatory drugs"),
    - Mischanalgetika (enthalten oft auch Codein, Coffein, Barbiturate).

Die wichtigsten Drogenabhängigkeitstypen

Gemäß einem Vorschlag von WHO-Sachverständigen [27] wurde der Begriff *Abhängigkeit* als ein Zustand definiert, welcher aus einer periodischen oder kontinuierlichen Aufnahme einer bestimmten Droge resultiert. Zunächst wurden 7, danach 8 verschiedene Abhängigkeitsvarianten aufgestellt. Diesen Typen kann man natürlich alle anderen Substanzen zuordnen, die ein analoges pharmakologisches Verhalten zeigen [13, 19].

Morphintyp

Der Schlafmohn (Papaver somniferum) sondert in seinen Kapseln einen weißen Saft ab, welcher Opium enthält. Aus Opium können 30 verschiedene Alkaloide gewonnen werden. Im getrockneten Milchsaft sind 10–15% Morphin enthalten. Die unreifen Mohnkapseln werden zwischen Januar und Februar angeritzt, damit der Saft entweichen kann. Das so gewonnene Rohopium wird meist zu Heroin aufbereitet. Konsumgerecht aufbereitetes Opium wird „Chandoo" genannt. Es gibt aber noch eine ganze Reihe von anderen Opiaten, die mißbraucht werden, die entweder illegal hergestellt oder vom normalen Arzneimittelmarkt abgezweigt worden sind. Manchmal wird auch in der Drogenszene der sog. „O-Tee" aus Mohnstroh aufbereitet. In Polen bereitet man in der Szene eine

Poppysuppe, auch Makiwara genannt, welche erhebliche Mengen an Morphin enthält (M. Bogusz, persönliche Mitteilung). Auch wird berichtet vom sog. "High purity South-East Asian heroine" oder China White.

Es handelt sich aber hierbei um eine sog. "designer drug": Methylfentanyl, welches synthetisiert wird, um über ein nichtgesetzlich erfaßtes Analogon von Fentanyl auf dem Straßenmarkt zu verfügen. Andere Fentanylderivate [6, 16] wie z. B. p-Fluorfentanyl, Benzylfentanyl, Thiofentanyl, Carfentanil, Lofentanil, Sufentanil, Alfentanil sind synthetisiert worden. In den meisten Ländern werden allerdings nach und nach die Gesetzeslücken geschlossen.

Auch andere "designer drugs", die sog. Pethidinanaloga wie MPPP, MPTP, PEPAP, PEPIP und PPMP sind als „synthetisches Heroin" angeboten worden [16]. Schwere neurologische Störungen (z. B. M. Parkinson), die auf Verunreinigungen in diesen Substanzfamilien zurückzuführen sind, sind bekannt. In Kalifornien sind mehr als 100 Tote pro Jahr mit diesen "designer drugs" zu beklagen. Bedenkt man, daß es außerordentlich schwer ist, solche Substanzen wegen der geringen Mengen und wegen des metabolischen Abbaus in Körperflüssigkeiten nachzuweisen, so muß man davon ausgehen, daß es noch mehr Tote gegeben hat, bei denen die Diagnose "overdose" nicht gestellt wurde.

Einige dieser "designer drugs" sind bis zu 3000 mal wirksamer als Heroin. Es wird damit gerechnet, daß diese Drogen in immer größeren Mengen im user-Land selbst in Untergrundlaboratorien von Chemie- und Pharmaziestudenten hergestellt werden und so sogar den wenigen potenten natürlichen klassischen Drogen Konkurrenz machen werden.

In der Szene wendet man oft folgende Bezeichnungen für Heroin an (es handelt sich hierbei um keine exakten naturwissenschaftlichen Bezeichnungen!):

Heroin No. 1: eigentlich kein Heroin, sondern Morphinbase. Die Lösung wird als M-Tinke, O-Tinke oder Berliner Tinktur (Essigzusatz) bezeichnet.

Heroin No. 2: Heroinbase, eine im Wasser unlösliche Substanz, die nicht geeignet ist für den üblichen Handel. Sie wird erst durch Säurezusatz z. B. Zitronensaft wasserlöslich. Andere Opiate können ebenfalls anwesend sein.

Heroin No. 3: (Hong Kong Rocks, Brown Sugar) enthält etwa 40% Heroinhydrochlorid aus Südostasien und ist gebrauchsfertig. Im Fixerlöffel aufgelöst, wird es meistens i. v. gespritzt. Oft enthält es auch Coffein und manchmal auch Strychnin und Scopolamin in kleinen Mengen.

Heroin No. 4: enthält oft bis zu 90% Heroinhydrochlorid ("hard stuff", "white stuff", türkisches Heroin, M-Türke). Es stammt aus Südostasien, Nahost oder aus Mittelost.

Black-tar-Heroin: soll 93% rein sein und aus Mexiko kommen.

Auf dem Drogenschwarzmarkt kommt Heroin öfters mit Lidocain, Procain, Chinin, Methaqualon, Phenobarbital, Piracetam, Codein, usw. vermischt vor. Zusätzlich benutzt man Glucose, Lactose, Ascorbinsäure, Zitronensäure usw. als Streckmittel.

Heroin wird seltener geschnupft, geraucht oder inhaliert entweder in einer Opiumpfeife oder erhitzt in zusammengerollter Alufolie bzw. in einer Räucherpfanne. Die Benutzung der Räucherpfanne führte allerdings oft zum sog. China-Syndrom in Holland, d. h. zu einer überdurchschnittlich großen Anzahl von Todesopfern, die bisher nicht erklärt werden konnten. Die übliche wirksame Einzeldosis (i. v.) beträgt 10–20 mg reiner Wirkstoff. Bei Gewohnheitsfixern liegt sie erheblich höher. Bei den Heroinsüchtigen findet man oft das Heroin in sog. Briefchen, Glas- oder meistens Einwegspritzen, Fixerlöffeln, Gummischläuchen zum Anbinden der Venen, abgerissene Zigarettenfilter, Wattebausche, Zitronen, Kerzen usw.

Das Heroin kostet zur Zeit etwa 150–200 DM pro Gramm im Schwarzhandel (Amsterdam, Frankfurt). Die akute Wirkung beruht auf einer Entspannung, Aufhebung von Angst und Unruhe, gekoppelt mit Euphorie und starken erotischen Gefühlen. Die Wirkungsdauer liegt bei 3–6 h.

Charakteristisch für die Opiatwirkung sind 3 Phasen:

1) Das „Hoch" (Flash):
   ein starkes Wollustgefühl kurz nach der Injektion (nicht nach oraler Verabreichung),

2) Die „Balance":
ein physisch und psychisch ausgeglichener Zustand,

3) Die „Abstinenz":
schwere körperliche Entziehungssymptome, die in 50% der Fälle 7–8 h nach der Injektion auftreten.

Nach kurzer Zeit (2- bis 3mal wiederholter Genuß) tritt eine sehr starke psychische und physische Abhängigkeit auf.

Diese Abhängigkeit ist gekennzeichnet durch den unwiderstehlichen Zwang, sich mit allen (auch kriminellen) Mitteln die Droge zu beschaffen, um in den erwünschten Genuß zu kommen oder um die unangenehmen Zustände zu beseitigen. Es tritt eine Toleranzwirkung auf (Erhöhung der Dosis beim nächsten Mal), und wenn kein neues Heroin zugeführt wird, treten schwere körperliche Entziehungserscheinungen ("cold turkey") auf, wie z. B. Zittern, Schweißausbrüche, Unwohlsein, Erbrechen, Bauchkrämpfe, starke Schmerzen, Unruhe usw. In diesem Fall ist ärztliche Hilfe unbedingt angebracht. Häufig wird auch auf sog. Ausweichdrogen zurückgegriffen, wie z. B. Vesparax oder Fortral und andere synthetischen Opiate. Da der Gehalt an Heroin nicht konstant ist und weil der Fixer oft gesundheitlich vorgeschädigt ist (oft Polyintoxikation), können tödliche Unfälle durch Atemlähmung eintreten. Bei chronischem Abusus entsteht Apathie, Gewichtsverlust, Verlust der Libido und der Potentia coeundi. Zusätzlich besteht das Risiko von Infektionskrankheiten (Hepatitis B, Aids usw.).

Die Wirkung von Methadon hält länger an als die von Heroin. 6 mg (1)-Methadon oder 12 mg (d,l)-Methadon wirken ungefähr 60 h. Die sog. Methadonprogramme zur Entwöhnung sind in den meisten Ländern aufgegeben worden, und eine Methadonbehandlung gilt vielfach als Kunstfehler. Ob dies auch noch stimmt, wenn man das Aidsproblem in die Waage wirft, sei dahingestellt.

Vielfach sind Gemische von den Drogenabhängigen gefragt: z. B. die "hits and loads" (Hydromorphon und Kodein oder Heroin und Barbiturate; ein Gemisch von "uppers" und "downers" wird oft "loads" genannt), Heroin und Diphenhydramin oder andere Antihistaminika; Pentazocin und Tripelenamin („T's").

Bei der Anwendung von Arzneimitteln im Drogenmilieu kassiert die Pharmaindustrie also auch auf alle Fälle mit: eventuell beim Medikament als Einstiegsdroge, bei der Zugabe zu illegalen Drogen und bei der Suchtbehandlung bzw. -umstellung.

Barbiturat-Alkohol-Typ

Die Alkoholabhängigkeit ist wahrscheinlich die älteste und die am weitesten verbreitete Drogenabhängigkeit überhaupt. Es entsteht eine psychische und physische Abhängigkeit mit teilweiser Kreuztoleranz zu den Barbituraten. Abstinenzsymptome werden beobachtet. Barbiturate und andere Schlafmittel ("barbs", "downers", "blues", "rainbows") fallen neuerdings auch teilweise unter das BtmG. In beiden Fällen handelt es sich meistens um ganz legale Getränke und Arzneimittel. Die Beschaffungskriminalität ist hier entsprechend auch kleiner. Alkohol wird getrunken; Schlafmittel werden entweder p. o. eingenommen oder auch gespritzt. Die wirksamen Dosen liegen bei 100–500 mg für Barbiturate und bei 3 Konsumeinheiten aufwärts für Alkohol. Bei anderen Schlafmitteln können die üblichen Dosierungen ganz unterschiedlich sein. Die akute Wirkung beruht, bei steigender Dosis, zuerst auf Entspannung, dann erhöhter Agressivität, Euphorie, Betrunkenheit, falscher Gefahreneinschätzung, Sprach-, Gleichgewichts- und Koordinationsstörungen, Schwerbesinnlichkeit, Hypothermie, Atemnot, Bewußtseinstrübungen, Koma und Tod in Extremfällen.

Die Wirkungsdauer liegt bei 2–8 h. Bei chronischem Abusus können schwere Gesundheitsschäden eintreten, wie z. B. Angstzustände, Impotenz, Agressivität, Zittern, Gewichtsverlust, Delirium, Dauerschäden an der Leber (Zirrhose), am Urogenital-, Herz-Kreislauf- und Verdauungssystem. Die Wirksamkeit von Antibabypillen kann durch Barbiturate aufgehoben werden.

Cocaintyp

Cocain wird aus dem Cocastrauch (Erythroxylum coca) gewonnen. Cocain wurde bis vor kurzem nur in sog. besseren Kreisen geschnupft bzw. gespritzt. Heute ist diese Droge etwas populärer geworden, trotzdem sie teurer ist als Heroin: 250–300 DM pro Gramm. Cocainhydrochlorid ist meist ein weißes, kristallines Pulver von erstaunlicher chemischer Reinheit. Man bezeichnet es oft als Schnee, Coke, Nuttendiesel in Zuhälterkreisen, Charly, Cake, Happy dust usw.

Die übliche Dosis liegt bei 10–120 mg (oft höher bis zu 1 g am Tag oder 2,5 g in der Woche). Als akute Wirkung wird über Selbstbewußtseinssteigerung, Machtgefühl, Euphorie, Rededrang berichtet. Cocainbenutzer haben meist ein sog. Cocainschnupfbesteck bei sich. Die Wirkungsdauer setzt nach 5 min ein und ist kurz: eine bis maximal 2 h (oft nur 10 min). Einem Cocainrausch folgt sofort ein böser Kater, der zu neuem Cocainkonsum drängt, um den Kater loszuwerden. Im Gegensatz zu Heroin bewirkt Cocain keine oder nur mäßige physische, aber eine starke psychische Abhängigkeit. Eine Toleranzentwicklung ist beim Menschen nicht beobachtet worden. Bei chronischem Abusus wird oft über Depressionen, Psychosen, Wahnvorstellungen, Unruhe, frühzeitige Senilität und Läsionen an der Nasenscheidewand berichtet. Beim Schmuggeln von Cocain durch sog. "bodypacker" können schwere Vergiftungen vorkommen, wenn ein Kondom undicht ist. Zur Verstärkung der Wirkung wird beim sog. "free basing" aus Cocainhydrochlorid mit Hilfe von Natriumhydrogencarbonat oder Ammoniak die freie Base hergestellt. Mit dieser Cocainbase (Crack oder Rocks), welche in speziellen Pfeifen in Crack-Häusern geraucht wird, ist man in 5 s "high". Die Dauer des Empfindens liegt bei 5 min. Da bei diesem Verfahren die Abhängigkeit viel größer ist als mit Cocainhydrochlorid, wird viel schneller wieder geraucht. Eine Einzeldosis von 0,1 g kostet zwar nur 10 $, aber da der Verbrauch pro Woche bis 10 g liegt, wird es für den Dealer ein noch besseres Geschäft. Eine andere Cocainbase wird Bazooka genannt. Sie enthält als Verunreinigung Mangancarbonat, welches aus Kaliumpermanganat bei der Behandlung mit Natriumcarbonat während der Aufbereitung von Cocain entsteht [9].

Cocainhydrochlorid hat sozusagen self limiting-Eigenschaften; durch die vasokonstriktive Aktion im Nasenbereich wird die Absorption vermindert und beim Rauchen wird es durch Pyrolyse zerstört. Bei der freien Base, die viel flüchtiger ist und bei der diese Eigenschaften nicht so ausgeprägt sind, entsteht so eine einmalige Toxizität.

Beim sog. Stereospritzen wird in eine Vene Heroin und in die Vene des anderen Arms Cocain gespritzt.

Eine Mixtur aus Heroin und Cocain wird "speed balls" genannt. Ist zusätzlich LSD enthalten, spricht man von "Frisco speed balls". Cocain kam oder kommt noch als Bestandteil des sog. Brompton-Cocktails für terminale Krebspatienten vor, neben Morphin und einem Phenothiazin.

Andere Lokalanästhetika wie Lidocain und Procain werden gelegentlich als Streckmittel in Heroin und Cocain oder als Ausweichdrogen benützt, haben aber ein geringeres Suchtpotential.

Werden diese Lokalanästhetika als Verschnitt im Crack auch als freie Basen erhalten, so wird ihr Suchtpotential ebenfalls erheblich erhöht.

Cannabistyp

Cannabisprodukte werden aus einer Hanfpflanze (Cannabis sativa L.) gewonnen. Der Wirkstoff Tetrahydrocannabinol (THC) befindet sich in einem Harz, das vornehmlich in den weiblichen Pflanzenblättern und Blattspitzen enthalten ist.

Als *Marihuana* (Gras, Heu, Grass, Pot, Tea, Mary-Jane, Hemp, Acapulco-Gold) bezeichnet man die getrockneten Pflanzenteile (THC-Gehalt 0,5–2%).

Als *Haschisch* bezeichnet man das angereicherte und gepreßte Harz (THC-Gehalt 4–8%). Die Farbe gibt Auskunft über Herkunft und Qualität.

Als *Haschischöl* bezeichnet man das aus dem mit organischen Lösungsmitteln extrahierten Harz entstandene Produkt. Es enthält 20–50% THC.

Haschisch kostet ungefähr 3–5 DM pro Gramm.

Haschisch oder Marihuana (Hasch, "dope", "pot", "stuff", H, "khif", "shit", Bhang, Charas) wird meist mit Tabak gemischt und geraucht (gekifft). Eine Zigarette (Joint) enthält ungefähr 5–20 mg THC. Manchmal wird Cannabis auch als Aufguß oder Tee p. o. angewendet. Die Wirkungsdauer liegt bei 2–4 h.

Die Dealer (Dope Peddler oder Pusher) schnuppern potentielle Kunden auf Alkoholgeruch ab (Joint und Schnapsglas gehören nicht zusammen).

Bei nach Alkohol riechenden Interessenten handelt es sich oft – zumindest für den Dealer – entweder nur um Neugierige oder um Kripobeamte.

Zur Ausrüstung eines Cannabissüchtigen gehören: Spezialwaagen, Pfeifen bzw. Wasserpfeifen, Zigarettenspitze eines speziellen Typs, das sog. Shillum, Messer usw. Haschisch gilt als Einstiegsdroge zu harten Drogen. Es besteht eine psychische Abhängigkeit, während eine mäßige physische Abhängigkeit und eine Toleranz noch umstritten sind. Die akute Wirkung beruht auf Entspannung, Enthemmung, Euphorie, Intensivierung von Farb- und Tonempfindungen, Wahnvorstellungen usw. Bei chronischem Mißbrauch kommt es zu Psychosen, Schlaflosigkeit, Unruhe. Auch wurde über erhöhte Lungenkrebshäufigkeit im Vergleich zu Tabakrauchern berichtet, sowie über genetische Schäden und Myokardschäden [5].

Amphetamintyp

Amphetamin und Analoge ("speed", "ups", "co-pilots", "dexies", "Los Angeles turnarounds", "pep pills", "bennies", "oranges" usw.) sind synthetische Stoffe, die entweder vom legalen Arzneimittelmarkt stammen oder die in Untergrundlaboratorien hergestellt werden. Die Synthese dieser Stoffe ist relativ einfach. Sie werden entweder geschluckt oder gespritzt. Die übliche Einzeldosis liegt bei 2–100 mg je nach Substanz. Bei Abhängigen sind natürlich auch hier die Dosen öfters höher. Gesucht wird eine Erregung, erhöhte Wachsamkeit [deshalb werden sie oft von Soldaten, Fernfahrern (Los Angeles turnarounds), Piloten und Studenten benutzt] und Euphorie.

Als Nebeneffekt hat man eine Appetithemmung. Dies wird auch therapeutisch ausgenutzt (Eßbremse usw.), ohne allerdings über einen längere Zeit anhaltenden Erfolg.

Die euphorische Wirkung hält 2–4 h an. Eine variable psychische Abhängigkeit ist festgestellt worden, eine physische Abhängigkeit nicht.

Wenn der Körper nicht mehr einer permanenten Erregung durch Amphetamine ausgesetzt ist, kommt es zu einer Depression. Eine Toleranzentwicklung ist festgestellt worden. Bei Langzeitabusus kommt es auch zu Apathie, langen Schlafperioden, Instabilität, Depressionen und Psychosen. Speed kostet ungefähr 6–8 DM pro Gramm im Schwarzhandel.

In diesem Handel werden jetzt auch oft Look-alikes angeboten [10]. Sie enthalten Coffein, Phenylpropanolamin und Ephedrin (oder eine oder 2 von den 3 Substanzen). Diese nicht verschreibungspflichtigen Kapseln oder Tabletten werden als "safe and legal" bezeichnet und als schleimhautabschwellend und als broncholytisch oder als "stay awake pills" angepriesen. Bei Überdosierungen mit Coffein z. B. werden Blutspiegel von 130–340 mg/l beobachtet.

Khattyp

Als Khat bezeichnet man ein Pflanzenmaterial (Khatstrauch, Catha edulis) aus Ostafrika bzw. Yemen, welches dort (und fast nur dort) gekaut wird. Da frisches Material [24] gebraucht wird, sind die Konsumgebiete meistens auch geographisch dieselben wie die Anbaugebiete. Im Khat sind Phenylalkylamine enthalten wie z. B. Cathin [(+)-Norpseudoephedrin), (−)-Norephedrin, (−)-Cathinon], ein oxidiertes Cathin sowie ungefähr 40 andere Substanzen. Cathinon wird u. a. bei der Lagerung zu (+)-Norpseudoephedrin reduziert. Dies erklärt den Verlust der Wirkungsintensität. Cathinon entspricht ungefähr 0,3- bis 0,5mal der Wirkung von (+)-Amphetamin. Es ist aber im Vergleich zu Cathin etwa 6mal aktiver. Ansonsten ist der Khatabhängigkeitstyp ähnlich wie der Amphetamintyp, vorausgesetzt, es bleibt beim Khatkauen. Es besteht eine mäßige psychische, aber keine körperliche Abhängigkeit. Es soll keine Toleranzzunahme bestehen. Amfepramon (Diethylpropion), welches als ein viel beliebtes Anorektikum (Appetitzügler) bei den vermutlich Dicken angewendet wird, ist ein Diethylderivat von Cathinon.

Halluzinogentyp

Unter diesen Abhängigkeitstyp fallen mehrere Substanzfamilien. Nachstehend sind nur die wichtigsten kurz beschrieben:

LSD: Lysergsäurediethylamid (Acid, Dots, Trips, 25, Pink Jesus) ist ein halbsynthetisches Produkt, gewonnen aus dem Mutterkorn (Sklerotien des Ascomyceten Claviceps purpurea).

Die wirksame Einzeldosis ist ganz niedrig und liegt bei 0,03–0,2 mg. LSD ist das stärkste Halluzinogen überhaupt, oft gekoppelt mit Depressionen und Selbstmord (Horrortrip oder "bad trip"). Es kommt in sehr vielen verschiedenen Formen auf den schwarzen Markt und ist leicht zu schmuggeln. Der LSD-user braucht keine besonderen Geräte, da es einfach geschluckt wird. LSD kann leicht unbemerkt an Personen ohne ihre Zustimmung verabreicht werden.

Ein Trip LSD kostet z. Z. 5–10 DM.

2,5-Dimethoxy-4-methylamphetamin: (2,5-DMA, DOM oder STP für "serenity, tranquility, peace") wird geschluckt oder gefixt. Die übliche Dosis liegt bei 5–20 mg und kann Rauschzustände bis zu 72 h hervorrufen. Oft sind die vielen Verunreinigungen in diesen Drogen an den "prolonged trips" schuld.

Vor kurzem wurde ein wirkungsähnliches Analogon von DOM, das 1-(2,5-Dimethoxy-4-nitrophenyl)-2-aminopropan (DON), in Chile beschrieben [14].

2,5-Dimethoxy-4-bromamphetamin: (DOB, bromo-DMA, PBR oder 4-BR) hat eine etwa 2mal stärkere Wirkung als DOM [8].

Neuerdings ist auch 2,5-Dimethoxy-4-bromphenylethylamin (2-CB, BDMPEA, MFT) in New Orleans beobachtet worden [22].

Mescalin: ("mesc", "big chief"), ein Phenylethylaminalkaloid, wird aus dem amerikanischen Peyotlkaktus (Lophophora sp.) gewonnen. Es ist oft stark verunreinigt und wird unter falscher Bezeichnung verkauft. Es wird meist p. o. verabreicht (Tee, Salat, Kapseln, Pulver).

Die übliche Einzeldosis liegt zwischen 200 und 500 mg. Es ist also viel weniger aktiv als DOM.

Phencyclidin: PCP, ein Phenylcyclohexylpiperidin, das 1926 ursprünglich als Anästhetikum synthetisiert wurde, ist eine viel mißbrauchte Droge in Kalifornien. Bei uns ist PCP nur selten anzutreffen. Die Decknamen für PCP sind: *Peace Pill,* Angel dust, "magic dust", "elephant tranquilizer" usw. Das Pulver ist sehr oft mit "precursors" und analogen Stoffen verunreinigt. Die übliche Einzeldosis der Reinsubstanz liegt bei 1–10 mg. Die Verabreichung erfolgt entweder auf Gemüse (Petersilie) oder in einem "Joint", evtl. mit Marihuana ("crystal joint") oder Tabak gemischt, oder mit in

PCP-Lösung getränkten Zigaretten ("supercools"). PCP wird auch gespritzt.

Eine Mischung von PCP mit Heroin heißt Sunshine, The boat oder "black dust". Ein PCP mit Bittermandelgeruch wird "tack" genannt. Den Gebrauch eines crack-PCP-Gemisches nennt man "space basing".

Psilocybin: (4-Phosphoryl-N,N-dimethyltryptamin) wird aus den Pilzgattungen Psilocybe, Stropharia, Panaeolus und Conocybe gewonnen und in Zentralamerika schon lange gebraucht. In unseren Gegenden können solche Pilze auch wachsen. Der Mißbrauch solcher Pilzinhaltstoffe ist allerdings selten, weil nur wenige Fixer die notwendigen mykologischen Kenntnisse haben. Die übliche wirksame Einzeldosis liegt bei 3–200 mg Reinsubstanz.

Psilocin, ein 4-Hydroxy-N,N-dimethyltryptamin, ist ungefähr 1,5mal weniger aktiv.

Sonstige: Außer oben genannten Substanzen werden manchmal auch andere Indolderivate mißbraucht: Dimethyltryptamin, Diethyltryptamin, Dipropyltryptamin, desgleichen halluzinogene Amphetaminanaloge wie 2,3,5-TMA ("Power"), 3,4-Methylendioxyamphetamin (MDA und Homologe), MDMA (Adam, Ecstasy, XTC, MDM), MDEA (Eve und natürliche Anticholinergika).

Gemeinsam haben alle diese Halluzinogene, daß die psychische Abhängigkeit verschieden stark ausgebildet sein kann und daß kein Anhaltspunkt für eine physische Abhängigkeit besteht. Es wird aber eine schnelle Toleranzentwicklung bei LSD und Psilocybin beobachtet. Bei Mescalin ist diese Toleranzentwicklung langsamer. Eine Kreuztoleranz für mehrere Halluzinogene ist möglich.

Die Wirkungsdauer beträgt 10–14 h. Spätfolgen sind bekannt: es können lange Zeit nach dem letzten Konsum von LSD z. B. erneute Halluzinationen auftreten (Flashback oder Echorausch), des weiteren größere Wahnvorstellungen, Unfälle (Fenstersturz) und Selbstmorde.

Für den Halluzinogenrausch ist typisch, daß der "abuser" einen deutlichen Bezug zur Außenwelt behält (außer wenn negative Störungen bei einer Überdosis auftreten). Der Konsument kann also

auch z. B. sein Erleben im Rausch aufschreiben (eine Art Selbstbe-
obachtung).

Opiatantagonistentyp

Die Antagonisten von Opiaten (Nalorphin, Naloxon, Nalbuphin,
Naltrexon usw.) werden bzw. wurden in der akuten Morphininto-
xikationstherapie verwendet. Es muß davon ausgegangen werden,
daß für Nalorphin, Naloxon und Naltrexon kein Suchtpotential
besteht ("unpleasant drugs" für die "postaddicts" während der Behandlung). Ab und zu wird Nalbuphin mißbraucht. Die übliche
wirksame Dosis ist 8–10 mg. Die Wirkung und die Abhängigkeit
sind ähnlich wie bei anderen Opioiden, aber weniger stark ausgeprägt.

Schlußbetrachtungen

Es ist in der letzten Zeit viel geredet, geschrieben und gezeigt worden über Betäubungsmittel. Diese sind aber nur ein verschwindend
kleiner Teil des Mißbrauches von psychoaktiven Stoffen in unserer
Zeit. Auf keinen Fall darf man in diesem Zusammenhang die lega-
lisierten Drogen wie Alkohol (Süchte und Abhängigkeiten. *Öff Gesundheitswes* 42:2–74), Tabak [2, 25], Arzneimittel mit Suchtpotential [7, 14, 15, 21] und Lösungsmittel [1] unerwähnt lassen. Ganz
abgesehen von den gesundheitlichen Aspekten, dürften auch die
volkswirtschaftlichen Folgen nicht übersehen werden.

Was auch immer der Grund ist, der den Menschen zum Drogenmißbrauch treibt, er wird auf jeden Fall versuchen, eine Bewußt-
seinsveränderung zu erreichen. Interessant ist, daß diese durch
Rauschmittel mit den verschiedensten physikalisch-chemischen Eigenschaften herbeigeführt wird, daß die Pharmakokinetik dieser
Stoffe äußerst differenziert ist und daß die wirksamen Dosen oft
um einige Zehnerpotenzen auseinander liegen können.

Auch genetische Faktoren sind zu berücksichtigen, sowie die
Persönlichkeitsstruktur des Individuums und das soziale und kul-
turelle Umfeld. Zum Abschluß eine *Anekdote,* welche die Persönlichkeitsstruktur und die Wirkungen einiger Drogentypen illu-
striert:

Man erzählt sich, daß drei Männer zu einer befestigten Stadt in Persien reisten. Der erste war ein notorischer Säufer, der zweite war ein Cannabis-verkoster und der dritte bediente sich mit Opium. Als es Nacht wurde und alle drei müde von dem langen Tagesmarsch waren, kamen sie vor den Toren der Stadt an. Diese waren aber schon geschlossen und die drei begannen zu beraten, wie sie in die Stadt hinein gelangen könnten. Da schlug der Opiumraucher vor, ganz einfach bis zum nächsten Morgen zu schlafen. Der Alkoholiker wollte das Tor einschlagen, um ins Wirtshaus zu kommen, und der Haschisch-User war überzeugt, durch das Schlüsselloch hinein in die Stadt schlüpfen zu können.

Literatur

1. Anonym (1984) Wie gefährlich sind Schnüffelstoffe. Pharm Z 129:53–55
2. Anonym (1987) Passivrauchen am Arbeitsplatz. In: Henschler D (Hrsg) Maximale Arbeitsplatzkonzentration und biologische Arbeits-stofftoleranzliste Mitt XXIII DFG. Verlag Chemie, Weinheim, S 667
3. Boudreau A (1972) Connaissance de la drogue. Marabout, Verviers
4. Casarett MG, Casarett LJ, Doull J (eds) (1980) Social poisons. In: Toxicology. MacMillan, New York, pp 627–654
5. Collins JSA, Higginson JDS, Boyle DMcC, Webb SW (1985) Myocardial infarction during marihuana smoking in a young female. Eur Heart J 6:637–638
6. Cooper D, Jacob M, Allen A (1986) Identification of fentanyl derivatives. J Forensic Sci 31:511–528
7. DHS (1984) Medikamentenabhängigkeit, eine Information für Ärzte. Hamm
8. Delliou D (1983) 4-Bromo-2,5 dimethoxyamphetamine, psychoactivity, toxic effects and analytical methods. Forensic Sci Int 21:259–267
9. Ensing JG (1985) Bazooka: cocaine-base and manganese carbonate. J Anal Toxicol 9:45–46
10. Garriott J, Simmons LM, Poklis A, Mackell MA (1985) Five cases of fatal overdose from caffeine-containing "look-alike" drugs. J Anal Toxicol 9:141–143
11. Geldmacher von Mallinckrodt M, Enders P, Bösche J, Harzer K, Machata G, Meyer L von, Riesselmann B (1985) DGF-Empfehlungen zum Nachweis von Suchtmitteln im Urin. Verlag Chemie, Weinheim
12. Goodman-Gilman A, Goodman LS, Rall TW, Murad F (eds) (1985) The pharmacological basis of therapeutics. MacMillan, New York
13. Haan J (1981) Drogenabhängigkeit. Med Monatsschr Pharm 4:129–137
14. Haan J (1981) Medikamente als Drogen und Suchtstoffe. Med Monatsschr Pharm 4:97–104
15. Keup W (1982) Zahlen zur Gefährdung durch Drogen und Medikamente. DHS-Informationsdienst 35:13–40

16. Kovar KA, Grausam U (1987) Neue synthetische Drogen. Dtsch Apoth Z 127:1569–1574
17. Lewin L (1984) Die Gifte in der Weltgeschichte (Reprint). Gerstenberg, Hildesheim
18. Moffat AC (ed) (1986) Clarke's isolation and identification of drugs. Pharmaceutical Press, London
19. Möller M (1984) Rauschgift. Ann Univ Sarav Med [Suppl] 4:57–73
20. Mutschler E (1986) Arzneimittelwirkungen. Wissenschaftliche Verlagsges, Stuttgart (1980)
21. Poser W, Roscher D, Poser S (1982) Ratgeber für Medikamentenabhängige und ihre Angehörigen. Uni-Nervenklinik, Göttingen
22. Ragan FA, Hite SA, Samuels MS, Garey RE (1985) 4-Bromo-2,5-dimethoxy-phenethylamine: identification of a new street drug. J Anal Toxicol 9:91–93
23. Schneider E (1986) Betel – ein beliebtes Genußmittel Südasiens. Pharm Zeit 15:161–166
24. Schorno X (1985) Wirkstoffe der Catha edulis. In: Keup W (Hrsg) Biologie der Sucht. Springer, Berlin Heidelberg New York Tokyo, S 346–354
25. Searle CE (1986) Chemical carcinogens and cancer prevention. Chem Br 22:212–220
26. UN-Convention (1971) Psychotropic substances. United Nations, New York
27. Wanke K, Täschner KL (1985) Rauschmittel – Drogen – Medikamente – Alkohol. Enke, Stuttgart
28. Weltgesundheitsorganisation (WHO) (1961, 1962) Techn Rep No 211 und No 229. Genf

Cannabiskonsum – Nachweisbarkeitsdauer, zeitlicher Verlauf, forensische Bedeutung

T. Daldrup, T. Thompson, G. Reudenbach

Einleitung

Schätzungen gehen davon aus, daß nur 5% der tatsächlich konsumierten Cannabisprodukte sichergestellt werden [11]. Dies würde bedeuten, daß pro Jahr in der BRD um die 100–150 t Cannabis-

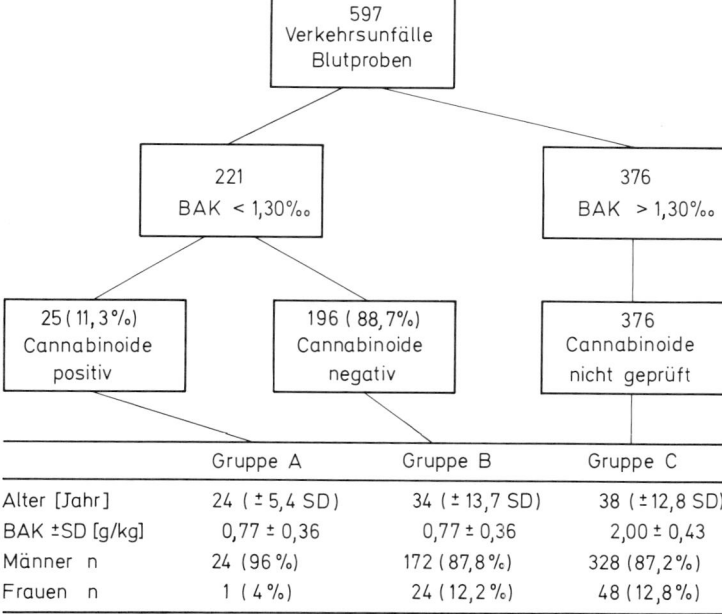

	Gruppe A	Gruppe B	Gruppe C
Alter [Jahr]	24 (± 5,4 SD)	34 (± 13,7 SD)	38 (± 12,8 SD)
BAK ±SD [g/kg]	0,77 ± 0,36	0,77 ± 0,36	2,00 ± 0,43
Männer n	24 (96%)	172 (87,8%)	328 (87,2%)
Frauen n	1 (4%)	24 (12,2%)	48 (12,8%)

Abb. 1. Epidemiologische Studie. Serumproben von 597 Verkehrsteilnehmern, die an einem Unfall beteiligt waren. Von den 221 mit einer Blutalkoholkonzentration (*BAK*) unter 1,3‰ wurde das Serum zusätzlich auf Cannabinoide mittels Immunotest (EMIT) und Hochleistungsflüssigkeitchromatographie (HPLC) geprüft. 25 Proben erwiesen sich als positiv

produkte verbraucht werden. Diese Menge reicht überschlagsmäßig aus, um rund 1,5 Mio. Personen täglich mit einem Joint zu versorgen. Diese Hochrechnung ergibt einen Anhaltspunkt, welche Bedeutung der Cannabiskonsum in der BRD hat. Ähnliches spiegelt sich auch in den verschiedenen epidemiologischen Studien ([2, 10, 14, 20, 26, 29], Abb. 1) wieder.

Entsprechend zahlreich sind auch positive Cannabinoidbefunde im forensisch-toxikologischen Untersuchungsgut, was dazu führt, daß im Rahmen von Strafverfahren immer häufiger die Ergebnisse derartiger Blut- und Urinanalysen zu interpretieren sind. Es darf vorweggenommen werden, daß wir bisher nicht in der Lage sind, nur anhand der Analysenbefunde einigermaßen zuverlässige Aussagen über Wirkung, Zeitpunkt des letzten Konsums oder gar konsumierte Menge zu formulieren [8]. Anders sieht es aus, wenn uns zusätzlich Angaben von Betroffenen und Zeugen zur Verfügung stehen. Basis für die Interpretation ist die Pharmakodynamik des Cannabiswirkstoffs Tetrahydrocannabinol (THC).

Bioverfügbarkeit

Die Höhe der Wirkstoffspiegel im Blut ist abhängig von der absorbierten THC-Menge sowie von der Geschwindigkeit der Verteilung, Metabolisierung und Elimination. Beim Rauchen und bei der oralen Applikation wird nur der geringere Anteil des im Cannabis vorhandenen THC vom Körper aufgenommen. Die Bioverfügbarkeit beim Rauchen liegt je nach Technik zwischen weniger als 10% und deutlich mehr als 30%. Als wichtigste hierfür verantwortliche Variablen sind die Pyrolyse des THC in der Zigarettenglut sowie die langsame Absorption (Absorptionshalbwertszeit 1 min) über die Lunge zu nennen [1, 9].

Systematische Untersuchungen zur Bioverfügbarkeit ergaben Werte von $10 \pm 7\%$ bzw. $14 \pm 1\%$ bei Gelegenheitskonsumenten und $23 \pm 16\%$ bzw. $27 \pm 10\%$ bei Dauerkonsumenten [13, 18]. Die Bioverfügbarkeit bei oraler Applikation ist noch schlechter.

Eine Rate von nicht mehr als $6 \pm 3\%$ wurde ermittelt [17]. Als weitere Variable für beide Konsumarten ist die nicht genau quantifizierbare Umwandlung des thermisch labilen Cannabisinhaltsstoffs Tetrahydrocannabinolsäure in THC während der Temperung des Rauschmittels zu berücksichtigen [9]. Aufgrund dieser zahlreichen Imponderabilien ist es in der forensisch-toxikologischen Praxis kaum möglich, aus der verbrauchten Menge an Cannabis auch nur näherungsweise die aufgenommenen Wirkstoffmengen zu berechnen. In diesem Zusammenhang sei auf eine eigene Untersuchung von Plasma und Urinproben hingewiesen, die von einem Patienten stammten, der erstmals Cannabis geraucht hatte. In keiner der Plasmaproben (1. Entnahmezeitpunkt 0,25 h nach Konsum) war ein meßbarer THC- bzw. THC-Metabolitenspiegel feststellbar (Nachweisgrenze ca. 5 ng/ml).

Im ebenfalls nach dem Konsum sichergestellten Urin wurden nach 4 h 42 ng/ml, nach 19,5 h 60 ng/ml, nach 43,5 h 41 ng/ml und nach 67,5 h 30 ng/ml THC-Metaboliten aufgefunden. Die Urinproben, die 2 sowie 91,5 und 115,5 h nach Konsum sichergestellt wurden, erwiesen sich alle als negativ (Nachweisgrenze 20 ng/ml). Dieses Beispiel belegt, daß bei einem Anfänger die erreichte Bioverfügbarkeit so gering sein kann [27], daß wirksame Blutspiegel nicht aufgebaut werden und daß nur vergleichsweise niedrige Urinspiegel erzielt werden.

Metabolismuskinetik

Nach Aufnahme des THC durch den Körper erfolgt dessen rasche Elimination aus dem Blut durch Metabolisierung (Abb. 2) und Umverteilung.

Die Metabolisierung erfolgt vorrangig durch Leberenzyme. Die Hydroxylierung am Kohlenstoff 8 und 11 durch mikrosomale Enzyme führt zu pharmakologisch aktiven Metaboliten. Die weitere Oxidation des 11-OH-THC durch die Alkoholdehydrogenase führt zu dem mengenmäßig wichtigsten, aber pharmakologisch inaktiven Metabolit 9-COOH-THC bzw. dessen konjugierter Form. Weitere Metaboliten, insbesondere polare Metaboliten und Konjugate werden gebildet, deren Struktur und Bedeutung vielfach noch ungeklärt sind [4, 12, 15, 16, 28].

Nach Versuchen mit radioaktiv markiertem THC, welches i. v. verabreicht wurde, konnte die Halbwertszeit für THC in der Verteilungsphase mit 0,4–0,6 h und in der terminalen Phase mit 29–36 h ermittelt werden [28]. Aufgrund der sehr kurzen Halbwertszeit von

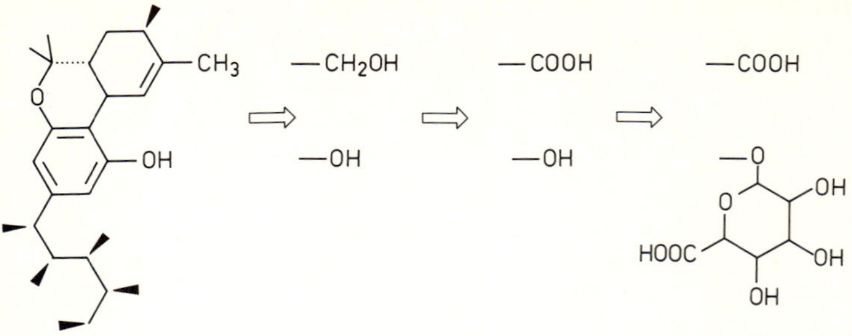

Δ^9 - THC   11 - OH - THC   9 - COOH - THC   9 - COOH - THC - O - Gluc.

Abb. 2. Zum Metabolismus von Tetrahydrocannabinol (*THC*). Forensisch relevante Metaboliten entstehen durch die Oxidation am Kohlenstoff 11. Es sind 11-Hydroxy-THC (*11-OH-THC*), 11-Nor-THC-9-carbonsäure (*9-COOH-THC*) sowie dessen Glucuronid (*9-COOH-THC-O-Gluc*). Weitere Positionen im THC-Molekül, die Angriffspunkte für Stoffwechselreaktionen darstellen, sind mit *Pfeilspitzen* markiert

THC in der 1. Phase kann zur Beurteilung forensischer Fragestellungen bei höheren THC-Spiegeln – über 20 ng/ml im Plasma bzw. wegen der nur geringen Verteilung von THC in den Erythrozyten [19] etwa 10 ng/ml im Blut – von einer akuten Einnahme von Cannabisprodukten und entsprechender Wirkung ausgegangen werden [14].

Die Daten zur Pharmakokinetik und Wirkung der Cannabinoide entstammen in der Regel Versuchen mit freiwilligen Probanden, die nach längerer Abstinenz eine mit einer definierten, aber vergleichsweise geringen Menge THC imprägnierte Zigarette geraucht haben. Im Gegensatz hierzu ist bei der Mehrzahl der forensisch relevanten Fälle von wesentlich höheren und regelmäßig zugeführten Konsummengen auszugehen. Es stellt sich demnach die Frage, welchen Aussagewert die in üblichen Probandenversuchen gewonnenen Erkenntnisse bei forensisch-toxikologischen Fragestellungen haben.

Um hierzu eine erste Antwort zu finden, haben wir folgenden Versuch durchgeführt:

Bei dem Probanden handelte es sich um einen Mann, der seit Jahren etwa 0,5–1 g Haschisch täglich geraucht hatte und der sich freiwillig dazu bereit erklärt hatte, jeglichen Cannabiskonsum ein-

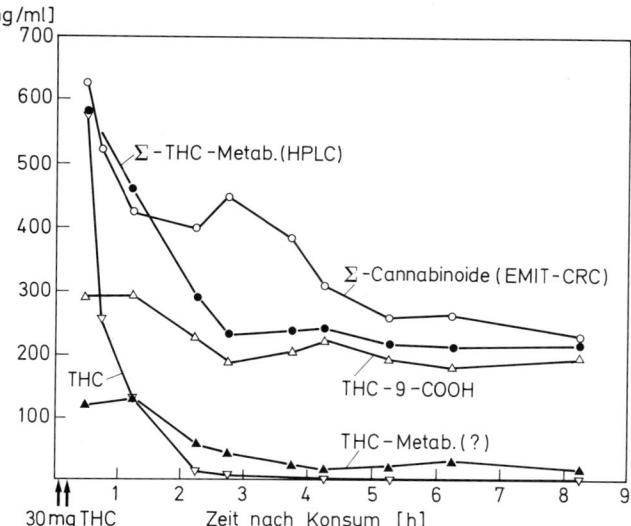

Abb. 3. Konzentration von THC und Metaboliten im Plasma eines Dauerkonsumenten in Abhängigkeit von der Zeit nach dem Rauchen von Haschisch mit einem THC-Gehalt von ca. 30 mg. Die Bestimmung erfolgte nach Aufarbeitung der Plasmaproben mit Methanol direkt mit dem Immunotest (EMIT-dau-20) zur Bestimmung der insgesamt kreuzreagierenden Cannabinoide [*Σ-Cannabinoide (EMIT-CRC)*] sowie nach Trennung von THC und Metaboliten mit HPLC (Verfahren s. Daldrup 1985 [5]). Weiterhin wird der Summenwert aller mit HPLC bestimmter Cannabinoide (Σ-THC-Metab. (HPLC)], ausgedrückt als (EMIT-CRC), angegeben

zustellen und während der Abstinenzphase Blut- und Urinproben zur Verfügung zu stellen. Untersucht wurde das gewonnene Plasma auf den Gehalt an Gesamtcannabinoiden, THC sowie verschiedenen THC-Metaboliten (s. Abb. 3 und 4) und der Urin auf den Gehalt an Creatinin und THC-Metaboliten (Abb. 5 a, b).

Besonders hoch ist der THC-Spiegel von fast 600 ng/ml in der 1. untersuchten Plasmaprobe, ein Beweis für die Resorption hoher THC-Mengen durch diesen erfahrenen Haschischraucher. Die Plasmaspiegel fallen innerhalb der ersten 2 h mit einer Halbwertszeit von rund 40 min auf Werte unter 20 ng/ml ab. Diese Beobachtung zeigt, daß auch bei erfahrenen chronischen Konsumenten der

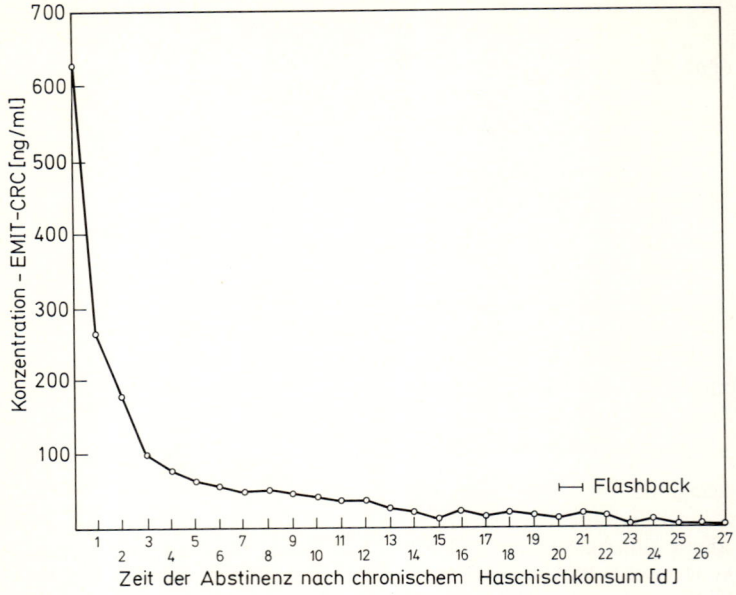

Abb. 4. Konzentration der EMIT-CRC im Plasma. Fortsetzung von Abb. 3. Flashback am 20. Versuchstag

oben erwähnte Grenzwert von 20 ng/ml für die Interpretation von Befunden verwendet werden kann.

Bekanntlich korreliert der Verlauf der Wirkungskurve nicht mit den THC-Blutspiegeln. So werden maximale THC-Spiegel schon wenige Minuten nach Beginn des Rauchens erzielt, während das Wirkungsmaximum 20–30 min später eintritt [15].

Abb. 5 a, b. Konzentration des Creatinins sowie der mit dem Immuntest (EMIT-dau-20) bestimmten Cannabinoide im Urin in Abhängigkeit von der Zeit seit dem letzten Konsum. **a** Flashback am 20. und 43. Tag der Abstinenz. Quantifizierung mittels Standard im Bereich von 20–400 ng/ml 9-COOH-Δ^8-THC. **b** Fortsetzung von **a**: Magen-Darm-Erkrankung mit Fieber zwischen dem 61. und 64. Tag der Abstinenz

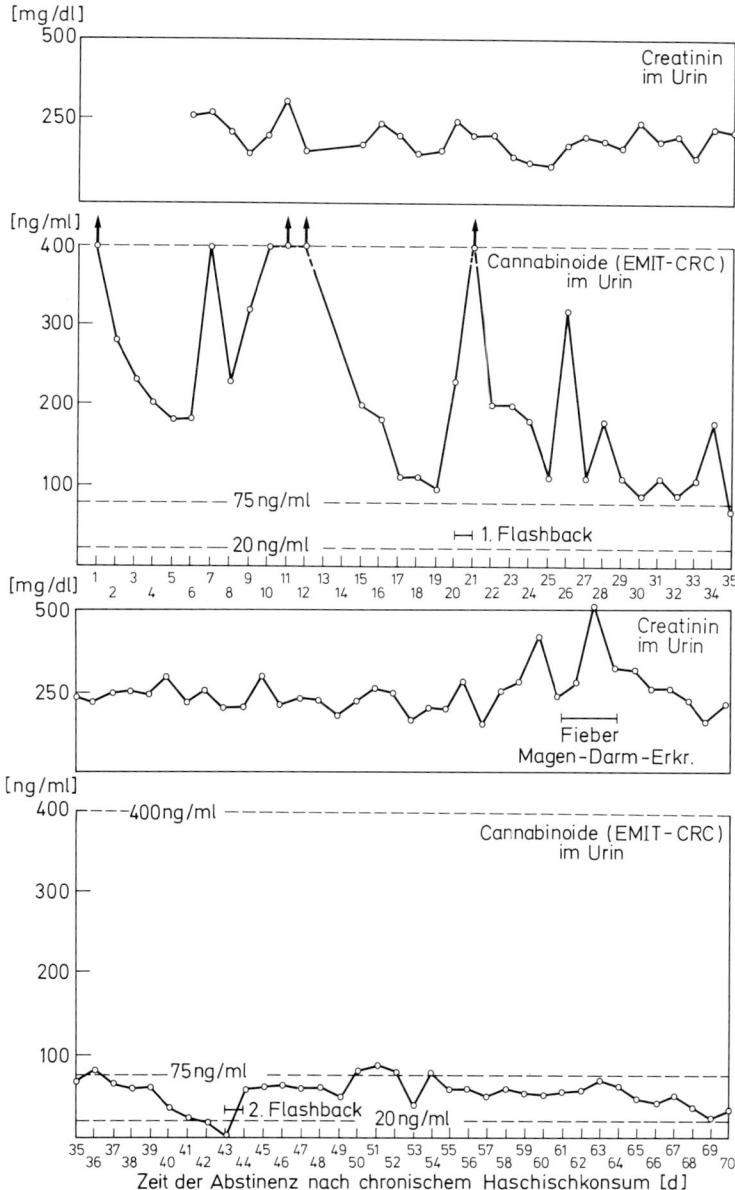

Abb. 5a

45

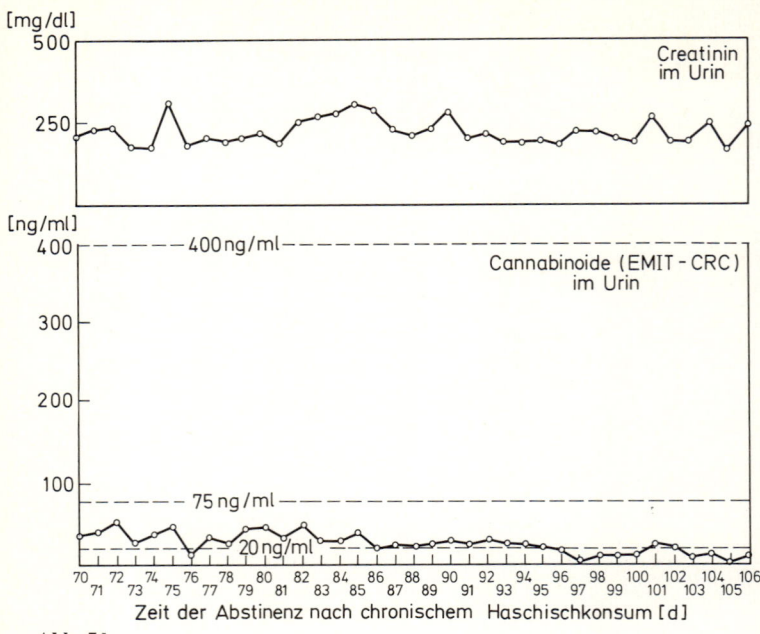

Abb. 5 b

Perez-Reyes et al. [21] wollen dagegen eine bessere Korrelation zwischen der Wirkung und dem Blutspiegelverlauf des THC-Metaboliten 9-COOH-THC beobachtet haben, obwohl es hierfür pharmakologisch gesehen keine Erklärung gibt. Die hier durchgeführte Untersuchung belegt die Zufälligkeit der eben beschriebenen Beobachtung, die allenfalls zutreffen kann, wenn das Blut des Konsumenten vor dem Haschischrauchen frei von diesem langsam eliminierten THC-Metaboliten ist.

Betrachtet man den in Abb. 3 aufgeführten Verlauf der Gesamtcannabinoide einerseits und die Summe der mit HPLC bestimmten THC-Metaboliten andererseits, so fällt insbesondere in dem Zeitraum 2–4 h die erhebliche Diskrepanz auf. Als Erklärung für diese Diskrepanz ist zu vermuten, daß durch den enterohepatischen Kreislauf [22] – hierdurch ließe sich der Anstieg der Gesamtcannabinoide am ehesten erklären – aktive THC-Metabolite gebildet werden, die sich mit der verwendeten HPLC-Methode nicht erfassen lassen.

Es stellt sich die Frage nach der Bedeutung dieser Befunde für die Bewertung der Cannabiswirkung. Es ist zu hoffen, durch weitere Untersuchungen eine Antwort zu finden.

Nachweisbarkeitsdauer

Es ist bereits angesprochen worden, daß hohe THC-Konzentrationen nur kurz nachweisbar sind. Dagegen kann bei niedrigen THC-Konzentrationen mit Werten deutlich unter 5 ng/ml aufgrund der langen Halbwertszeit in der terminalen Phase der letzte Konsum schon Tage zurückliegen. Noch wesentlich langsamer werden die Metaboliten aus dem Blut eliminiert. Abbildung 4 belegt, daß die Eliminationszeit sich immer mehr verlangsamte, je weiter das Konsumende zurücklag.

Die Halbwertszeit zwischen dem 6. und 21. Tag lag in der Größenordnung von 8 Tagen. Während der Konzentrationsabfall im Plasma relativ gleichmäßig verläuft, zeigen die Urinuntersuchungen das auch von anderen Untersuchern [3, 6] beobachtete Ausscheidungsprofil der Cannabinoide mit stark schwankenden Konzentrationen. Eine Erklärung für diese unterschiedlichen Ausscheidungsraten ist bisher nicht gefunden worden. Auch die Diureserate kann – wie die parallel durchgeführten Creatininbestimmungen demonstrieren – allenfalls geringe Konzentrationsänderungen erklären.

Wie diese Untersuchung weiter zeigt, wurden die letzten positiven Urinbefunde mit Konzentrationen über 20 ng/ml zwischen dem 101. und 102. Tag der Abstinenz erhalten. Diese Zeitspanne übersteigt den uns bisher bekannten längsten Zeitraum von 77 Tagen [6] um fast 4 Wochen.

Wir haben hiermit den Beleg, daß auch bei einem schlanken Mann (Körpergewicht 58 kg, Körpergröße 168 cm) nach langjährigem chronischen Konsum von Haschisch 3 Monate und mehr benötigt werden können, um eine negative Urinprobe zu erhalten.

Flashback

Soweit uns bekannt, ist dies der erste Fall, bei dem während einer Blut- und Urinverlaufskontrolle ein Flashback nach Cannabiskonsum aufgetreten ist. Ohne näher auf das nur unzureichend verstandene Phänomen des Flashbacks eingehen zu wollen [23, 25] – der Patient berichtete von schubweisen, in mehreren Intervallen über den Tag verteilten Rauschzuständen – demonstriert dieser Fall, daß offensichtlich Stoffwechselveränderungen, die nur im Urin und nicht im Blut nachweisbar sind, auftreten. Beiden Flashbacks geht – wie den Urinprofilen (Abb. 5a, b) zu entnehmen ist – ein mehrtägiger gleichmäßiger Konzentrationsrückgang voraus, wobei kurz vor dem Flashback jeweils die bis dahin niedrigste Urinkonzentration erreicht wurde. Während des Flashbacks und in einer längeren Periode danach wurden dann wieder erhöhte Ausscheidungsmengen registriert. Es bedarf keiner besonderen Erwähnung, daß derartige Rauschzustände eine insbesondere für Teilnehmer am Straßenverkehr gefährliche Folgeerscheinung des Cannabismißbrauch sein können.

Interaktion Alkohol/Cannabis

Durch zahlreiche Fahrversuche konnte gezeigt werden, daß bei niedriger Cannabisdosierung nur eine geringe Beeinträchtigung der Fahrtüchtigkeit eintritt, daß aber ein überproportionaler Anstieg von Fahrfehlern bei gleichzeitigem Alkoholkonsum beobachtet wird [22, 24]. Wir haben in einer epidemiologischen Studie überprüft, ob bei Verkehrsteilnehmern, die im alkoholisierten Zustand an einem Unfall beteiligt waren, ein Zusammenhang zwischen Ausfallerscheinungen bei der ärztlichen Untersuchung einerseits und den Cannabinoidspiegeln und Alkoholisierungsgrad andererseits besteht. Das Kollektiv umfaßte 221 Personen mit Blutalkoholkonzentrationen unter 1,3‰, von denen 25 zusätzlich Cannabinoide im Blut aufwiesen. Von diesen 25 zeigten 19 Cannabinoidspiegel unter 100 ng/ml bzw. einen Blutalkoholgehalt unter 0,7‰ Bei dieser Gruppe wurden praktisch keine körperlichen oder geistigen Ausfälle im ärztlichen Protokoll vermerkt. Völlig anders sah es bei den restlichen 6 Personen aus, die neben Cannabinoidspiegeln über 100 ng/ml eine Blutalkoholkonzentration von 0,7–1,3‰ aufwiesen (Tabelle 1). Hier wurde ein überproportionaler Anstieg der Ausfälle registriert. Daß dies nicht auf den Alkoholisierungsgrad allein zurückzuführen ist, zeigt der Vergleich mit der Gruppe von

Tabelle 1. Häufigkeit der im ärztlichen Untersuchungsbericht erwähnten Ausfallerscheinungen alkoholissierter Verkehrsteilnehmer mit bzw. ohne Cannabinoide (>100 ng/ml) im Serum

Ausfälle bei der ärztlichen Untersuchung	Cannabinoide im Serum >100 mg/ml BAK: >0,7–1,3 $^{0}/_{00}$ (n = 5 bzw. 6) [%]	Cannabinoide im Serum negativ BAK: >0,7–1,3 $^{0}/_{00}$ (n = 105) [%]
Gang	60	13
Sprache	50	11
Bewußtsein	50	5
Denkablauf	40	5
Verhalten	40	9
Alkoholisierungsgrad deutlich bis schwer oder schwer	80	5

Verkehrsteilnehmern, die entsprechend alkoholisiert waren, aber bei denen Cannabinoide im Serum nicht nachweisbar waren. Ganz drastisch fällt dies beim Alkoholisierungsgrad auf, der bei der Alkoholgruppe nur in 5% mit deutlich bis schwer oder schwer bezeichnet wurde; bei der Gruppe, die zusätzlich hohe Konzentrationen an Cannabinoiden enthielt, wurde dieser Alkoholisierungsgrad dagegen in 80% der Fälle vermerkt.

Literatur

1. Barnette G, Chiang CWN, Perez-Reyes M, Owens SM (1982) Kinetic study of smoking marijuana. J Pharmacokinet Biopharm 10:495–506
2. Cimbura G, Lucas DM, Bennett RC et al. (1982) Incidence and toxicological aspects of drugs detected in 484 fatally injured drivers and pedestrians in Ontario. J Forensic Sci 27:855–867
3. Clark S, Turner J, Bastiani R (1980) Emit cannabinoid assay. Clinical study, no 74: Summary report. Syva, Palo Alto
4. Coper H (1981) Pharmacology and toxicology of cannabis. In: Hoffmeister F, Stille G (eds) Alcohol and psychotomimetics, psychotropic effects of central acting drugs. Springer, Berlin Heidelberg New York Tokyo (Handbook of experimental pharmacology, vol 55/3)

5. Daldrup T (1985) Zur Bewertung der THC- bzw. THC-Metaboliten-Spiegel in Blut und Urin. In: GTFCh (Hrsg) Forensische Probleme des Drogenmißbrauchs. Helm, Heppenheim

6. Ellis GM, Mann MA, Judson BA et al. (1985) Excretion patterns of cannabinoid metabolites after last use in a group of chronic users. Clin Pharmacol Ther 38:572–578

7. Harris LS, Dewey WL, Razdan RK (1977) Cannabis, its chemistry, pharmacology, and toxicology. In: Martin WR (ed) Amphetamine, psychotogen, and Marihuana dependence. Springer, Berlin Heidelberg New York (Handbook of experimental pharmacology, vol 45/3)

8. Hawks RL (1982) Introduction and overview. In: Hawks RL (ed) Analysis of cannabinoids. National Institute on Drug Abuse, Rockville (Research monograph, vol 42)

9. Hawks RL (1982) The constituents of cannabis and the disposition and metabolism of cannabinoids. In: Hawks RL (ed) Analysis of cannabinoids. National Institute on Drug Abuse, Rockville (Research monograph, vol 42)

10. Holmgren P, Loch E, Schuberth J (1985) Drugs in motorists traveling swedish roads: on-the-road-detection of intoxicated drivers and screening for drugs in these offenders. Forensic Sci Int 27:57–65

11. Karhausen L (1986) Entwicklung der BTM-Kriminalität. (Vortrag 17. Jahrestagung Nord- und Westdeutscher Arbeitskreis der Deutschen Gesellschaft für Rechtsmedizin, Aachen)

12. Lindgren JE (1983) Quantification of Δ^9-tetrahydrocannabinol in tissues and body fluids. Arch Toxicol [Suppl] 6:74–80

13. Lindgren JE, Ohlsson A, Agurell S et al. (1981) Clinical effects and plasma levels of Δ^9-tetrahydrocannabinol in heavy and light users. Psychopharmacology 74:208–212

14. Mason AP, McBay AJ (1984) Ethanol, marijuana, and other drug use in 600 drivers killed in single vehicle crashes in North-Carolina, 1978–1981. J Forensic Sci 29:987–1026

15. Mason AP, McBay AJ (1985) Cannabis: pharmacology and interpretation of effects. J Forensic Sci 30:615–631

16. Mechoulam R (1981) Chemistry of cannabis. In: Hoffmeister F, Stille G (eds) Alcohol and psychotomimetics, psychotropic effects of central acting drugs. Springer, Berlin Heidelberg New York (Handbook of experimental pharmacology, vol 55/3)

17. Ohlsson A, Lindgren JE, Wahlen A et al. (1980) Plasma Δ^9-tetrahydrocannabinol concentrations and clinical effects after oral and intravenous administration and smoking. Clin Pharmacol Ther 28:409–416

18. Ohlsson A, Lindgren JE, Wahlen A et al. (1982) Single-dose kinetics of deuterium-labelled Δ^9-tetrahydrocannabinol in heavy and light users. Biomed Mass Spectrom 9:6–10

19. Owens SM, McBay AJ, Reisner HM, Perez-Reyes M (1981) [125]J-radioimmunoassay of delta-9-tetrahydrocannabinol in blood and

plasma with a solid-phase second-antibody separation method. Clin Chem 27:619–624

20. Owens SM, McBay AJ, Cook CE (1983) Use of marijuana, ethanol, and other drugs among drivers killed in single vehicle crashes. J Forensic Sci 28:372–379

21. Perez-Reyes M, Guiseppi SD, Davis KH et al. (1982) Comparison of effects of marijuana cigarettes of three different potencies. Clin Pharmacol Ther 31:617–624

22. Reeve VC, Robertson WB, Grant J et al. (1983) Hemolyzed blood and serum levels of 9-tetrahydrocannabinol (THC): effects on the performance roadside sobriety tests. J Forensic Sci 28:963–971

23. Steinbrecher W, Solms H (Hrsg) (1975) Sucht und Mißbrauch. Thieme, Stuttgart New York

24. Sutton LR (1983) Effects of alcohol, marihuana and their combination on driving ability. J Stud Alcohol 44:438–445

25. Täschner KL (1979) Das Cannabis-Problem. Die Kontroverse um Haschisch und Marihuana aus medizinisch-soziologischer Sicht. Akademische Verlagsgesellschaft, Wiesbaden

26. Teale JD, Clough JM, King LJ et al. (1977) The incidence of cannabinoids in fatally injured drivers: an investigation by radioimmunoassay and high pressure liquid chromatography. J Forensic Sci 17:177–183

27. Vu Duc T, Vernay A, Cloux C (1984) Excrétion de l'acide 11-nor-Δ^9-tétrahydrocannabinol-9-carboxylique chez les fumeurs expérimentaux. Durée de détection dans l'urine. Med Soc Préventive 29:211–212

28. Wall ME, Sadler BM, Brine D et al. (1983) Metabolism, disposition, and kinetics of delta-9-tetrahydrocannabinol in men and women. Clin Pharmacol Ther 34:352–363

29. Zimmermann EG, Yeager EP, Soares JR et al. (1983) Measurement of Δ^9-tetrahydrocannabinol (THC) in whole blood samples from impaired motorists. J Forensic Sci 28:957–962

Analytik der Suchtstoffe
unter forensischen Gesichtspunkten

G. Megges

Zweifellos ist das Gebiet der Suchtstoffanalytik viel zu umfangreich, um in der gebotenen Kürze auch nur annähernd abgehandelt werden zu können. Ich möchte mich deshalb auf die wichtigsten, in der Szene mißbrauchten Betäubungsmittel und Ausweichmittel beschränken und zum Schluß auf einige Probleme bei der Interpretation von analytischen Befunden eingehen.

Rechtliche Grundlage für die Suchtstoffanalytik ist in erster Linie das Betäubungsmittelgesetz (BtmG) in seiner derzeit gültigen Fassung vom 28. Juli 1981 mit seinen Durchführungsverordnungen, betreffend den Außenhandel, den Binnenhandel und die Verschreibung von Betäubungsmitteln. Dieses Gesetz regelt nicht nur den legalen Verkehr mit diesen Stoffen. Vielmehr schafft es in seiner neuen Fassung auch erstmals die Grundlage für eine angemessene Ahndung der besonders gravierenden Rauschgiftdelikte, die in den letzten 10–15 Jahren an Zahl und Schwere ständig zugenommen haben, sowie für ein differenziertes Vorgehen gegen die kleinen bis mittleren, selbst drogenabhängigen Straftäter.

Für den Analytiker und forensischen Sachverständigen ergibt sich in diesem Zusammenhang ein breit gefächertes Aufgaben-Spektrum. Im Auftrag der Polizei, der Staatsanwaltschaften und der Gerichte obliegt es ihnen,

a) Suchtstoffe zu identifizieren,
b) ggf. den Gehalt an reinem Betäubungsmittel quantitativ zu bestimmen,
c) Vergleichsuntersuchungen mit anderen Asservaten vorzunehmen,
d) Suchtstoffe im biologischen Material nachzuweisen.

Zu a): Die Identifizierung von Suchtstoffen in Substanz bereitet heute – angesichts der analysentechnischen Möglichkeiten eines modern eingerichteten toxikologisch-chemischen Labors – i. allg. keine Probleme. Die Kombination chromatographischer (DC, GC) mit spektrographischen Analyseverfahren (IR, MS) ermöglicht auch im Mikrospurenbereich eine sichere Entscheidung, ob ein Stoff im Sinne des § 1 BtmG vorliegt oder nicht. Besondere Bedeutung gewinnen solche qualitativen Analysen auch bei der Begutachtung sog. Waschküchenlabors. Wenn, wie an einem Beispiel gezeigt wird, sowohl die freikäuflichen Ausgangsprodukte, als auch die Zwischenprodukte der Synthese und das fertige Betäubungsmittel in entsprechenden Behältnissen und Laborgeräten nachgewiesen werden können, kann die illegale Herstellung des Suchtstoffes als erwiesen gelten.

Zu b): Die Differenzierung zwischen einer „geringen" und einer „nicht geringen" Menge eines Betäubungsmittels im Sinne der §§ 29, 30 BtmG ist nach der heutigen Rechtssprechung nur über die quantitative Gehaltsbestimmung möglich. Die zu bestimmenden Stoffe liegen oft von Natur aus (THC in Cannabis) oder durch Streckung mit mehr oder weniger inerten Stoffen (Heroin) in komplexen Matrices vor. Zur exakten quantitativen Analyse sind deshalb nur leistungsfähige, chromatographische Verfahren geeignet (HPLC, GC). Da die Grenze zur „nicht geringen Menge" gleichzeitig die Grenze zwischen einem Vergehen und einem Verbrechenstatbestand darstellt, sind die Untersuchungsergebnisse mitbestimmend für das Strafmaß bei Verurteilungen nach dem BtmG.

„Nicht geringe Menge" von *Betäubungsmitteln (§§ 29, 30 BtmG; Stand Mai 1986)*

Cannabis: 7,5 g Δ^9-THC,
Heroin: 1,5 g Heroin · HCl,
Cocain: 5,0 g Cocain · HCl,
Amphetamin: 10,0 g Amphetamin-Base.

Zu c: Die genannten chromatographischen Verfahren lassen auch vergleichende Untersuchungen zu, mit denen ermittlungsseitig vermutete Händler-Kunden-Beziehungen bewiesen werden können.

Zu d: Der Nachweis eines vorausgegangenen Rauschgiftkonsums läßt sich – innerhalb gewisser zeitlicher Grenzen – durch toxikologisch-chemische Untersuchung von biologischen Materialien (Körperflüssigkeiten und Organe) führen. Interessanterweise ist der Konsum die einzige Form des Umgangs mit Betäubungsmitteln, die nicht mit Strafe bedacht ist. Trotzdem kommt diesen Untersuchungen aus forensischer Sicht eine erhebliche Bedeutung zu, so als indirekter Nachweis eines Betäubungsmittelerwerbs, bei der Drogenfreiheitskontrolle im Bewährungsverfahren, zum Nachweis oder Ausschluß einer möglichen Rauschmittelbeeinflussung bei der Begehung einer anderen Straftat sowie bei der Beurteilung von Drogentodesfällen.

In den letzteren Fällen wird man auch weiterhin nicht auf die klassischen Aufarbeitungs- und Extraktionsverfahren von Sektionsmaterial verzichten können, schon aus der Notwendigkeit heraus, das Spektrum der relevanten Gifte qualitativ und quantitativ soweit wie möglich zu erfassen. Bei diesen Untersuchungen ist eine starre Schematisierung nicht zweckmäßig und eine Automatisierung wegen der relativ geringen Zahl echter Rauschgifttodesfälle auch nicht erforderlich.

In den allermeisten Fällen ist der Nachweis des Rauschgiftkonsums aber durch Untersuchung von Körperflüssigkeiten, vorzugsweise von Urinproben, zu führen. Die Zahl der zu untersuchenden Proben variiert von Labor zu Labor zwischen einigen hundert und einigen hunderttausend im Jahr. Es liegt auf der Hand, daß die Bewältigung ein rasch durchführbares, bei Bedarf weitgehend automatisierbares Drogenscreening als ersten Analysenschritt erfordert. Diesem Erfordernis werden zur Zeit am besten die immunochemischen Verfahren, insbesondere Radioimmunoassay (RIA) und Enzymimmunoassay (EMIT) gerecht. Sie erlauben bei vertretbarem Zeit- und Kostenaufwand eine erste Ja/Nein-Entscheidung, ob das Substrat einen bestimmten Betäubungsmitteltyp enthält oder nicht. Diesem unbestreitbaren Vorteil der immunochemischen Methoden steht das bekannte Problem der mangelnden Spezifität gegenüber, das beim forensisch-toxikologischen Drogennachweis keinesfalls übersehen werden darf. Alle positiven immunochemischen Befunde sind deshalb mit einer zweiten, unabhängigen Methode abzusichern, welche eine zweifelsfreie Identifizierung des Betäubungsmittels erlaubt (Abb. 1).

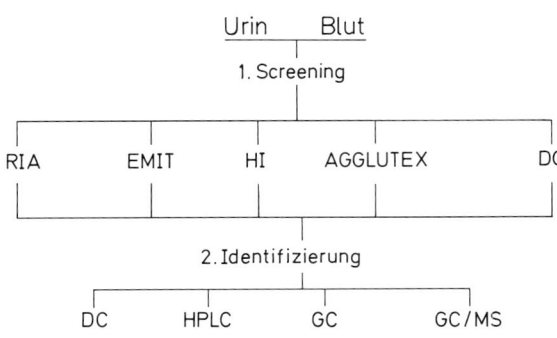

Abb. 1. Toxikologisch-chemische Analyseverfahren an Körperflüssigkeiten

Als unabhängige Referenzmethoden stehen heute chromatographische und spektrographische Analyseverfahren zur Verfügung. Sie sind in ihrer Nachweisempfindlichkeit und Spezifität allerdings unterschiedlich zu bewerten. DC, GC und HPLC stellen für sich allein zwar Nachweis-, im Prinzip jedoch keine Identifizierungsmethoden für chemisch definierte Einzelstoffe dar. Als optimaler Weg zur Identifizierung der Noxe bietet sich die Kombination von chromatographischen und spektrographischen Methoden an. Die Kombination HPLC/UV, HPLC/MS und GC/IR sind derzeit noch zu wenig in der forensischen Praxis erprobt, als daß hier eine abschließende Wertung erfolgen könnte. So muß die Kombination GC/MS beim Nachweis von Betäubungsmitteln im biologischen Material heute als die Methode der Wahl angesehen werden. Sie liefert neben der gaschromatographischen Information (relative Retentionszeit bzw. Retentionsindex) gleichzeitig das Massenspektrum der Substanz bzw. im Selected-ion-monitoring-Betrieb das Intensitätsverhältnis charakteristischer Massenpeaks. Gleichzeitig bietet sie die erforderliche Nachweisempfindlichkeit. Hydrophile und thermisch instabile Metaboliten erfordern allerdings eine vorherige Derivatisierung. Die GC/MS stellt auch in unserem Haus die wichtigste Identifizierungsmethode dar.

Als ein beliebiges Beispiel seien die Untersuchungsbefunde im Falle eines 25jährigen Mannes angeführt, der beim polizeilichen Aufgriff ein Briefchen mit 0,8 g weißem Pulver in Besitz hatte. Das

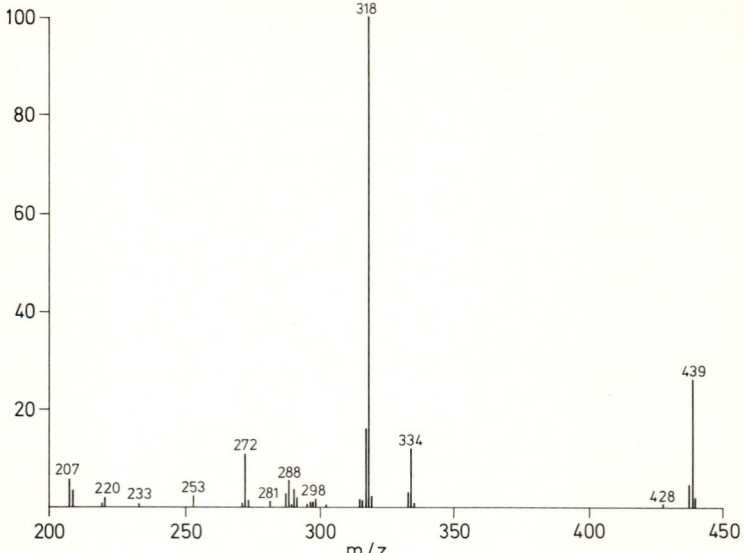

Abb. 2. EI-Massenspektrum (70 eV) von 5 ng Hexafluorisopropylbenzoylecgonin. GC-Bedingungen: 30 m Kapillarsäule DB5; Split 10:1; Ofentemperatur 205 °C

Pulver wurde mittels IR und DC als Gemisch von Cocain und Lidocain identifiziert. Bei der Urinuntersuchung fielen die EMIT-dau-Tests auf Cocainmetaboliten und Cannabinoide positiv aus. Diese Befunde waren mittels GC/MS problemlos zu bestätigen (Abb. 2–4).

Spätestens beim Anblick von soviel geballter Spurenanalytik wird dem informierten „Kiffer" heutzutage die Ausrede vom „pas-

→

Abb. 3. GC-/MS-Untersuchung der Urinprobe eines 25jährigen Mannes auf den Cocainmetaboliten Benzoylecgonin. Probenextraktion über C_{18}-Festphase; Derivatisierung mit Hexafluorisopropanol. Detektiert werden die Ionen m/e = 318, 334 und 439

Abb. 4. Rekonstruiertes Ionenchromatogramm der GC-/MS-Urinuntersuchung auf Benzoylecgonin (s. Legende zu Abb. 3). Die *unterste Spur* zeigt die für die forensische Sicherheit erforderliche, unmittelbar zuvor injizierte Leerprobe

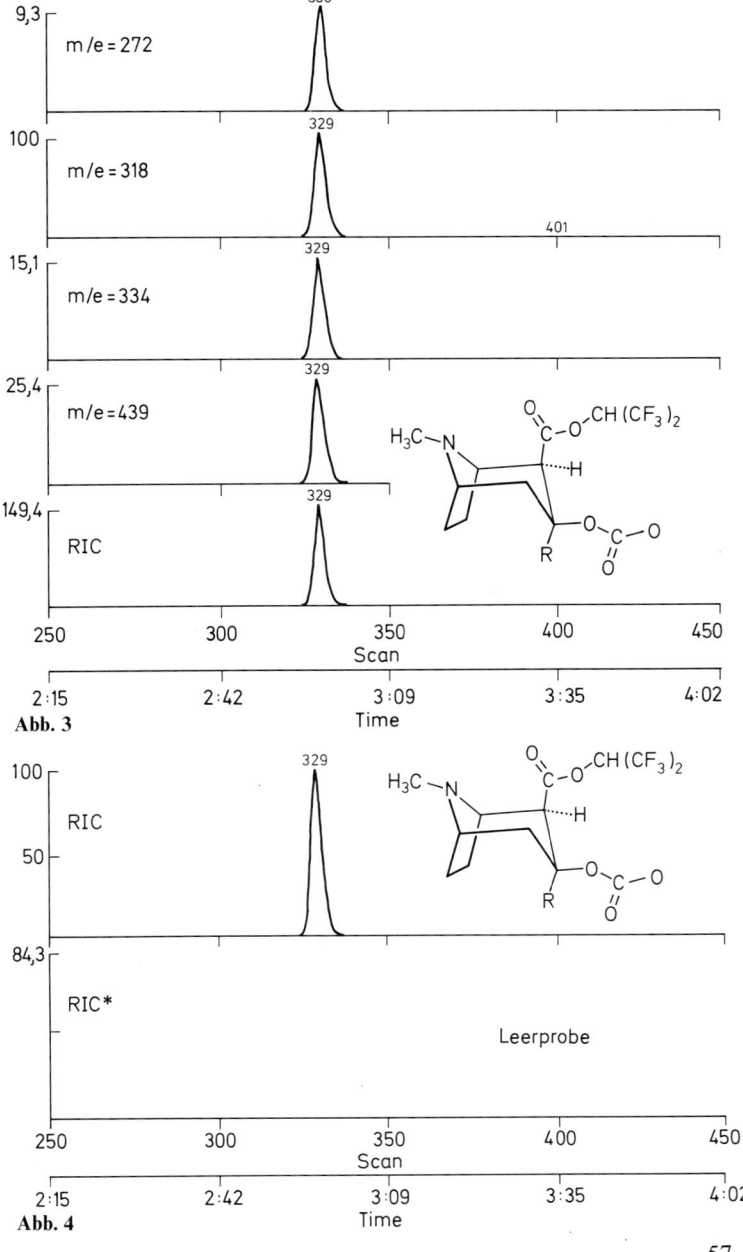

Abb. 3

Abb. 4

siven Rauchen" einfallen. Obwohl die Cannabiskonsumenten eine ausgefeilte Rauchtechnik entwickeln, ist die vollständige Resorption der als Aerosol vorliegenden Cannabinoide beim Rauchvorgang nicht möglich. Nach der Literatur sollen etwa 25% in die Umgebungsluft entweichen, aus der sie durch nicht rauchende Personen inhalativ aufgenommen werden können. Diese Tatsache, die ja auch vom passiven Tabakrauchen her bekannt ist, eröffnet theoretisch die Möglichkeit der unbeabsichtigten Aufnahme signifikanter Cannabinoidmengen und damit positiver Befunde in den Körperflüssigkeiten. Mit diesem Problem haben sich in den letzten Jahren mehrere Autoren befaßt (Tabelle 1) und aufgezeigt, daß die passive Inhalation von Cannabinoiden nicht grundsätzlich auszuschließen ist. Bedauerlicherweise wurden bei den meisten dieser Versuche die Cannabinoide nicht identifiziert. Positive immunochemische Befunde, bei denen die Cannabinoidkonzentration über dem "cut-off level" des immunochemischen Vortests (EMIT-dau: 20 ng/ml) liegen, sind aber nach den bisherigen Erkenntnissen

Tabelle 1. Experimentelle Plasma- (P) und Urinspiegel (U) nach passiver Inhalation von Cannabis (B Blut). (Nach Law et al. 1984)

Autor	Jahr	THC [mg]	n	[m³]	Gesamt THC-Metaboliten	Substrat
Law	1980	34	4	39	0	U
		34	4	39	0	P
Wethe	1983	90	2	(KW)[a]	20	U
		90	2	(KW)[a]	6	P
Perez-r.	1983	52	2	15	0	U
		52	2	3	20	U
Mason	1983	105	1	15	2 (THC)	P
		105	1	15	1	P
Law	1984	70	4	28	7	U
		70	4	28	0	P
Magerl	1985	350	?	14	50	U
Mørland	1985	90	5	1,6	16–30	B
					14–30	U

[a] „Kleinwagen" (Pkw).

58

möglich, wenn auch nur unter extremen, unrealistischen Bedingungen. Für die Gutachterpraxis wird in Zweifelsfällen empfohlen, die entsprechenden Anknüpfungstatsachen detailliert zu erfragen und – soweit möglich – durch Zeugen absichern zu lassen. Die Identifizierung und die exakte quantitative Bestimmung der Konzentration der Cannabinoide und des THC-Metaboliten 11-Nor-Δ^9-THC-Carbonsäure kann in solchen Fällen zweckmäßig sein.

Weitere Interpretationsschwierigkeiten können sich beim Nachweis von Betäubungsmitteln des Amphetamintyps in Urinproben ergeben. So entsteht z. B. metabolisch Amphetamin aus Fenetyllin (Captagon) und Amphetaminil (AN1), Metamphetamin aus Famprofazon (in Gewodin) und Phenmetrazin aus Morazon (Rosimon Neu). Die Muttersubstanzen unterliegen bisher nicht dem BtmG und sind u. U. in der späten Ausscheidungsphase nicht mehr nachweisbar.

Eine analoge Problematik existiert für Morphin, das nicht nur metabolisch aus Codein entsteht (nach Literaturangaben bis zu 20%), sondern in relevanten Konzentrationen auch im Samen von Papaver somniferum vorliegen kann. Über einen Versuch zur Lösung dieses Problems wird Herr Fehn anschließend berichten.

Im Zusammenhang mit dem Opiatnachweis im biologischen Material seien auch die bisherigen Untersuchungen an Haaren erwähnt, mit dem Ziel, auch einen längeren zurückliegenden Opiatkonsum über das eingelagerte Morphin nachzuweisen oder auszuschließen (s. Literatur). Für diesen Zweck besitzen die Radioimmunoassays die nötige Empfindlichkeit. Da aber positive Befunde noch nicht in allen Fällen mit einer unabhängigen Referenzmethode bestätigt werden können, vor allem aber solange über die Einlagerungsraten von Codein und dessen Metabolit Morphin bei dem zur Zeit doch sehr häufigen Codeinabusus keine gesicherten Erkenntnisse vorliegen, müssen die Ergebnisse noch unter den nötigen Vorbehalten interpretiert werden.

Schlußbemerkung

Der positive Nachweis von Betäubungsmitteln und deren Metaboliten im biologischen Material hat für die betroffene Person fast immer rechtliche Konsequenzen, sei es durch den hiermit verbun-

denen indirekten Nachweis des illegalen Erwerbs von Betäubungsmitteln, sei es durch einen Bewährungswiderruf. An die Qualität
des Nachweises und an die Schlüssigkeit der darauf aufbauenden
gutachtlichen Stellungnahme müssen deshalb die gleichen Anfor-
derungen gestellt werden, wie an jeden anderen forensischen Gift-
nachweis.

Literatur

Arnold W, Püschel K (1981) Experimental studies on hair as an indicator
  of past or present drug use. J Forens Sci Soc 21:62–63
Klug E (1980) Zur Morphinbestimmung in Kopfhaaren. Z Rechtsmed
  84:189–193
Sachs H (1985) Morphin und Codein in Glaskörperflüssigkeit und Haaren.
  Vortrag bei der 64. Jahrestagung der Deutschen Gesellschaft für Rechtsmedizin, Hamburg

Differentialdiagnostik des Opiatnachweises

J. Fehn

Bei der oralen Aufnahme von Mohnsamen können bei Urinuntersuchungen ähnliche Befunde wie nach Heroinmißbrauch erhalten werden. Aus diesem Grund wurden in jüngster Vergangenheit die Drogenanalysen basierend auf dem Morphinnachweis bei der US-Army eingestellt.

Bei der routinemäßigen Überwachung zufällig ausgewählter Urinproben von Armeeangehörigen auf Drogenfreiheit konnte im Urin eines Militärgeistlichen ein positiver Morphinbefund erhoben werden.

Dies führte, obwohl die Opiateinnahme abgestritten wurde, zu einer empfindlichen Strafe. Der Fall könnte ohne weiteres zu den Akten gelegt werden, wenn nicht einige Zeit später positive Morphinbefunde im Urin des Laborleiters festgestellt worden wären. – Er ist leidenschaftlicher Mohnkuchenesser. –

Fritschi und Prescott konnten zeigen, daß Mohnsamen beträchtliche Mengen an Opiumalkaloiden enthält und daß nach Mohnsamenaufnahme positive Morphinbefunde im Urin erhalten werden.

Bei Aufnahme von Codein (z. B. Compretten) wird dieses teilweise (etwa 5–20%) zu Morphin abgebaut. Moosmayer und Besserer zeigten, daß in der späten Eliminationsphase (ab 27 h) die Morphinkonzentration deutlich über der von Codein liegen kann. Dies konnten wir nach der Aufnahme von 100 mg Codeinphosphat und Aufarbeitung der entsprechenden Urinproben mit Hilfe der Dünnschichtchromatographie (DC) bestätigen.

Da auch illegal hergestelltes Heroin immer Anteile von Acetylcodein (2–12%) enthält, welches vorwiegend zu Codein abgebaut wird, ist im Falle geringer nachweisbarer Morphin- und Codeinspiegel im Urin kein eindeutiger chemisch-toxikologischer Beweis

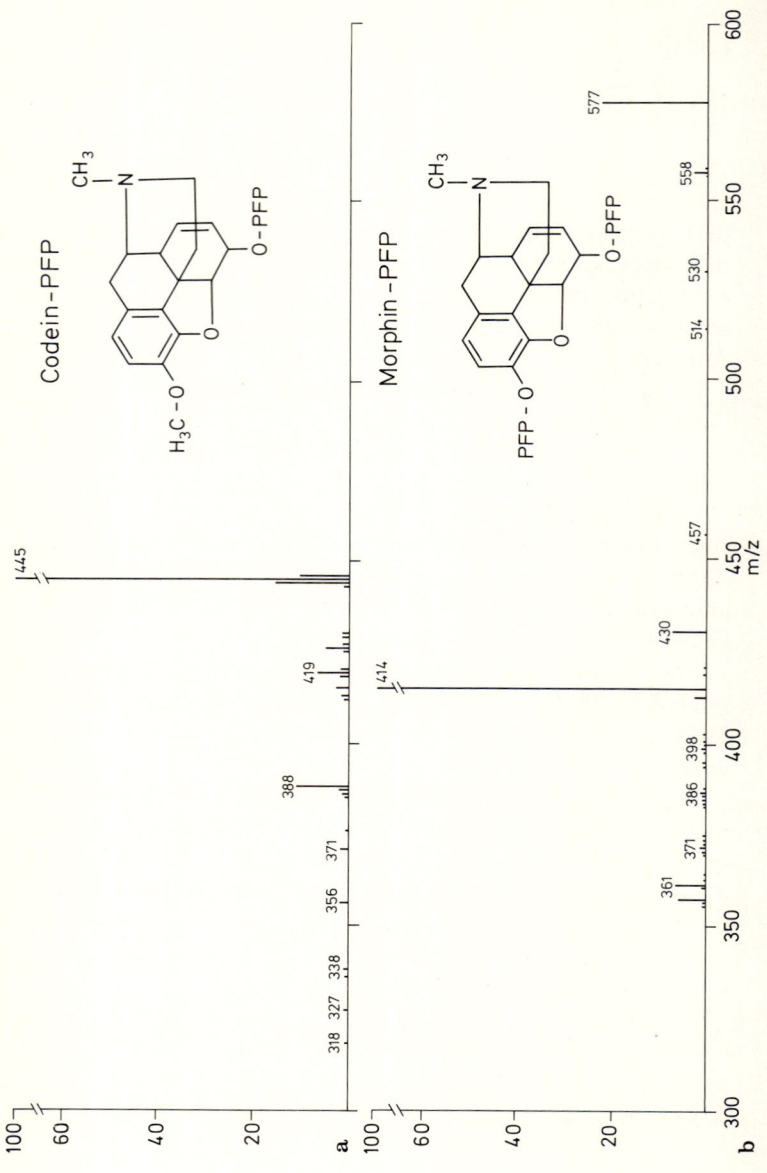

62

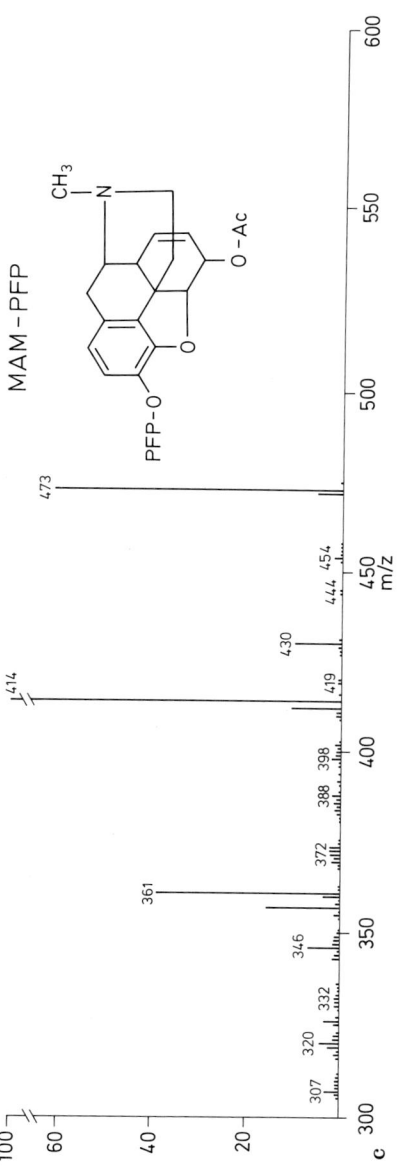

Abb. 1 a–c. EI-Massenspektrum (70 eV) der Pentafluorpropionsäurederivate von Codein (**a**), Morphin (**b**) und Monoacetylmorphin (**c**). GC-Bedingungen: 30 m Kapillarsäule DB-5-Split 10 : 1; Ofentemperatur 230 °C

63

mehr möglich, ob die betreffende Person Morphin, Codein, Heroin oder Mohnsamen aufgenommen hat.

Intravenös aufgenommenes Diacetylmorphin (Heroin) wird relativ rasch zu O_6-Monoacetylmorphin (MAM) und weiter zu Morphin metabolisiert. Die Halbwertszeiten dieses Abbaus liegen bei 9 bzw. 38 min.

Elliott et al. fanden nach einer Aufnahme von 70 mg Heroin im Urin des Probanden 42,5% als Morphin, 1,31% als MAM und 0,13% als unverändertes Heroin.

Diese Ergebnisse haben die Konsequenz, daß der eindeutige Beweis einer Heroinaufnahme in vielen Fällen nicht mehr allein durch den Morphinnachweis geführt werden kann. Dieser Beweis kann in der Mehrzahl der Fälle durch den gleichzeitigen Nachweis des Heroinmetaboliten MAM angetreten werden.

Um die Verbindungen Codein, Morphin und Monoacetylmorphin für die Gaschromatographie (GC) bzw. Massenspektrometrie (MS) geeigneter zu machen, werden sie mit Pentafluorpropionsäureanhydrid (PFPA) derivatisiert (Abb. 1).

In allen Fällen ist der Molekülpeak so stark ausgeprägt, daß er zusammen mit dem Basepeak für die Selected-ion-monitoring-Detektion (SIM) verwendet werden kann.

Die SIM-Detektion erfolgt für die Ionen

Morphis-Bis-PFP[1] m/e 577 414 361

MAM-PFP   473 414 361

Codein-PFP   445

Insgesamt werden 5 Massenspuren und das Diagramm des Totalionenstroms benötigt.

Nun ein Fall aus der Praxis.

Ein 26jähriger Italiener wird mit einer Einwegspritze angetroffen. Die Untersuchung dieser Spritze auf Betäubungsmittel verlief negativ. Der Mann leugnete den Betäubungsmittelkonsum.

Es standen insgesamt 50 ml Urin – pH-Wert 6 – zur Verfügung. Labstix-Test und Phenistix-Test negativ. EMIT-dau auf Opiate und Cannabinoide positiv. 10 ml Urin werden bei pH 8 über eine C_{18}-Säule eluiert. Die Hälfte des Extraktes (5 ml) wird dünnschichtchromatographisch untersucht. Morphin und Nicotin ist nachweisbar. Laufmittel Toluol: EtOH: NH_4OH 70/30/1. Die 2. Hälfte wird mit PFP derivatisiert und mit GC/MS untersucht.

Als Vergleichschromatogramm wird eine Lösung von 5 ng Opiate/ml mitchromatographiert.

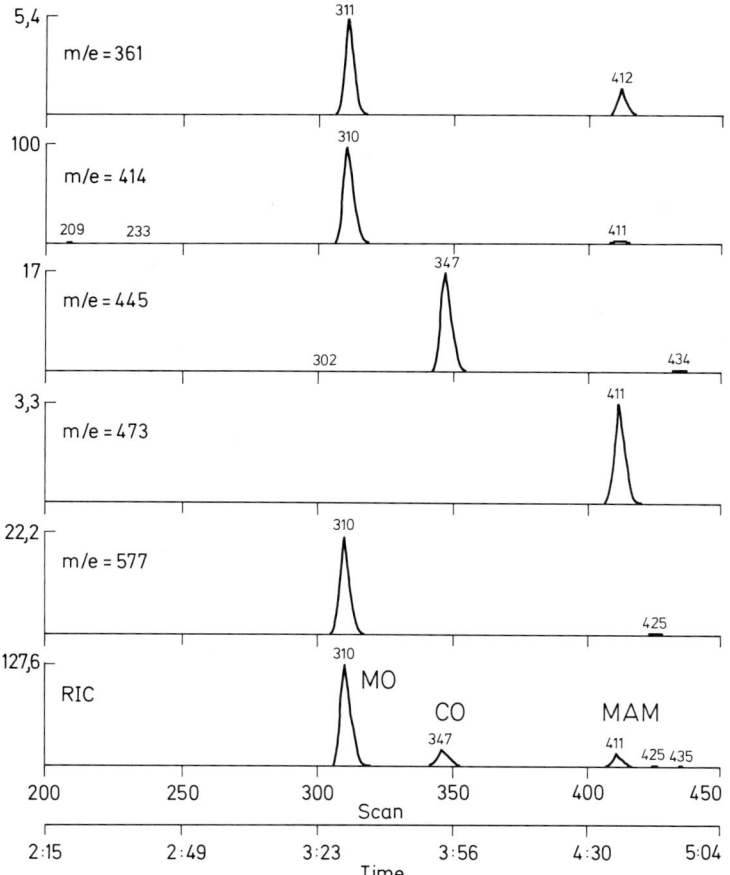

Abb. 2. GC/MS-Untersuchung einer Urinprobe auf Codein (*CO*), Morphin (*MO*) und Monoacetylmorphin (*MAM*). Derivatisierung des Extrakts mit Pentafluorpropionsäureanhydrid. Detektiert werden die Ionen m/e = 361, 414, 445, 473, 577 und der Totalionenstrom

Es können die Derivate von Morphin, Codein und Monoacetylmorphin nachgewiesen werden.

Die Detektion mit SIM auf den angesprochenen 5 Massenspuren und der Totalionenstrom ist in Abb. 2 typisch dargestellt.

Die Konzentrationen an freiem MAM lagen unseren Ergebnissen zufolge zwischen 5 und 500 ng/ml.

65

In über 80% der Urinproben mit positivem EMIT-dau-Opiat-Test konnten wir MAM nachweisen. Bei Vorhandensein von MAM-PFP kann der Schluß gezogen werden, daß von der betreffenden Person Heroin (theoretisch auch MAM) augenommen wurde.

Der erfolgreiche MAM-Nachweis hängt selbstverständlich von mehreren Faktoren ab.

1. Vom pH-Wert des zu untersuchenden Urins; denn je höher dieser Wert ist, um so größer ist die Wahrscheinlichkeit des hydrolytischen Zufalls von MAM,
2. von der aufgenommenen Heroinmenge (einmalige Aufnahme oder mehrmalige Aufnahme),
3. vom Geschick des Analysators, z. B. absolut wasserfrei zu arbeiten beim Derivatisieren.

Abschließend möchte ich noch auf die beiden Veröffentlichungen von Derks et al. (1985) und Steentaft (1985) hinweisen, die sich erfolgreich mit dem Nachweis von MAM beschäftigt haben.

Literatur

Derks H, Twillat van, Zomer G (1985) Hochdruckflüssigkeitschromatographie mit Fluoreszenz-Detektor. Analytica Chimica Acta 170:13–20
Moosmeyer A, Besserer K (1981) Renale Codein- und Morphin-Ausscheidung nach Codein-Einnahme. Beitr Gerichtl Med 39:109–112
Steentaft A (1985) Confirmation of heroin intake by determination of 6-monoacetylmorphin in urine samples. (Vortrag beim TIAFT-Kongreß im August 85; Institute of Forensic Chemistry, University of Copenhagen)

Differenzierter Nachweis eines Heroinkonsums durch Analyse der Morphiate im Urin

H. Käferstein, M. Staak, G. Sticht

Einleitung

Durch den intravitalen Metabolismus körperfremder Wirkstoffe kann eine Interpretation analytischer Befunde wesentlich erschwert sein (Käferstein u. Staak 1982). Dies gilt auch für die Morphiate, die in verschiedenen Anlagen des Betäubungsmittelgesetzes

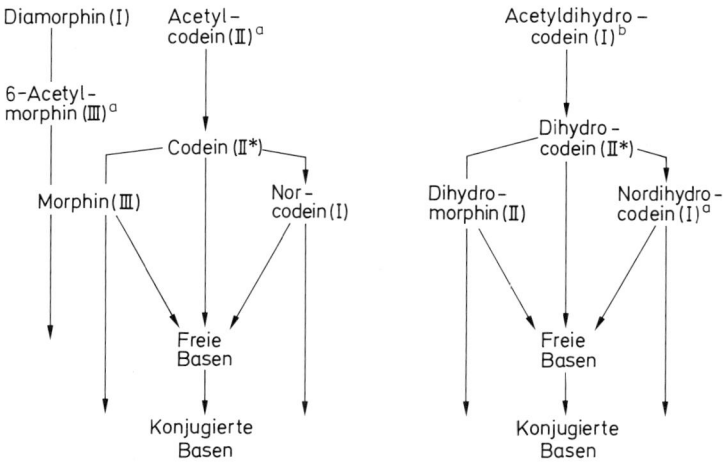

a nicht in den Anlagen I – III zum Betäubungsmittelgesetz aufgeführt
b kommt in der Praxis nicht vor

Abb. 1. Stoffwechselwege von Heroin (Diamorphin und Acetylcodein), Codein, Morphin und Dihydrocodein. Zugehörigkeit zu den Anlagen des BtmG: *I* nicht verkehrsfähig, nicht verschreibungsfähig, *II* verkehrsfähig, nicht verschreibungsfähig, *II** normal rezeptierbar bis 100 mg pro abgeteilte Form, *III* verkehrsfähig, verschreibungsfähig auf Betäubungsmittelrezept

(BtmG) aufgeführt sind. In Abb. 1 sind die Stoffwechselwege der wichtigsten Morphin-, Codein- und Dihydrocodeinabkömmlinge sowie deren Zugehörigkeit zu den Anlagen I–III BtmG dargestellt. Die renale Ausscheidung erfolgt sowohl in Form der freien Basen als auch – überwiegend – glucuronidiert.

Bei Acetylcodein handelt es sich um ein Begleitalkaloid des Diamorphins. Im Mittel sind nach Müller et al. (1983) in Heroinproben 6–8% Acetylcodein enthalten. Nach Heroinkonsum tritt daher auch Codein in wechselnder Konzentration im Harn auf, wobei Morphin allerdings deutlich überwiegt. Auch nach Codeineinnahme kann in einem späteren Stadium überwiegend Morphin ausgeschieden werden (Moosmayer u. Besserer 1981). Zumindest für forensische Zwecke muß sicher zwischen einem Heroin/Morphin- oder „nur" Codeinkonsum unterschieden werden. Nach Fehn u. Megges (1985) zählt dazu auch ein Acetylmorphinnachweis mittels GC/MS. Für andere Fragestellungen kann dagegen ein sicherer Morphiatnachweis ohne weitergehende Differenzierung ausreichend sein.

Material und Methode

Wir untersuchten von Dezember 1984 bis März 1986 613 Harnproben, die bei Verdacht auf Heroinkonsum sichergestellt worden waren. Ein Screening erfolgte dünnschichtchromatographisch – wie von uns beschrieben – (Sticht et al. 1985) bzw. mit dem neuen EMIT-dau-Opiateassay. Die positiven sowie 186 „negative" Fälle untersuchen wir mit Hilfe von GC/MS nach Extraktion der freien Basen bei pH 7 und pH 9 sowie nach Konjugatspaltung bei pH 9 und Silylierung der erhaltenen Extraktrückstände (Sticht et al. 1986).

Zu differenzieren und sicher zu identifizieren sind mit Retentionszeiten zwischen 3 und 5 min Dihydrocodein, Dihydromorphin, Codein, Nordihydrocodein, Morphin, Norcodein, Acetylmorphin und Normorphin (Sticht et al. 1986).

Ergebnisse

Chromatographische Überprüfung der EMIT-Befunde

In 335 Fällen wurden der EMIT-Test und eine chromatographische Absicherung durchgeführt. In 143 Fällen war ein positives EMIT-Ergebnis zu bestätigen, in 181 Fällen ein negatives. 5mal (2,7%) waren trotz negativem EMIT-Befund Morphiate nachweisbar; 6mal (4%) konnten trotz positivem EMIT-Ergebnis Morphiate weder in freier Form noch nach Hydrolyse nachgewiesen werden. Das EMIT-Signal dieser Proben lag überwiegend zwischen den Kalibratoren "low" (0,3 mg/l) und "medium" (1,0 mg/l).

Insgesamt gelang in 96,7% der Fälle mittels EMIT eine offenbar zutreffende Beurteilung, ob Morphiate konsumiert wurden oder nicht.

Gaschromatographisch-massenspektrometrische Untersuchungsergebnisse

Gaschromatographisch-massenspektrometrisch konnten in 247 Fällen Morphiate identifiziert werden. Die Konzentrationen erstreckten sich von der Nachweisgrenze (ca. 0,02 mg/l Harn) über mehrere Zehnerpotenzen. Von Acetylmorphin wurde ein Maximalspiegel von 34 mg/l Harn bestimmt, von freiem Morphin ein solcher von 44 mg/l und von freiem Codein ein Maximalspiegel von 91 mg/l Harn. Insbesondere Morphinkonjugat kann auch in Konzentrationen deutlich über 100 mg/l Harn festgestellt werden; maximal wurde ein Wert von 680 mg/l gemessen.

Morphin war 212mal zu identifizieren, daneben 93mal auch Acetylmorphin. In den übrigen 119 Fällen konnte neben Morphin zumeist auch Codein nachgewiesen werden. 19mal waren Dihydrocodein und Dihydromorphin zu identifizieren.

Diskussion

Verschiedene Fragestellungen können einen Morphiatnachweis erforderlich machen. Chromatographische Verfahren sind in jedem Fall – selbst bei Einsatz der Dünnschichtchromatographie – verhältnismäßig material- und zeitaufwendig. Der EMIT-Morphiattest ist dagegen vergleichsweise rasch und billig durchführbar. Die

69

Untersuchungen zeigen, daß die Übereinstimmung zwischen EMIT- und GC/MS-Untersuchungsergebnissen sehr gut ist und bei 96,7% der Fälle liegt. In immerhin 4% der Fälle wurde allerdings enzymimmunologisch ein falsch-positives Ergebnis erhalten. Nach neueren Untersuchungen scheint ein Fluoreszenzpolarisationsimmunoassay (TDx) noch zuverlässigere Ergebnisse zu liefern (Sticht et al., im Druck).

Auch der EMIT-Test ist jedoch eine ausgezeichnete Screeningmethode, die mit hoher Sicherheit eine Unterscheidung zwischen positiven und negativen Proben gestattet. Weitergehende Konsequenzen dürfen jedoch allein aus einem immunologischen Befund nicht abgeleitet werden. Dies ist nur anhand eines differenzierten chromatographischen Morphiatnachweises möglich. Je nach Fragestellung kann der analytische Aufwand allerdings unterschiedlich sein. Sofern Acetylmorphin identifiziert werden kann, ist mit Sicherheit Heroin konsumiert worden. Sind dagegen nur Morphin oder Codein, nicht jedoch Acetylmorphin, nachweisbar, so müssen für eine Aussage, welches Morphiat konsumiert wurde, quantitative Bestimmungen durchgeführt werden. Aufgrund der Konzentrationsverhältnisse der freien Basen (Sticht et al. 1985) bzw. der Konjugate (Dutt et al. 1983) ist dann mit großer Sicherheit eine Unterscheidung zwischen einem Heroin/Morphin- und einem Codeinkonsum möglich.

Die Interpretation der Analysenbefunde ist in folgender Übersicht wiedergegeben.

Untersuchungsaufträge	613
Morphiate positiv	247
Konsum	
Nur Heroin (Acetylmorphin positiv)	89 ⎫ 143 ⎫
Nur Heroin (Acetylmorphin negativ)	54 ⎭ ⎬ 148
Heroin und Codein	4 ⎪
Heroin und Dihydrocodein	1 ⎭
Nur Codein	35
Nur Dihydrocodein	17
Codein und Dihydrocodein	5
Nicht zu entscheiden, ob Heroin oder Codein	42

Heroin ist offenbar in 148 Fällen eingenommen bzw. zugeführt worden, wobei allerdings nur 93mal Acetylmorphin nachweisbar war.

Zumeist wurde neben Heroin kein weiteres Morphiat (Codein oder Dihydrocodein) genommen. Ähnliches gilt für Alkohol. Cannabis wurde dagegen in dem geprüften Untersuchungsgut in etwa 80% der Fälle zusätzlich zu Heroin eingenommen, wobei in etwa 40% der Fälle aufgrund der ausgeschiedenen Menge des THC-Metaboliten von einem regelmäßigen, starken Haschisch- oder Marihuanakonsum ausgegangen werden muß.

Zusammenfassung

Der EMIT-Morphiattest ist eine ausgezeichnete Methode zur Differenzierung zwischen positiven und negativen Proben, wobei allerdings in 4% der Fälle ein positives Resultat chromatographisch nicht abzusichern war. Der Heroinkonsum ist sicher nur durch einen Acetylmorphinnachweis zu beweisen. Acetylmorphin läßt sich allerdings infolge seiner vergleichsweise raschen Metabolisierung zu Morphin, insbesondere bei einem längeren Zeitintervall zwischen Konsum und Harnprobensicherung, vielfach nicht mehr nachweisen. Häufig kann dann durch eine Quantifizierung der freien Basen und der Konjugate mit großer Sicherheit zwischen einem Heroin/Morphin- und einem Codeinkonsum differenziert werden. In 17% der Fälle mußte allerdings trotz eines erheblichen analytischen Aufwandes offenbleiben, ob Heroin/Morphin oder Codein konsumiert worden war. Aufgrund der speziellen metabolischen Voraussetzungen wird auch bei weiterer Verbesserung der Analysentechnik mit einer derartigen Zahl nicht eindeutig zu entscheidender Fälle zu rechnen sein.

Literatur

Dutt MC, Lo DST, Ng DLk, Woo SO (1983) Gaschromatographic study of the urinary codeine-to-morphine ratios in controlled codeine consumption and in mass screening for opiate drugs. J Chromatogr 267:117–124

Fehn J, Megges G (1985) Detection of O^6-monoacetylmorphine in urine samples by GC/MS as evidence for heroin use. J Anal Toxicol 9:134–138

Käferstein H, Staak M (1982) Rechtsmedizinische und forensisch-toxikologische Probleme des Betäubungsmittel-Konsums. Dtsch Ärztebl 79:53–59

Moosmayer A, Besserer K (1981) Renale Codein- und Morphin-Ausscheidung nach Codein-Einnahme. Beitr Gerichtl Med 39:109–112

Müller EM, Neumann H, Fritschi G, Halder T, Schneider E (1983) Vergleichende gaschromatographische Untersuchungen von Heroinproben. Arch Kriminol 173:29–35

Sticht G, Käferstein H, Staak M (1985) Methodik und Interpretation des Morphiat-Nachweises in Harnproben. Z Rechtsmed 95:85–96

Sticht G, Käferstein H, Staak M (1986) Zum sicheren Nachweis eines Heroinkonsums durch Bestimmung von 6-Acetylmorphin im Harn. Beitr Gerichtl Med 44:287–293

Sticht G, Käferstein H, Staak M (im Druck) Immunologische und chromatographische Betäubungsmittel-Nachweise im Harn. J Clin Chem Clin Biochem

Der Drogentod in Hamburg –
Bilanz und Nachweis

W. Arnold*

Der Mißbrauch von Betäubungsmitteln ist als eine der Antworten auf unsere hochtechnisierte Welt mit ihren vielseitigen sozialen und menschlichen Problemen zu bewerten. Diese Problematik äußert sich speziell im vielschichtigen Milieu von Großstädten und hat hier einen nicht unbeträchtlichen Teil der jüngeren Bevölkerung erfaßt. Die Ursachen einer solchen Entwicklung sind wahrscheinlich in der psychischen, somatischen und soziokulturellen Beziehung zum Umfeld zu sehen (Gerchow 1985). Der soziale, materielle und persönlich-menschliche Abstieg bis zur Kriminalität sowie schwere körperliche und psychische Leiden sind das regelmäßige Ergebnis einer solchen Sucht (Gerchow 1975; Heberle u. Gerchow 1980). Nur wenigen ist es bisher gelungen, trotz intensiver und vielseitiger therapeutischer Maßnahmen, von der Droge freizukommen und wieder ein normales Leben zu führen. Jährlich versterben 1–2% aller registrierten Konsumenten harter Drogen.

Für die vorliegende Feldstudie war es von besonderer Bedeutung, daß im Hamburger Stadtstaat eine gute Zusammenarbeit zwischen dem Rauschgiftdezernat der Polizei und dem Institut für Rechtsmedizin besteht (Püschel et al. 1984). Alle anfallenden Rauschgifttodes- und Verdachtsfälle werden seit vielen Jahren gemeinsam systematisch untersucht und interpretiert. Hierzu ist zu bemerken, daß bis Ende 1978 als Drogentote nur solche Personen registriert wurden, bei denen die Droge die alleinige, unmittelbare Todesursache war. Seit 1979 werden auf Grund einer Empfehlung der „Ständigen Arbeitsgruppe Rauschgift" des BKA alle Todesfälle als Rauschgifttodesfälle eingeordnet, bei denen ein kausaler Zusammenhang mit einer Drogenabhängigkeit vorliegt. Unter diese

* Den Herren Professoren Dr. K. Püschel und Dr. A. Schmoldt besten Dank für die Überlassung von Untersuchungsergebnissen.

Definition fallen daher Todesfälle infolge beabsichtigter oder unbeabsichtigter Überdosierung, Todesfälle infolge langzeitigen Mißbrauchs, Selbsttötungen aus Verzweiflung über die Lebensumstände oder unter Einwirkung von Entzugserscheinungen sowie tödliche Unfälle unter Drogeneinfluß stehender Personen.

Von 1967 bis Ende 1985 wurden von der Hamburger Polizei mehr als 200 Drogentote erfaßt und zusammen mit Rauschgifttoten aus den Hamburger Randgebieten ca. 225 solcher Todesfälle registriert (Arnold et al. 1985). In den ersten 10 Jahren von 1967–1977 belief sich die Zahl der Drogentoten auf 43. 1978 war, bedingt durch die neue Definition des BKA ein Ansteigen dieser Zahl auf 18 festzustellen. Im Jahre 1980 waren es 36 Personen, die den Rauschgifttod starben. Dann zeigte sich bis 1984 eine fallende Tendenz dieser Zahlen. 1985 wurden in Hamburg 18 Rauschgifttodesfälle registriert (Abb. 1).

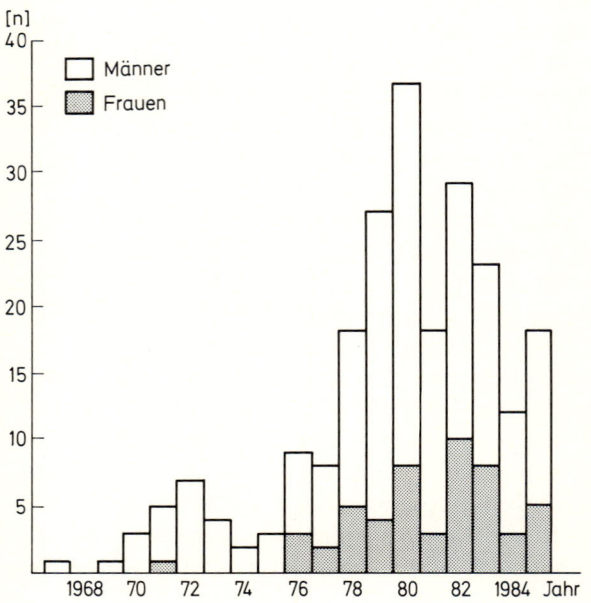

Abb. 1. Rauschgifttote in Hamburg 1967–1985 (n = 222; 171 Männer, 71 Frauen)

Tabelle 1. Alters- und Geschlechtsverteilung der Hamburger Rauschgift-toten (Gesamtüberblick der Jahre 1967–1985)

Altersgruppe (Jahre)	m	w	Gesamt
16–17	4	2	6
18–20	19	7	26
21–24	41	15	56
25–29	80	15	95
> 30	29	13	42
	173	52	225

Das mittlere Alter der Rauschgifttoten lag in den Jahren 1978–1980 nur wenig über 20 Jahre, um bis zum heutigen Zeitpunkt auf durchschnittlich 27 Jahre und mehr anzusteigen, wobei unter den Männern die 25- bis 29jährigen den Hauptanteil stellen (s. Tabelle 1).

Die meisten dieser Toten wurden in der Hamburger Innenstadt aufgefunden, unter Bevorzugung der Stadtteile Altona und St. Georg. Ungefähr $^2/_5$ dieser Personen starben in der eigenen, $^1/_4$ in einer fremden Wohnung, ca. je $^1/_6$ kam zu Tode in öffentlichen Gebäuden (Toiletten usw.) oder im Krankenhaus, trotz intensiver ärztlicher Behandlung. Der Rest dieser Personen wurde tot im Hotelzimmer aufgefunden, einige wenige verstarben in der Haftanstalt oder auch am Arbeitsplatz. Etwa $^3/_4$ der Verstorbenen waren der Polizei bereits seit Jahren als Drogenabhängige bekannt. Trotz mehrfacher Entziehungskuren wurden sie immer wieder rückfällig.

Sterbe- und Auffindungsort der Hamburger Drogentoten

Eigene Wohnung	81
Fremde Wohnung	48
Öffentliche Gebäude, freies Gelände	39
Krankenhaus	37
Hotelzimmer	12
Haftanstalt	5
Arbeitsplatz	3
	225

184 der Rauschgifttoten wurden im Hamburger Institut für Rechtsmedizin seziert, histologisch und chemisch-toxikologisch

untersucht. Wenn auch in manchen Fällen bei diesen Toten ein ungepflegtes Äußeres und teilweise auch ein reduzierter Ernährungszustand vorlag, so war dieses keineswegs die Regel. Häufig fanden sich bei der Obduktion Zeichen eines Vergiftungstodes, wie Tablettenschlamm im Magen, gefüllte Harnblase, Blutfülle und Ödem der inneren Organe, Rechtsherzdilation und flüssiges Leichenblut. In vielen Fällen befand sich, bedingt durch ein hämorrhagisches Lungenödem, blutiger Schaum in der Mundhöhle, verbunden mit Abrinnspuren aus Mund und Nase. Bei plötzlich verstorbenen Personen war meist kein Ikterus zu erkennen, nach längerem Krankenhausaufenthalt vor dem Tode war dies häufiger der Fall. Injektionsstichverletzungen frischeren und auch älteren Datums waren in $^2/_3$ der Fälle sichtbar, vorwiegend in den Ellenbeugen, weiterhin

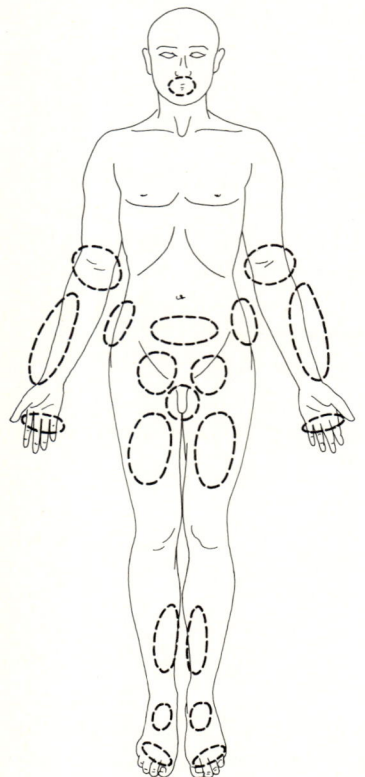

Abb. 2. Injektionsstellen bei Fixern

am Unterarm, an der Hand, manchmal perlschnurartig aufgereiht. Vereinzelt konnten solche Einstichstellen an fast allen zugängigen Körperstellen gefunden werden (Püschel 1980; Abb. 2).

Bei etwas mehr als 10% der sezierten Personen wurde als Todesursache ein inneres Leiden festgestellt, bei etwas über 20% war äußere Gewalteinwirkung todesursächlich. In fast $^2/_3$ der Fälle handelte es sich um eine Intoxikation. In vielen Fällen war der Tod auf ein multifaktorielles Geschehen, auf einen Summationseffekt (verschiedene Drogen, z. T. gravierende innere Erkrankungen) zurückzuführen.

Todesursachen der Hamburger Drogentoten von 1967–1985

Intoxikation	129
Inneres Leiden	19
– Pneumonie	10
– Myokarditis	4
– Leberzirrhose	3
– Leberdystrophie	2
Äußere Gewalt	
– Erhängen	7
– Ersticken	2
– Ertrinken	2
– Verbrennungs/CO-Vergiftung	9
– Sturz (aus großer Höhe)	8
– Überfahrung	4
– Unfall (Pkw)	2
– Pulsaderschnitt	1
– Halsschnitt	1

Histologische Untersuchungen besitzen für die Feststellung der Todesursache in Drogentodesfällen eine besondere Bedeutung (Beckmann u. Püschel 1982). Vielfach finden sich bei chronischem i. v. Drogenkonsum im Lungengewebe und vereinzelt auch im Bereich der Einstichstellen Fremdkörpergranulome, verursacht durch Talkum (Magnesiumsilikat) und vereinzelt auch durch Stärke. Beide Substanzen werden als Streckmittel von Drogen verwendet (Püschel 1982).

Solche Granulome können gleichsam als Wegspuren des Drogenkonsums über längere Zeit angesehen werden. In ca. 70% der sezierten Drogentodesfälle fanden sich entzündliche Leberveränderungen, wobei es sich im wesentlichen um unspezifische reaktive sowie chronische Hepatitiden handelte, die in einigen Fällen in eine Lebercirrhose übergegangen waren. Verschiedentlich waren entzündliche Veränderungen der Herzklappen und des Herzmuskels erkennbar. Mehrfach war auch eine primäre Pneumonie die Todesursache.

Die Leichenasservate wurden einem umfassenden toxikologischen Routinescreening unterworfen, das im Laufe der letzten Jahre immer wieder ergänzt und verbessert wurde (Arnold 1985; Arnold et al. 1982, 1985). Hier sind radio- und enzymimmunologische Verfahren zu nennen (Arnold 1982; Arnold u. Püschel 1980 b, c; Baumgartner et al. 1979; Coumbis u. Kaul 1974), die sinnvoll durch chromatographische Methoden (GC, DC und HPLC) sowie MS abgesichert wurden. Die Untersuchungen erstreckten sich neben Opiaten auf Psychopharmaka, Tranquilizer und Schlafmittel aller Art sowie verschiedene Analgetika und Alkaloide. In der überwiegenden Zahl der Fälle wurden Opiate, unter anderem auch Codein, weiterhin sehr zahlreiche Barbiturate wie Cyclobarbital, Secobarbital und Brallobarbital (als Inhaltsstoffe von Medinox und Vesparax) sowie Luminal und Pentobarbital nachgewiesen. Auch Psychopharmaka (vor allem Benzodiazepine) wurden häufig gefunden. In einzelnen Leichen wurden mehrere Medikamente gleichzeitig, in einem Fall sogar 9 verschiedene Arzneimittelsubstanzen festgestellt (s. auch Tabelle 2):

Medikamentnachweis von 1967–1985

Opiate (+ Codein)	193
Barbiturate	96
Benzodiazepine	66
Carbromal	12
Pyrazolone	12
Salicylate	12
Cocain	11
Methaqualon	7
Cannabis (THC)	10
Weitere Wirkstoffe	39

Tabelle 2. Nachgewiesene Betäubungsmittel bei Drogentoten von 1970–1985

Jahr	Opiate	Codein	Barbi-turate	Benzo-diazepine	Car-bronal	Metha-qualon	Cocain	Cannabis	Andere Mittel
1970–77	14	2	5	2	7	–	–	1	3
1978	7	2	6	3	4	1	–	–	2
1979	23	4	15	15	1	2	1	–	8
1980	28	10	15	16	–	3	3	–	8
1981	17	2	12	3	–	1	1	–	5
1982	14	7	23	10	–	–	1	2	6
1983	18	10	14	7	–	–	3	5	6
1984	13	4	4	6	–	–	1	2	9
1985	18	–	1	4	–	–	1	–	6
	152	41	95	66	12	7	11	10	53

Opiumderivate konnten bis 1978 nur in wenigen Fällen sicher identifiziert werden. Bis zu diesem Zeitpunkt war bei einem Teil der Rauschgifttoten u. a. eine Intoxikation mit Bromharnstoffderivaten (Adalin, Bromural) ausschlaggebend. Anfang 1978 wurden diese Schlafmittel unter Rezeptpflicht gestellt, mit der Folge, daß Vergiftungen dieser Art in den weiteren Jahren nicht mehr festgestellt wurden. Die ermittelten Barbituratkonzentrationen waren teilweise so hoch, daß sie bei einem nicht an diese Schlafmittel gewöhnten Menschen durchaus als ausschlaggebende Todesursache angesehen werden konnten. Ab 1979 wurde in den Sektionsasservaten auch Cocain nachgewiesen, ein Zeichen für die zunehmende Verbreitung dieses Rauschgiftes.

Aus den chemisch-toxikologischen Untersuchungen geht weiter hervor, daß Tranquilizer und Psychopharmaka in der Drogenszene anscheinend nicht die Rolle spielen, wie aufgrund ihrer Verbreitung anzunehmen wäre. Interessant ist die Feststellung, daß im Jahre 1985 nur in den Asservaten einer einzigen Leiche Barbiturate nachgewiesen wurden, während in den vorangehenden Jahren neben Heroin bzw. Morphin Barbiturate (in Form der Inhaltsstoffe von Medinox und Vesparax) teilweise sogar in größerer Zahl als Opiate bei der chemischen Untersuchung gefunden wurden. Es ist möglich, daß dieses erstaunliche Phänomen – in anderen Großstädten der Bundesrepublik wurde dies nicht beobachtet – auf entsprechende Direktiven der Hamburger Ärztekammer zurückzuführen ist, mit der strikten Empfehlung, die ärztliche Verschreibung der vorgenannten und ähnlicher Schlafmittel weitgehend zu unterlassen.

Bei hohen Morphinkonzentrationen im Urin und wesentlich niedrigeren Organspiegeln ist anzunehmen, daß der überwiegende Teil des Rauschgiftes bereits wieder ausgeschieden wurde und so wahrscheinlich zusätzliche beeinflussende Faktoren für den Tod der betreffenden Person maßgeblich waren. Hohe Opiatkonzentrationen im Blut bei geringen Organspiegeln sind ein Zeichen dafür, daß der Tod sicherlich bereits kurze Zeit nach der i. v. Injektion eingetreten ist. In einigen dieser Fälle wurde die verwendete Injektionsspritze noch in der Vene bzw. neben dem Toten liegend aufgefunden. Chemisch-toxikologische Untersuchungen ergaben in einigen Fällen eine vielfach höhere Rauschgiftkonzentration in der

Nasenschleimhaut als in allen anderen Leichenasservaten und sprachen daher für eine nasale Applikation (Püschel et al. 1980).

Bei einigen wenigen Leichen, die aufgrund der Auffindung und anderer Zeichen eindeutig der Drogenszene zuzuordnen waren, verliefen die verschiedenen Nachweisreaktionen negativ. Dies war insbesondere bei stark faulen Leichen häufig der Fall ($^1/_3$; D. Arnold et al. 1984) oder auch dann, wenn die betreffenden Personen moribund ins Krankenhaus eingeliefert worden waren und dort 5–6 Tage überlebten, ohne daß Urin- und Blutproben asserviert wurden. Auch gaschromatographische und massenspektrometrische Analysen führten in solchen Leichenasservaten nicht oder nur selten zum Ziel. In diesen Fällen war es vielfach nur möglich, durch eine Haaruntersuchung mittels RIA das vorher vereinnahmte, aber inzwischen wieder ausgeschiedene Rauschgift nachzuweisen (Arnold 1980a; Arnold u. Püschel 1980c, 1981, 1984; Püschel et al. 1983). Manchmal gelang es, auf diesem Wege die Drogenkarriere des betreffenden Delinquenten nachzuvollziehen. Auch bei lebenden Personen können solche Untersuchungen sehr nützlich sein und wichtige Hinweise über die Art des Drogenkonsums und seine Dauer erbringen und so im Zusammenhang mit anderen Untersuchungen unklare Fälle absichern. Durch eine differenzierte, abschnittsweise Analyse der Haare von der Wurzel bis zur Spitze mittels RIA und MS können annähernd Anhaltspunkte dafür gewonnen werden, ob der Drogenmißbrauch über Monate kontinuierlich verlief oder erst kurze Zeit vor der Haarentnahme mit der Einnahme harter Drogen begonnen wurde oder ob auch weitgehend drogenfreie Intervalle bestanden.

Auch unter Berücksichtigung aller, meist sehr differenzierter chemisch-toxikologischer Analysenergebnisse, makroskopischen und histologischen Befunderhebungen ist die Interpretation von Rauschgifttodesfällen nach wie vor sehr problematisch. Ohne genaue Kenntnis und eingehende Bewertung der Anamnese bestehen häufig erhebliche Schwierigkeiten, sich konkret zur Todesursache zu äußern. Es ist sicher nur in einigen wenigen Fällen möglich, einen Drogentod in das Schema eines „normalen" Vergiftungsfalles unter dem Aspekt der Aufnahme einer letalen Dosis eines Giftes einzuordnen.

Meistens handelte es sich bei den als Vergiftung deklarierten Sektionsfällen um akzidentelle Intoxikationen, bedingt durch versehentliche Überdosierung oder andere zusätzliche Faktoren. Nur in knapp 10% war aufgrund der Auffindungsumstände bzw. eines vorliegenden Abschiedsbriefes ein Suizid wahrscheinlich. Der in der Regenbogenpresse so häufig zitierte „Goldene Schuß" hat insofern Seltenheitswert. Vielfach waren tödliche Vergiftungen kombiniert mit schweren inneren Leiden (Myokarditis, Hepatitis, Zirrhose) und auch mit Alkoholgenuß, so daß davon auszugehen ist, daß als Todesursache ein multifaktorielles Geschehen vorlag.

Keup (1985) hat in seinem Jahresbericht in den *Informationen der Deutschen Hauptstelle gegen die Suchtgefahren* einen umfassenden Überblick zur Entwicklung in der Drogenszene gegeben und hierbei insbesondere auf die Verhältnisse in der Bundesrepublik Bezug genommen. Bei der Erfassung der Drogentodesfälle in den wichtigsten Großstädten der Bundesrepublik stellte er fest, daß Berlin in weitem Abstand an der Spitze liegt, gefolgt von Frankfurt, Hamburg und Bremen, alles Orte, die bedingt durch ihre Verkehrslage und -struktur als Hauptumschlagplätze für Drogen seit langem bekannt sind. Aus süddeutschen Städten werden wesentlich geringere Zahlen gemeldet, selbst München weist in den letzten Jahren eine weit geringere Zahl von Drogentoten auf (Tabelle 3).

Eine tabellarische Übersicht der Drogentodesfälle in verschiedenen europäischen Ländern zeigt, daß prozentual gesehen Dänemark mit seinen etwas über 5 Mio. Einwohnern mit Abstand an der Spitze liegt. Bei einem Vergleich der Bevölkerungszahlen ist die Zahl der Rauschgifttoten in Dänemark mehr als 3mal größer als in der Bundesrepublik Deutschland. Auch die Schweiz und Österreich weisen, prozentual gesehen, etwas höhere Zahlen auf. In der BRD ist gegenüber 1979 ein Rückgang der Zahl der Drogentoden festzustellen, wenn auch die Werte in den einzelnen Jahren erheblich schwanken. Neuerdings zeigt sich allerdings wieder eine zunehmende Tendenz. In Frankreich und Spanien wurden 1984 vermehrt Rauschgifttodesfälle registriert. Es ist jedoch nicht sicher, ob diese Zunahme auf einer besseren und genaueren Erfassung beruht oder ob, wie z. B. ab 1978 in der BRD, andere Kriterien für die Kennzeichnung eines Drogentotes eingeführt wurden (Tabelle 4).

Tabelle 3. Drogentodesfälle in verschiedenen Großstädten der BRD

	1975	1976	1977	1978	1979	1980	1981	1982	1983	1984
Augsburg			16	8	7	5	0	1	1	1
Berlin	31	54	84	62	81	52	65	40	76	32
Bremen	6	3	11	5	10	10	9	18	29	16
Frankfurt	14	24	24	42	44	39	29	36	40	35
Freiburg	2	3	6	4	4	2	0	2	2	2
Hamburg	3	9	8	18	27	36	18	29	23	12
Karlsruhe	2	3	3	2	4	4	2	4	2	0
Köln	0	4	4	3	16	6	4	5	4	7
München	18	17	21	18	12	18	10	6	5	11
Stuttgart	3	5	5	8	9	8	1	7	8	6

Tabelle 4. Drogentodesfälle in einigen europäischen Ländern

Land	1979	1980	1981	1982	1983	1984
BRD	623	494	362	383	472	361
Dänemark	125	165	148	143	130	123
Frankreich	117	172	141	164	190	237
Italien	129	205	237	249	257	391
Österreich	30	56	34	31	26	46
Schweiz	102	88	107	109	144	133
Spanien	17	30	50	93		167

Tabelle 5. Sicherstellung der Hauptsuchtstoffe (in kg) in Europa

Jahr	Cannabis	Heroin	Cocain
1976	46 249	717	60
1977	97 555	547	89
1978	57 737	611	186
1979	90 408	743	196
1980	94 776	1 296	293
1981	82 400	884	259
1982	77 365	1 095	347
1983	108 000	1 529	953
1984	148 726	1 902	1 098

Aufschlußreich ist in dem Bericht von Keup (1985) u. a. eine tabellarische Aufstellung der Mengen der in Europa von 1976–1984 polizeilich und zollamtlich beschlagnahmten Hauptsuchtstoffe Cannabis, Heroin und Cocain. Es zeigt sich, daß Haschisch nach wie vor quantitativ dominiert, daß seit 1980 eine erhebliche Zunahme der sichergestellten Heroinmengen festzustellen ist und daß Cocain seit 1983 wesentlich zunimmt, um 1984 fast 60% der beschlagnahmten Heroinmengen zu erreichen. Wenn auch diese Zahlen kein konkretes Bild für den tatsächlichen Rauschgiftumsatz ergeben – die Dunkelziffer beträgt wahrscheinlich ein vielfaches der Sicherstellungen –, so läßt sich daraus doch eine gewisse Tendenz erkennen. Der Umsatz und damit auch der Verbrauch dieser Hauptsuchtstoffe steigt sichtlich, vornehmlich bei Cocain, aber auch bei Cannabis und Heroin zeigt sich eine Zunahme (Tabelle 5).

Unter besonderer Berücksichtigung der Hamburger Verhältnisse ist zusammenfassend festzustellen, daß sich die Lage auf dem illegalen Drogenmarkt und in der Rauschgiftszene seit 1965 bis zur Gegenwart zwar nicht grundsätzlich verändert hat, daß sie aber doch gewissen Wandlungen unterworfen war und gekennzeichnet ist durch verschiedene, zum Teil gegensätzliche Strömungen (Brinkmann et al. 1979). Zu Beginn der 70er Jahre dominierte zunächst Haschisch, begünstigt durch die Hippiebewegung mit ihrem Streben nach Selbstverwirklichung und Bewußtseinserweiterung. Später kamen die antriebssteigernden, stimulierenden Amphetaminpräparate hinzu, oder man versuchte, mit Hilfe eines LSD-

Trips der rauhen Wirklichkeit zu entrinnen. Zunehmend eroberte sich in der Folgezeit Heroin seinen Platz in der Drogenszene. Bei Beschaffungsschwierigkeiten von harten Drogen wurden vielfach kombinierte Barbitursäurederivate wie Medinox und Vesparax als Ersatzstoffe eingesetzt, vereinzelt auch Psychopharmaka, vor allem Benzodiazepine. In den letzten Jahren gewann Cocain eine zunehmende Bedeutung, ohne daß es jedoch gelang, das nach wie vor führende Heroin aus seiner Spitzenposition zu verdrängen. In Hamburg selbst ist aufgrund der vielseitigen Untersuchungen an verstorbenen Drogensüchtigen und verschiedener polizeilicher Recherchen in den letzten Jahren anzunehmen, daß Ersatzdrogen auf Barbituratbasis nicht mehr eine so große Rolle wie früher spielen. Beigetragen haben dürfte dazu die zunehmend kritischere ärztliche Verschreibungspraxis aufgrund entsprechender Interventionen der Ärztekammer. Man kann jedoch davon ausgehen, daß sich auch in Zukunft auf dem Rauschgiftmarkt und der Szene insgesamt nur wenig verändern wird. Die Zahl der Konsumenten harter Drogen wird annähernd gleich bleiben, Abgänge durch Todesfälle werden in etwa wieder aufgefüllt durch neu hinzukommende, meist jugendliche Personen, die sich in der Drogenszene integrieren.

Literatur

Arnold D, Naeve W, Arnold W (1984) Toxikologische Befunderhebungen an Fäulnisleichen – Leichenfäulnis in der Luft. Z Rechtsmed 93:151–164

Arnold W (1980) The estimation of medicaments in human hair. (Satellite Conference to the 8th Intern. Confer. on Alcohol, Drugs and Traffic Safety, Umea, Sweden)

Arnold W (1982) Radioimmunologische Untersuchungen im Rahmen der Drogenszene. In: Müller RK (Hrsg) Beiträge zur Diagnose und Therapie akuter Intoxikationen. Leipzig, S 163–164

Arnold W (1985) Moderne Methoden in der klinisch- und forensisch-toxikologischen Analytik. Fresenius Z Anal Chem 320:680–682

Arnold W, Püschel K (1980a) Bewertung von Rauschgifttodesfällen unter besonderer Berücksichtigung radioimmunologischer Untersuchungen. In: Symposiums-Druckschrift „Psychopharmaka und Suchtstoffe". GTFCh, Mosbach, S 192–207

Arnold W, Püschel K (1980b) Toxicological findings after abuse of narcotics. In: Kovatsis A (ed) Toxicological aspects. Technika Studio, Thessaloniki, pp 248–251

Arnold W, Püschel K (1980c) Besondere Aspekte radioimmunologischer Untersuchungsbefunde bei Rauschgifttodesfällen. Zentralbl Ges Rechtsmed 20:13–14

Arnold W, Püschel K (1981) Experimental studies on hair as an indicator of past or present drug use. J Forensic Sci Soc 21:82

Arnold W, Püschel K (1984) Haare als wichtiges Untersuchungsmaterial in der Rechtsmedizin. Ann Univ Sarav Med [Suppl] 4:33–35

Arnold W, Teichner M, Püschel K (1982) Chemisch-toxikologische Befunde bei 100 Rauschgifttodesfällen. In: Proc XII Congr Intern Akad Gerichtl Soz Med, Bd 2. Egermann, Wien, S 743–747

Arnold W, Schmoldt A, Püschel K (1985) Morphologisch-toxikologische Befunde an über 200 Drogentoten im Raum Hamburg und ihre Interpretation. In: Symposiums-Druckschrift „Forensische Probleme des Drogenmißbrauches". Helm, Heppenheim, S 168–175

Baumgartner AM, Jones PF, Baumgartner WA, Black CT (1979) Radioimmunoassay of hair for determination of opiate-abuse histories. J Nucl Med 20:748–752

Beckmann E-R, Püschel K (1982) Histologische Leberveränderungen bei Rauschgifttodesfällen. In: Proc XII Congr Intern Akad Gerichtl Soz Med, Bd 2. Egermann, Wien, S 885–888

Brinkmann B, Mätzsch T, Püschel K (1979) Hamburger Fixerszene – Zur Struktur und Delinquenz. Kriminalistik 33:182–185

Coumbis RJ, Kaul B (1974) Distribution of morphine and related compounds in human tissues and biological fluids using radioimmunoassay techniques. J Forensic Sci 19:307–312

Gerchow J (1975) Todesfälle unter Fixern. In: Keup W (Hrsg) Mißbrauch chemischer Substanzen. Dtsch Hauptstelle gegen die Suchtgefahren, Hamm

Gerchow J (1985) Drogenkarriere und Therapiemöglichkeiten. In: Symposiums-Druckschrift „Forensische Probleme des Drogenmißbrauches". Helm, Heppenheim, S 4–28

Heberle B, Gerchow J (1980) Todesursachen bei Suchtkranken. In: Keup W (Hrsg) Folgen der Sucht. Thieme, Stuttgart New York

Keup W (1985) Zahlen zur Gefährdung durch Drogen und Medikamente. DHS-Informationsdienst 38/1/2:8–50

Möllhoff G, Schmidt G (1976) Deaths resulting from drugs of abuse. Forensic Sci 7:31–40

Püschel K (1980) Analyse der Rauschgifttodesfälle in Hamburg (1979) – Schlußfolgerungen für die ärztliche Leichenschau. Hamburger Ärztebl 34:168–171

Püschel K (1982) Zum morphologischen Nachweis des intravenösen Drogenkonsums. In: Arnold W, Püschel K (Hrsg) Proc Symposium „Entwicklung und Fortschritte der Forensischen Chemie". Helm, Heppenheim, S 256–252

Püschel K, Naeve W, Schulz F, Arnold W (1980) Todesfälle nach nasaler Applikation von Heroin. Z Rechtsmed 84:279–290

Püschel K, Thomasch P, Arnold W (1983) Opiate levels in hair. Forensic Sci Int 21:181–186

Püschel K, Teichner M, Arnold W et al. (1984) Forensisch-medizinische und kriminologische Aspekte der Hamburger Rauschgifttodesfälle bis Ende 1982. Suchtgefahren 30:205–211

Mißbrauch von Dopingmitteln und Diuretika

M. Donike, W. Schänzer

Einleitung

Der Begriff Doping hat in den letzten Jahren im Sport eine wichtige Stellung eingenommen. Allerdings wird hiermit eine der negativen Seiten des Sports beschrieben. Ausgehend von dem englischen Bild des "sportsman", das hauptsächlich mit der Verhaltensweise des "fair play" charakterisiert werden kann, muß man heutzutage feststellen, daß Hochleistungssportler nicht in allen Fällen dieser Vorstellung noch gerecht werden. Die Ideale des Hochleistungssports, denen nachgejagt und gehuldigt wird, sind Siegen und Gewinnen, wobei jedes Mittel recht ist. Die Einhaltung der sportlichen Regeln erfolgt nur noch bei strenger Kontrolle. Sicherlich haben zu diesem Negativbild des heutigen Hochleistungssports auch Presse und Fernsehen beigetragen, die jeden Dopingfall exklusiv aufbereiten und verkaufen. Darunter leidet natürlich der Sport mit seinen ursprünglichen Idealen und die Mehrheit der Sportler, die sicherlich nicht manisch hochleistungsbesessen und dem Doping verfallen sind.

Geschichte

Das Wort Doping wird zum erstenmal im 19. Jahrhundert in England verwendet. Damit wurde eine Mischung von Opium und narkotisierenden Drogen bezeichnet, die für das Doping von Pferden Verwendung fand.

Die Wurzel des heute so gebräuchlichen Wortes läßt sich auf einen von eingeborenen Kaffern im südöstlichen Afrika gesprochenen Dialekt zurückführen, der dann in die Burensprache übernommen wurde. Unter dem Wort „Dop" verstand man damals einen landesüblichen schweren Schnaps, der bei den Kulthandlungen der Kaffer als Stimulans benutzt wurde.

Die ersten Überlieferungen über die Anwendung von stimulierenden Substanzen reichen bis in die Antike zurück. Welche Art von Mitteln aber bei den olympischen Spielen der Antike verwendet wurden, konnte bisher nicht mit Sicherheit ermittelt werden. In den meisten Fällen handelt es sich um diätetische Maßnahmen. Besser nachprüfbare Angaben liegen aus Süd- und Mittelamerika vor. So sollen ungewöhnliche Laufleistungen im 18. Jahrhundert bei den Inka auf die Verwendung von Stimulantien zurückgeführt werden, die vom Kaffee bis zum Cocain reichten. In Europa wurden die ersten Beispiele von Doping im Sport in der 2. Hälfte des 19. Jahrhunderts bekannt. Bei Radfahrern wurden Stimulantien auf Coffeinbasis verwendet. Die klassischen Dopingmittel sind Amphetamin und Methamphetamin. Amphetamin kam 1934 auf den Markt, und zwar als Mittel zum Abschwellen entzündeter Schleimhäute. Weiterhin zeigte Amphetamin auch stimulierende Wirkungen, was zu einer weiteren Anwendungsmöglichkeit führte. In Deutschland entdeckte Hauschild das Methamphetamin, das in den Kriegsjahren 1939–1945 Soldaten bei extremen Belastungen verabreicht wurde.

Die Verwendung der Weckamine Amphetamin auf alliierter Seite und Methamphetamin auf der deutschen Seite machte diese Substanzen, ihre euphorisierende und stimulierende Wirkung breiten Bevölkerungsschichten bekannt.

Etwa ab 1950 häuften sich infolgedessen die Dopingfälle, vor allem im Radrennsport. Die Einnahme von stimulierenden Mitteln, zum Teil in Verbindung mit stark wirkenden Narkotika, war im Berufsradsport so verbreitet, daß in den Jahren 1960–1967 bei wichtigen Radrennen kein Berufsradrennfahrer ungedopt an den Start ging. Vielfach wurde schon im Training geschluckt, um sich an die „Renndosis" zu gewöhnen.

Es ist bedauerlich, daß erst Dopingfälle mit tödlichem Ausgang, wie z. B. die des britischen Radrennfahrers Tom Simpson und des deutschen Boxers Jupp Elze, zu Reaktionen der Sportverbände gegen diese Praktiken des Dopings führten.

Der Tod von Tom Simpson, spektakulär auf einer Bergetappe über den Mont Ventoux bei der Tour de France 1967 veranlaßte den Internationalen Radsportverband (UCI) Antidopingrichtlinien aufzustellen. Dieses Dopingverbot in Verbindung mit einer verbesserten Analytik führte in den nachfolgenden Jahren zu einem deutlichen Rückgang von Doping bei kontrollierten Wettkämpfen.

Bei den XX. Olympischen Spielen 1972 in München gab es nur 7 positive Fälle bei 2079 untersuchten Proben. In Montreal 1976 wurden nur 3 positive Fälle bei rund 1800 Kontrollen aufgefunden. 1980 wurde in Moskau kein positiver Fall mit Stimulantien entdeckt.

Diese Fakten zeigen deutlich, daß angekündigte Dopingkontrollen effektiv sind, indem sie abschreckend wirken.

Definition des Begriffes Doping

Für den Bereich der Bundesrepublik Deutschland sind 2 Dopingdefinitionen von Bedeutung, zum einen die Definition des Deutschen Sportbundes von 1977 und zum anderen die Definition des Internationalen Olympischen Komitees (IOC).

Definition des Deutschen Sportbundes (1977):
1. Doping ist der Versuch einer unphysiologischen Steigerung der Leistungsfähigkeit des Sportlers durch Anwendung (Einnahme, Injektion oder Verabreichung) einer Dopingsubstanz durch den Sportler oder einer Hilfsperson (z. B. Mannschaftsleiter, Trainer, Betreuer, Arzt, Pfleger oder Masseur) vor einem Wettkampf oder während eines Wettkampfes und für die anabolen Hormone auch im Training.
2. Dopingsubstanzen im Sinne dieser Richtlinien sind insbesondere Phenylethylaminderivate (Weckamine, Ephedrine, Adrenalinderivate), Narkotika, Analeptika (Kampfer und Strychninderivate) und anabole Hormone.

Sportartspezifisch können weitere Substanzen, z. B. Alkohol, Sedativa, Psychopharmaka, unter den Dopingsubstanzen aufgeführt werden.

Interessant an dieser Definition ist das Verbot der Anabolika auch in der Trainingsphase. Dieses Verbot wird zur Zeit aber kaum kontrolliert. Auf nationaler Ebene ist nur der Schwimmverband sporadisch bereit, Kontrollen im Training auszuführen. Die Verwirklichung derartiger Kontrollen auf internationaler Ebene wird sicherlich nur unter größten Schwierigkeiten möglich sein.

Die Dopingdefinition der Medizinischen Kommission des IOC (MC-IOC) verzichtet auf eine allgemeine Definition. Sie besteht ganz einfach aus einer Auflistung von Wirkstoffgruppen, deren Anwendung als Doping zählt. Diese Regel wurde erstmals für die XX. Olympischen Spiele 1972 in München angewendet. Für die XXI. Olympischen Spiele 1976 in Montreal wurden die Anabolika in diese Liste aufgenommen. Für die XXIII. Olympischen Spiele 1984 in Los Angeles folgten quantitative Grenzwerte für Testosteron und Coffein. Für die XXIV. Olympischen Spiele in Seoul 1988 setzte die MC-IOC die Gruppe der β-Rezeptorenblocker und der Diuretika auf die Liste der Dopingsubstanzen (s. S. 98, 99)

Die unter den Wirkstoffgruppen angegebenen Wirkstoffe sollen hierbei nur als Beispiel gelten. Mit diesem Vorgehen, insbesondere durch den Zusatz „und verwandte Verbindungen", sind alle Wirkstoffe innerhalb einer pharmakologischen Wirkstoffgruppe und deren nahe chemische und pharmakologische Verwandte als Dopingmittel verboten. Neu entwickelte Pharmaka, die einer dieser Gruppe angehören, gelten damit gleichzeitig als Dopingmittel. Lediglich, ob ein pharmakologischer Wirkstoff einer verbotenen Gruppe zuzurechnen ist oder nicht, mag im Einzelfall noch strittig sein.

Diuretika

Diuretika sind im April 1986 von der Medizinischen Kommission des IOC für die XXIV. Olympischen Spiele in Seoul 1988 verboten worden.

Unter Diuretika werden Substanzen verstanden, die eine Erhöhung des Harnflusses bewirken. Ihre klinische Anwendung erfolgt im wesentlichen zur Ausschwemmung von Ödemen und zur Behandlung der Hypertonie.

Obwohl sie keine leistungssteigernden Effekte zeigen, werden sie im Hochleistungssport aus den folgenden beiden Gründen mißbraucht:

1) In Sportarten mit Gewichtsklassen werden sie zur kurzfristigen Gewichtsabnahme vor Wettkämpfen verwendet. Dies ist aber nur dann der Fall, wenn ein Wettkämpfer mit seinem augenblicklichen Wettkampfgewicht die Grenze einer Gewichtsklasse gering-

fügig überschreitet. Dabei wird unter geringfügig ein Übergewicht bis ca. 1 kg verstanden. Durch die schnelle Ausscheidung von bis zu einem Liter Urin kann somit das Körpergewicht gesenkt und ein Start in der niedrigeren Gewichtsklasse ermöglicht werden.

2.) Mit der Anwendung von Diuretika kann die Urinprobe derart manipuliert werden, daß eine Dopinganalyse negativ ausfällt, selbst dann, wenn eine Dopingsubstanz verabreicht worden ist. Durch eine vergrößerte Urinproduktion kommt es zu Verdünnungseffekten, so daß die Konzentration der ausgeschiedenen Dopingsubstanz bzw. deren Metaboliten im Urin extrem erniedrigt ist. Dies kann besonders bei Anabolikamißbrauch, wo bei vorhergehendem Absetzen der Substanz bereits eine extrem niedrige Konzentration im Urin vorliegt, ein Auffinden der Substanz verhindern.

Durch die Einnahme von Carboanhydrasehemmern wie z. B. Acetazolamid wird der Urin basisch, womit die Rückresorption von basischen Stimulantien aus dem Primärharn ins Blut erhöht und die ausgeschiedene Menge vermindert ist. Auch diese Maßnahme führt zu einer Verfälschung der Ergebnisse, so daß eine verbotene Substanz in der Routinescreeningmethode nicht detektiert wird.

Als Screeningmethode zum Auffinden von Diuretika im Urin benutzen wir die Hochleistungsflüssigkeitschromatographie (HPLC) mit UV-Detektion. Die Diuretika besitzen alle ein ausgedehntes chromophores System und zeigen charakteristische UV-Spektren.

Die Identifizierung erfolgt bei verdächtigen Proben mit der Gaschromatographie/Massenspektrometrie (GC/MS), wobei die Diuretika mit einem Gemisch aus Methyljodid/Aceton/Kaliumcarbonat nach Dünges u. Bergheim-Irps (1973) methyliert werden. Die meisten im Handel befindlichen Diuretika besitzen eine bzw. mehrere Sulfonamidgruppen bzw. Carboxylfunktionen, die mit dem obigen Reagens reagieren und gaschromatographisch geeignete Derivate liefern.

Dopingkontrollen

Für die Dopingkontrolle werden Athleten nach den Satzungen der Verbände ausgesucht. In der Regel sind es die Ersten eines Wettkampfes sowie Athleten, die nach Losentscheid ausgewählt werden. Die Athleten geben ihren Urin in einer entsprechend eingerichteten Dopingstation ab, verteilen ihn auf 2 Flaschen, A- und B-Probe, die kodiert und versiegelt werden.

Die Proben werden einem vom IOC akkreditierten Labor zugesandt und dort analysiert. Zur Zeit gibt es akkreditierte Labors in Los Angeles, Montreal, Bristol, London, Tokio, Stockholm, Helsinki, Nijmegen, Paris, Köln, Prag, Dresden, Moskau, Magglingen, Sarajevo, Rom, Barcelona, Madrid, wobei die Mehrzahl in Europa angesiedelt ist. Ist die A-Probe positiv, so wird eine Gegenanalyse vereinbart. Bei dieser Gegenanalyse wird die B-Probe untersucht. Die Sanktionen werden von dem jeweiligen Verband ausgesprochen.

Für die Analytik werden heutzutage gaschromatographische, flüssigkeitschromatographische und massenspektrometrische Methoden eingesetzt. Als endgültiger Beweis und Identifizierung einer Dopingsubstanz muß ein Massenspektrogramm der verbotenen Dopingsubstanz bzw. deren Metaboliten aufgenommen werden. Dies erfolgt zur Zeit nur nach gaschromatographischer Vortrennung. Die Effektivität der Dopingkontrollen hängt somit im wesentlichen von der Analytik ab. Anhand der Substanzgruppen der Stimulantien und der Anabolika soll im folgenden die Problematik des Dopings und der damit verbundenen Dopinganalytik skizziert werden.

Stimulantien

Stimulantien, im wesentlichen Phenylethylaminabkömmlinge, werden unmittelbar vor dem Wettkampf appliziert. Damit wird während des Wettkampfes eine optimale Blutkonzentration und eine größtmögliche pharmakologische Wirkung erreicht. Die Elimination der Stimulantien erfolgt relativ schnell. So wird innerhalb der ersten 24–48 h nach oraler Einnahme die Substanz vollständig über die Niere in den Urin ausgeschieden. Aufgrund dieser hohen Ausscheidungsrate ist im Urin, der unmittelbar nach dem

Wettkampf gesammelt wird, mit einer hohen Konzentration an unveränderter Ausgangsverbindung bzw. Metaboliten zu rechnen. In der Regel werden Konzentrationen zwischen 1–50 mg/l Urin gemessen. Diese Konzentrationen stellen für die GC-Analytik kein Problem dar.

Für eine schnelle Screeningmethode bieten die Stimulantien einen weiteren Vorteil, da sie alle Stickstoff enthalten. Dies kann effektiv mit einer stickstoff-/phosphorspezifischen Flammenionisationsdetektion (N/PFID) erfaßt werden.

Der Mißbrauch von Stimulantien bei Wettkämpfen ist mit dieser Art von Analytik deutlich gesenkt worden.

Anabolika

Demgegenüber ist der Anabolikamißbrauch noch von extremem Ausmaß, wie die vielen positiven Fälle belegen.

Die Problematik der Anabolikakontrolle liegt aber nicht in der Analyse, sondern in der Tatsache, daß Anabolika in der Trainingsphase verwendet werden.

Tabelle 1. Dopingproben und Ergebnisse 1985 (A-Analysen). (Nach Institut für Biochemie der Deutschen Sporthochschule Köln)

Verbände	Analysierte Proben	Proben positiv	Wirkstoff	[%]
Bund Deutscher Radfahrer	536	6	Strychnin 3 mal Nandrolon Oxymetholon Fencamfamin	1,12
Bundesverband Deutscher Gewichtheber	33	7	Amphetamin p-Hydroxyephedrin Methyltestosteron Norephedrin Testosteron 2 mal Nandrolon	21,21
Deutsche Eisschnellauf-Gemeinschaft	3	0		
Deutscher Eishockey Bund	4	0		

Tabelle 1 (Fortsetzung)

Verbände	Analysierte Proben	Proben positiv	Wirkstoff	[%]
Deutscher Fechterbund	40	1	Ephedrin	2,5
Deutscher Schwimmverband	138	1	Ephedrin	0,73
Deutscher Leichtathletik-verband	141	0		
Deutscher Kanuverband	56	0		
Deutscher Tanzsportverband	41	0		
Deutscher Verband für Modernen Fünf-kampf	87	1	Ephedrin	1,15
Deutscher Schützenbund	95	2	Metropolol Norephedrin	2,10
Deutsche Reiter-liche Vereinigung (Pferde)	223	3	Phenylbutazon Diclofenac Meclofenaminsäure	1,35
Ausländische Verbände	782	39	18 mal Nandrolon 12 mal Stanozolol 5 mal Ephedrin 4 mal Testosteron 3 mal Norephedrin Metam-phetamin Propoxyphen Phentermin Heptaminol Methyl-ephedrin	4,98
Verbände (gesamt)	2 179	60		2,75
Deutsche Verbände und internationale Meisterschaften in der BRD	1 397	21		1,50
Ausländische Ver-bände	782	39		4,98

Die wesentliche Absicht bei der Anwendung von Anabolika liegt in dem zusätzlichen Aufbau von Muskelmasse bzw. in der Einschränkung kataboler Prozesse nach harten Trainingsphasen.

Kontrollen werden aber nur bei Wettkämpfen vorgenommen. Die Athleten setzen deshalb die Anabolika vor dem Wettkampf ab, so daß ihr Nachweis extrem erschwert oder ganz unmöglich wird.

Die Analytik versucht deshalb die Nachweisgrenze derart zu erniedrigen, so daß die Athleten gezwungen sind, möglichst lange vor dem Wettkampf auf Anabolika zu verzichten.

Tabelle 1 und die Übersicht auf S. 97 zeigen die Ergebnisse der Dopingkontrollen von 1985 im nationalen und internationalen Bereich.

Tabelle 1 zeigt das Ergebnis des Kölner Labors von 1985: Von insgesamt 1956 gemessenen Proben im Humansport waren 57 Proben positiv. Dieses entspricht etwa 2,9%.

In diesen 57 positiven Proben wurden 22 Stimulantien, 1 β-Blocker und 42 Anabolika nachgewiesen.

In einzelnen Proben wurde mehr als ein Wirkstoff detektiert, so daß die Gesamtzahl an Wirkstoffen höher liegt als die Anzahl an positiven Proben.

Spitzenreiter unter den Anabolika waren Nandrolon (19-Nortestosteron) mit 23 positiven Proben und Stanozolol mit 12 positiven Fällen.

Diese Übersicht zeigt das internationale Ergebnis von 12 Laboratorien (die Ergebnisse sind nicht vollständig, da die Ergebnisse einiger akkreditierter Laboratorien noch nicht vorlagen): 175 positive Fälle mit 85 Stimulantien, 7 Narkotika, 77 Anabolika, 4 β-Blocker und 2 Sedativa.

Interessant ist die hohe Anzahl von amphetamin- und ephedrin-positiven Proben.

Dies zeigt deutlich, daß nach wie vor versucht wird, mit Stimulantien zu dopen. Die Tendenz bei den Olympischen Spielen scheint gegenläufig zu sein. Auch im internationalen Raum führt bei den Anabolika Nandrolon mit 35 positiven Fällen die „Dopinghitliste" an. Diese Ergebnisse zeigen eindeutig, daß Doping im Hochleistungssport immer noch hoch aktuell ist. Trotz Verbot und Kontrollen wird weiterhin im hohen Ausmaß gedopt. Wenn man bedenkt, daß für den Bereich der Anabolika nur im Wettkampf

Substanz (engl. Bez.)	Anzahl der positiven Fälle*	Substanz (engl. Bez.)	Anzahl der positiven Fälle*
amphetamine	16	nandrolone	35
codeine	3	nikethamide	2
corazol	1	norandrosterone	1
cropropamid	1	norephedrine	15
crotethamid	1	norethandrolone	1
dihydrocodeine	1	oxymetholone	1
ephedrine	26	oxyprenolol	1
fencamfamine	3	p-hydroxy-ephedrine	1
fenfluramine	1	pemoline	2
fluoxymesterone	1	phenmetrazin	1
heptaminol	3	phenobarbitone	2
methamphetamine	2	phentermine	2
methylphenidate	1	phenylephrine	1
mesterolone	2	propoxyphen	1
metandienone	1	propranolol	1
metandrostenolol	1	pseudoephedrine	2
metenolone	2	stanozolol	13
methylephedrine	3	strychnine	1
metipranolol	1	testosterone	17
metoprolol	1		
morphine	2		
			175

* Die Anzahl der positiven Wirkstoffe ist nicht gleichzusetzen mit der Anzahl an positiven Proben, da in einigen Urinen mehrere verbotene Dopingsubstanzen aufgefunden wurden.

kontrolliert wird, die Anabolika aber nur in der Trainingsphase benutzt werden, so kann man folgern, daß nur die Athleten entdeckt wurden, die zu spät das Medikament absetzten.

Das tatsächliche Ausmaß des Anabolikamißbrauch liegt sicherlich um Potenzen höher. Der Anabolikamißbrauch wird wahrscheinlich erst dann eingeschränkt werden, wenn unangemeldet im Training kontrolliert wird.

Dopingliste der Medizinischen Kommission des IOC für die XXIV. Olympischen Spiele in Seoul 1988; internationale Freinamen der Wirkstoffe, die von der WHO vorgeschlagen werden

a) Stimulanzien (z. B.:)

amfepramone
amfetaminil
amiphenazole
amphetamine
benzphetamine
caffeine[a]
cathine
chlorphentermine
chlorprenaline
clobenzorex
cocaine
cropropamide
(component of "micoren")
crotethamide
(component of "micoren")
dimetamphetamine
ephedrine
etafedrine
etamivan
etilamfetamine
fencamfamine
fenetylline
fenproporex
furfenorex
meclofenoxate
mefenorex
methoxyphenamine
methamphetamine
methylephedrine
methylphenidate
morazone
nikethamide
pemoline
pentetrazol
phendimetrazine
phenmetrazine
phentermine
phenylpropanolamine
pipradrol
prolintane
propylhexedrine
provalerone
strychnine
– und verwandte Verbindungen

b) narkotische Analgetika (z. B.:)

anileridine
codeine
dextromoramide
diamorphine
dihydrocodein
dipipanone
ethylmorphine
hydrocodone
hydromorphone
levorphanol
methadone
morphine
oxocodone
oxymorphone
pentazocine
pethidine

phenazocine
piminodine
thebacon

trimeperidine
– und verwandte
Verbindungen

c) anabole Steroide (z. B.:)

bolasterone
boldenone
clostebol
dehydrochlor-
methyltestosterone
fluoxymesterone
mesterolone
methenolone
methandienone
methyltestosterone

nandrolone
norethandrolone
oxandrolone
oxymesterone
oxymetholone
stanozolol
testosterone[b]
– und verwandte
Verbindungen

d) β-Blocker (z. B.:)

alprenolol
atenolol
labetalol
metoprolol

oxprenolol
propranolol
– und verwandte
Verbindungen

e) Diuretika (z. B.:)

bendroflumethiazide
benthazide
chlorthalidone
hydrochlorothiazide
ethacrynic acid
furosemide
bumetanide
spironolactone

chlormerodrine
mersalyl
acetazolamide
amiloride
triamterene
– und verwandte
Verbindungen

---

[a] Für Coffein gilt eine quantitative Bestimmung: Wenn die Coffein-konzentration im Urin mehr als 12 mg/l Urin beträgt, ist der Sportler positiv.
[b] Für Testosteron gilt die Definition: Die Administration von Testosteron oder eine Manipulation mit dem Ergebnis, daß das Verhältnis von Testosteron/Epitestosteron im Urin größer als 6 wird, gilt als Doping.

Literatur

Donike M (1972) Erfahrungen mit dem Stickstoffdetektor (N-FID) bei der Dopingkontrolle. Med Tech 92:153

Donike M (1973) Analytische und pharmakokinetische Probleme des Dopingnachweises bei Hochleistungssportlern. Sportarzt Sportmed 24:123

Donike M (1986) Doping. Informationsschrift für Athleten und Betreuer. Bundesinstitut für Sportwissenschaft, Köln

Donike M, Kaiser C (1971) Moderne Methoden der Dopinganalyse. Sportarzt Sportmed 22

Donike M, Kaiser C (1984) Dopingkontrollen. Bundesinstitut für Sportwissenschaft, Köln

Donike M, Bärwald K-R, Klostermann K, Schänzer W, Zimmermann J (1983) Nachweis von exogenem Testosteron. In: Heck H, Hollmann W, Liesen H, Rost R (Hrsg) Sport: Leistung und Gesundheit. Deutscher Ärzte-Verlag, Köln, S 293

Donike M, Zimmermann J, Bärwald K-R, Schänzer W, Christ V, Klostermann K, Opfermann G (1984) Routinebestimmung von Anabolika im Harn. Dtsch Z Sportmed 35:14

Dünges W, Bergheim-Irps E (1973) A new methylation method for the gas chromatography of barbituric acids. Anal Lett 6:185–195

Keul J (1970) Doping. Pharmakologische Leistungssteigerung und Sport, Bd 2. Deutscher Sportbund, Frankfurt am Main (Schriftenreihe des Bundesausschusses zur Förderung des Leistungssports des Deutschen Sportbundes, Bd 2)

Kontrolle der Opiateinnahme –
Wie können bei Urinkontrolluntersuchungen
falsche Interpretationen ausgeschlossen werden?

K.-H. Beyer, H. Baudisch, B. Rießelmann, U. Lemm-Ahlers, M. Lappenberg-Pelzer

Da wir jährlich rund 10 000 Urinkontrolluntersuchungen auf Opiate durchführen, müssen wir häufig Fragen klären, die Art, Umfang und den Zeitpunkt des Opiatgebrauchs betreffen. Oft ist eine große Unsicherheit des Auftraggebers in der Bewertung der mitgeteilten Analysenergebnisse zu erkennen. Dies hat uns veranlaßt, unsere Erfahrungen zusammenzufassen und kurz darzustellen.

Ein positiver Opiatbefund, der auf die Einnahme illegaler Suchtstoffe, meist Heroin, zurückgeführt wird, kann schwerwiegende Folgen für den Betroffenen haben. Deshalb muß eine solche Behauptung sicher beweisbar sein. Bevor darauf eingegangen wird, unter welchen Bedingungen das möglich ist, sollen einige Rahmenbedingungen vorgegeben werden.

1) Die Probennahme ist fehlerfrei erfolgt, d. h. es liegt keine Verwechslung oder Verfälschung vor.
2) Die Analysenergebnisse werden qualitativ und quantitativ als richtig betrachtet.
3) Es soll angenommen werden, daß nur eine Einnahme und nur die eines Stoffes erfolgte.

Unter diesen Voraussetzungen wird die Beurteilung eines Opiatbefundes nur noch dadurch kompliziert, daß einige Opiate über ihren Metabolismus miteinander verknüpft sind. Deshalb kann ein positives Ergebnis nicht zwingend auf eine Ursache (d. h. Aufnahme eines bestimmten Opiates) zurückgeführt werden.

Müssen sehr viele Proben untersucht werden, bieten sich aus arbeitsökonomischen Gründen besonders immunologische Methoden an. Die folgende Übersicht geht von einem positiven Befund aus und stellt seine möglichen Ursachen (Herkunft) gegenüber.

Eine Aussage, welches Opiat genommen worden ist, läßt sich nicht treffen. Dies gilt uneingeschränkt bis zu einer Konzentration

Methode \ Herkunft	Morphin	Heroin	Codein	Andere Opiate	Mohn
RIA-Opiat	Ja	Ja	Ja	Ja	Ja
EMIT-Opiat	Ja	Ja	Ja	Ja	Ja
RIA-Morphin	Ja	Ja	Ja	Ja	Ja

von mindestens 4 µg Opiat/ml Urin. Aus diesem Grunde müssen Analysenmethoden eingesetzt werden, mit denen die Opiate identifizierbar sind. Am häufigsten sind dies die Gaschromatographie (GC) und Dünnschichtchromatographie (DC). Die folgende Übersicht stellt auch hier den Zusammenhang zwischen positivem Ergebnis und möglicher Ursache her. Die entscheidende Rolle spielen hier die Opiate Morphin und Codein.

Methode \ Herkunft	Morphin	Heroin	Codein	Andere Opiate	Mohn
GC oder DC Morphin	Ja	Ja	Ja	Nein	Ja
Morphin Codein	Nein	Ja	Ja	Nein	Ja
Codein	Nein	Nein	Ja	Nein	Nein

Sie können einzeln oder gemeinsam gefunden werden. Für den Gesamtkonzentrationsbereich bis 4 µg/ml kann keine eindeutige Aussage getroffen werden, wenn Morphin nachgewiesen worden ist. Seine Konzentration ist entscheidend für eine sichere Interpretation. Der Wert 4 µg/ml muß u. a. deshalb gewählt werden, weil nach Mohngenuß solche Opiatkonzentrationen im Urin gemessen werden. Unsere Erfahrungen dazu decken sich mit den Angaben von Fritschi u. Prescott (1985) (in: *Forensic Sci Int* 27:111).

Liegt die ermittelte Gesamtkonzentration oberhalb von 4 µg Opiat/ml Urin, sind bei der Bewertung folgende Punkte zu berücksichtigen:

1) Wird nur Morphin gefunden, liegt eine Morphin- bzw. Heroineinnahme vor.
2) Wird nur Codein nachgewiesen, dann kann eine Codeineinnahme nur kurze Zeit vorher erfolgt sein.
3) Enthält der Urin neben Codein auch Morphin, so ist nur dann von einer Heroineinnahme auszugehen, wenn die Morphinkonzentration mindestens 10mal höher ist als die des Codeins.
4) Ist das Konzentrationsverhältnis zugunsten des Codeins verschoben, so ist eine eindeutige Aussage nicht mehr möglich. Es kann nur vermutet werden, daß z. B. neben Morphin/Heroin zusätzlich Codein eingenommen wurde.
5) Der spezifische Nachweis „anderer Opiate" (z. B. Dihydrocodein) beweist deren Einnahme. Natürlich auch bei Konzentrationen unter 4 µg/ml Urin.

Daraus sollte aber nicht die Schlußfolgerung gezogen werden, daß empfindliche Methoden zum Nachweis von Opiaten ohne Wert sind. Dies gilt – wie gezeigt – tatsächlich für das positive Ergebnis, während der negative Befund um so aussagekräftiger wird, je empfindlicher die Methode ist. Die Bedeutung eines sicheren negativen Ergebnisses ist höher einzustufen als die nicht abgesicherte Interpretation eines positiven Resultats. Da es offenbar notwendig ist, quantitative Bestimmungen durchzuführen, um zu qualitativen Ergebnissen (z. B. Heroinkonsum) zu kommen, ist zu fordern, daß die quantitative Opiatbestimmung an den Qualitätskriterien der Alkoholanalytik orientiert wird.

Werden nur 2 Bedingungen eingehalten, lassen sich unserer Meinung nach Fehlinterpretationen weitestgehend vermeiden.
1) Ein sinnvolles Urinkontrollprogramm kann nur durchgeführt werden, wenn keine opiathaltigen Arzneimittel eingenommen werden und auf den Genuß von Mohnsamen verzichtet wird.
2) Bei Anwendung immunologischer Methoden ist nach einem positiven Ergebnis eine Differenzierung und Quantifizierung über ein chromatographisches Verfahren unerläßlich.

Welche Aussagekraft besitzen Immunoassays zur Kontrolle der Cannabiseinnahme?

B. Rießelmann

Von allen Stoffen, die dem Betäubungsmittelgesetz unterstellt sind, werden mit Abstand am häufigsten Cannabis und Cannabiszubereitungen konsumiert. Experten schätzen, daß allein in der Bundesrepublik Deutschland jährlich weit mehr als 50 t Haschisch verbraucht werden. Dementsprechend groß war bzw. ist auch der Bedarf am Nachweis von Cannabinoiden in Urinproben, z. B. im Rahmen von Drogenkontrollprogrammen.

Obgleich für viele Drogen bzw. Arzneimittel seit langem praktikable und empfindliche Analysenverfahren zur Verfügung standen, war der Cannabinoidnachweis früher kaum oder nur äußerst mühsam zu führen. Daher schien die Einführung entsprechender Immunoassays eine vielversprechende Lösung dieses analytischen Problems zu sein. Speziell die schnell und ohne großen apparativen Aufwand durchzuführende enzymimmunologische Cannabinoidbestimmung veranlaßte viele Labors, derartige Untersuchungen durchzuführen.

Dabei wurde dann leider vielfach diese Methode zu unkritisch angewandt. Selbst bei forensischen Fragestellungen stand häufig keine Referenzmethode zur Verfügung, um positive Ergebnisse abzusichern. So wurden Befunde erstellt, die sich hinsichtlich der Cannabinoidaussage nur auf einen enzymimmunologischen Nachweis stützen konnten. Dies führte dann schließlich zu dem Urteil des Oberlandesgerichtes Zweibrücken, wonach Enzymimmunoassays allein nicht beweisend sind. Mit Beschluß vom 17. 12. 1984 stellte es fest, daß „ein sich nach dem EMIT-Urintest ergebender positiver Cannabisbefund zu wenig verläßlich ist, um allein darauf nachteilige Folgen … zu stützen" (Aktenzeichen 1 Ws 516/84).

Um jedoch mit dem genannten Verfahren zuverlässige und jederzeit überprüfbare Ergebnisse erzielen zu können, die mit großer

Sicherheit falsch-negative, auf jeden Fall aber falsch-positive Befunde ausschließen lassen, müssen einige Punkte beachtet werden.

Es muß sichergestellt sein, daß bei der Abnahme des Urins diesem keine Stoffe beigemischt werden können, die das Untersuchungsergebnis verfälschen können (z. B. Salze in größeren Mengen, Metalle etc.). Ebenso muß gewährleistet sein, daß authentischer Urin ins Labor gelangt. Daher sollte die Urinabnahme unter Sichtkontrolle erfolgen und Manipulationsmöglichkeiten am Urin auf dem Transport zum Labor verhindert werden.

Während die soeben genannten Punkte nicht im Verantwortungsbereich des Labors liegen, muß dieses jedoch auch sicherstellen, daß dort Fehler ausgeschlossen sind. Genannt sei hier, daß zur ordnungsgemäßen Durchführung eines Enzymimmunoassays selbstverständlich solche Faktoren wie Kontrolle des pH-Wertes des Urins, Trübungen oder Leerwertbestimmungen streng beachtet werden.

Mit dem EMIT-Dau-Cannabinoid-20-Assay können deutlich sichere positive Cannabisaussagen getroffen werden, wenn als Entscheidungskriterien für positiv/negativ nicht der Kalibrator 20 ng/ml herangezogen wird, wie es die Fa. Syva empfiehlt, sondern diese Grenze wesentlich höher angesetzt wird.

Dies möchte ich anhand einer Tabelle erläutern.

Die Ergebnisse von 521 Urinen, die in unserem Labor während der ersten 4 Monate dieses Jahres bei einer ersten Untersuchung mit dem EMIT-Test als verdächtig positiv eingestuft wurden, sind hier in 3 Konzentrationsbereiche unterteilt. Wir sehen, daß 75% dieser Urine eine größere Extinktionsdifferenz aufweisen als der obere Kalibrator dieses Assays. Nur 14% der verdächtigen Urine lagen zwischen 50 und 75 ng/ml, der Rest im Konzentrationsbereich zwischen 40 und 50 ng/ml.

Unseres Erachtens unterscheidet sich der Bereich von 20–40 ng/ml nicht signifikant von Leerurinen und wird deshalb als nicht verdächtig positiv eingestuft.

Diese verdächtig positiven Urine wurden auch mit einem Radioimmunoassay der Fa. Immunalysis Corporation auf Cannabinoide untersucht. Da sich die in den beiden Immunoassays verwendeten Antiseren hinsichtlich ihrer Reaktivität gegenüber den verschiedenen Cannabinoiden erheblich unterscheiden, können die mit den

Table 1. Konzentrationsbereiche (*K* in ng/ml) EMIT/RIA

EMIT		RIA	
K	n	K	n
>75	390	>20	388
		15–20	0
		>15	2
50–75	74	>20	62
		15–20	7
		<15	5
40–50	57	>20	32
		15–20	14
		>15	11

beiden Assays erzielten Konzentrationen in ihrer absoluten Höhe nicht verglichen werden. Sie dürfen vielmehr nur als Tendenz gewertet werden.

Den 3 EMIT-Konzentrationsbereichen sind jeweils 3 RIA-Konzentrationsbereiche gegenübergestellt (s. Tabelle 1). Wir sehen einen fast hundertprozentigen Übereinstimmungsgrad zwischen diesen beiden Assays bei allen Urinen der 1. Gruppe. Die Proben, die im EMIT-Verfahren ein größeres Signal ergaben als der obere Kalibrator, hatten auch im RIA eine größere Konzentration als der obere Eichpunkt. Mit fallender EMIT-Konzentration sinkt der Grad der Übereinstimmung zwischen diesen beiden Verfahren.

Nach unseren laborintern festgelegten Kriterien werden im RIA nur die Urine als positiv eingestuft, die eine größere Konzentration als 15 ng/ml besitzen. Eine typische RIA-Eichkurve verdeutlicht, daß die Meßwerte dieser Urine sich deutlich abheben von denen leerer Urine.

Zusammenfassung

Steht zum Nachweis von Cannabinoiden in Urinproben lediglich das enzymimmunologische EMIT-Verfahren zur Verfügung, dann können bei konstanter sowie exakter Assaydurchführung evtl. falsch-positive Befunde ausgeschlossen werden, wenn

1) die Grenze für positiv/negativ bei 75 ng/ml und nicht bei 20 ng/ml liegt und

2) verdächtig positive Urine mindestens an 2 verschiedenen Tagen analysiert werden, wobei die jeweiligen Ergebnisse selbstverständlich übereinstimmen müssen.

Außerdem glauben wir, daß durch die Festlegung für positiv bzw. negativ bei 75 ng/ml ein positiver Cannabinoidbefund, der auf eventuelles „Passivrauchen" zurückzuführen ist, ausgeschlossen werden kann, da laut Magerl selbst bei „intensivem Passivrauchen" maximale Urinkonzentrationen von 40 ng/ml erreicht werden.

Wir sind uns bewußt, daß durch diese Vorgehensweise u.U. zwar falsch-negative Aussagen getroffen werden können, halten dies jedoch für vertretbar, da einem Klienten dadurch wohl kaum ein Nachteil entstehen dürfte. Wir handeln also hier eher nach dem Motto „in dubio pro reo".

Unabhängig davon sind wir jedoch der Ansicht, daß trotzdem bei allen forensischen Fragestellungen eine weitere Methode zum Cannabinoidnachweis unabdingbar ist.

Urinkontrollanalysen in der Therapie von Drogenabhängigen

G. Bühringer, R. Simon, H. Vollmer

Einleitung

Vor mehr als 10 Jahren (1973) wurden im Rahmen eines For-
schungsprojekts systemische Urinkontrollanalysen in einer therapeutischen Einrichtung für Drogenabhängige eingeführt (Bühin-
ger et al. 1978). Dies führte zu einer teilweise sehr scharfen Diskussion über Notwendigkeit und therapeutischen Nutzen bzw. Schaden einer solchen Kontrollmaßnahme. Noch heute sind Urinanalysen unter therapeutischen Mitarbeitern umstritten. Die Meinungen
bei Gegnern und Befürwortern erscheinen unverrückbar, häufig
werden dabei ethische Argumente reklamiert. Es ist dabei unbe-
stritten, daß die Einführung oder Ablehnung von Urinkontrollanalysen auch eine Wertentscheidung darstellt. Doch Grundlage
solcher Wertentscheidungen sollte die rationale, möglichst empirisch abgesicherte Abwägung der Vor- und Nachteile dieser Methode sein.

Mit dieser Arbeit soll die bestehende Kontroverse in der Bundesrepublik dargestellt und in Hinblick auf die wissenschaftliche
Absicherung der einzelnen Argumente pro und contra analysiert
werden. Zu diesem Zweck werden zunächst einige Ergebnisse aus
einer Umfrage bei stationären Einrichtungen (unter 1.) sowie die
einzelnen Argumente der Gegner und Befürworter dargestellt (unter 2.). Wissenschaftliche Untersuchungen werden unter 3. ausgewertet. Der Beitrag beschränkt sich auf den Einsatz von Urinkontrollanalysen im Rahmen der *Therapie* von Drogenabhängigen.
Nicht eingegangen wird auf reine Kontrolluntersuchungen der
Drogenfreiheit, etwa im Rahmen der gerichtsmedizinischen und
polizeilichen Tätigkeit oder im Strafvollzug (vgl. z. B. Borkenstein
1983; Bschorr 1983).

1 Ergebnisse einer Umfrage bei stationären Einrichtungen

Da über den Einsatz von Urinanalysen bei der Therapie von Drogenabhängigen in der Bundesrepublik Deutschland kaum Informationen vorlagen, wurde im Frühjahr 1986 eine Umfrage bei stationären Einrichtungen für die Entwöhnungsbehandlung von Drogenabhängigen durchgeführt. Von 90 angeschriebenen Einrichtungen antworteten 42; ein Bogen war nicht auswertbar (Rücklaufquote: 47%). In nachfolgender Übersicht sind einige Beschreibungsmerkmale der Einrichtungen zusammengefaßt, wobei die Mittelwerte stark variieren. Von den 41 Einrichtungen führen 32 Urinanalysen durch (78%), 9 verzichten darauf (22%). Selbst bei einer konservativen Schätzung, die bei allen nicht antwortenden Einrichtungen davon ausgeht, daß sie keine Urinanalysen verwenden, werden in mindestens 36% der Einrichtungen Urinproben ausgewertet. (In der 1985 eingeführten Basisdokumentation EBIS-stationär erheben 3 von 4 Einrichtungen für Drogenabhängige Urinproben; nach Simon 1986).

Beschreibungsmerkmale der befragten stationären Einrichtungen (Mittelwerte; n=41, davon 9 ohne Urinanalysen)

Bettenzahl: 32;

Klientel (Hauptdroge)
- illegale Drogen: 76,4 %,
- Medikamente: 6,8 %,
- Alkohol: 13,9 %,
- Sonstiges: 2,7 %;

Dauer regulärer Behandlung: 48,1 Wochen.

Der 1. Komplex von Fragen befaßt sich mit der Möglichkeit bzw. der Wahrscheinlichkeit eines unerlaubten Drogenkonsums während der Behandlung. Einrichtungen, die Urinproben verwenden, und solche, die darauf verzichten, schätzen die Schwierigkeit weitgehend gleich ein, während der Behandlung Drogen zu beschaffen (*1* sehr leicht bis *6* sehr schwer).

Amphetamine:	3,7,
Barbiturate:	3,5,
Benzodiazepine:	3,6,
Cannabis:	3,6,
Opiate:	4,3,
Alkohol:	2,1,
Methaqualon:	3,9.

Nach Einschätzung der Einrichtungen nehmen 18,6% aller Klienten während der Behandlung unerkannt Drogen zu sich. Diese Angaben sind noch überraschender, wenn sie nach Einrichtungen differenziert werden. Einrichtungen mit Urinanalysen schätzen den entsprechenden Prozentsatz auf 15,7. In Einrichtungen ohne Urinproben geht man von 28,8%, also fast doppelt soviel Fällen aus.

Einrichtungen mit Urinanalysen

Urinabgabe an möglichst vielen, aber zufallsausgewählten Tagen reduziert das Risiko, daß Klienten unerlaubten Drogenkonsum zeitlich „steuern". Von den 32 Einrichtungen, die Urinanalysen verwenden, erheben 13 die Proben bei Verdacht, 18 bei Verdacht und nach Zufallsprinzipien. Eine nur nach Zufallsprinzipien gezo-

Daten zur Verwendung von Urinanalysen (n = 32; Absolutwerte bzw. Mittelwerte)

Anlaß	
– Zufall:	*0,*
– Verdacht:	*12,*
– beides:	*18,*
– keine Angaben:	*2.*

Zahl der Urinproben bei regulärer Behandlungsdauer
– gesamt:	11,6,
– gesamt, bei Verdacht:	8,9 (13 E.),
– gesamt, nach Zufall und Verdacht:	13,6 (18 E.).

gene Stichprobe wird in keinem Fall verwendet. Die Durchschnittszahl von 11,6 Urinkontrollen im Laufe einer regulären Behandlung ist gering. Bei der angegebenen Therapiedauer von 48,1 Wochen entspricht dies etwa einer Urinprobe in 4 Wochen pro Klient. Die Einrichtungen, die Urinanalysen nur in Verdachtsfällen durchführen, liegen mit 8,9 noch unter diesem Wert.

Ein 2. Problem bei der Verwendung von Urinanalysen besteht darin, daß ein Austausch des eigenen gegen einen drogenfreien Urin durch den Klienten verhindert werden muß. In 25 Einrichtungen wird diese Kontrolle durch direkte Beobachtung des Klienten bei der Urinabgabe, in 4 Einrichtungen durch „Türstehen" und zusätzliche Temperaturkontrolle und in 2 Einrichtungen lediglich durch Türstehen eines Mitarbeiters gewährleistet. Nur eine Einrichtung führt keine Kontrolle durch. In 25 der Einrichtungen sind alle Mitarbeiter mit dem gewählten Vorgehen einverstanden, in den übrigen 7 Einrichtungen gilt dies zumindest für die Mehrzahl der Mitarbeiter.

Auswertungsstelle und Analysenstoffe

Auswertungsstelle
- Gerichtsmedizin: 7,
- niedergelassener Arzt: 3,
- privates Labor: 11,
- städtisches Labor: 5,
- unbekannt: 3,
- keine Angaben: 3.

Ausgewertete Stoffe
- Amphetamine: 24,
- Barbiturate: 26,
- Benzodiazepine: 24,
- Cannabis: 24,
- Opiate: 28,
- Alkohol: 14,
- Methaqualon: 12,
- sonstige: 5,
- keine Angaben: 2.

Die Auswertung der Urinproben wird in den meisten Fällen durch ein privates Labor erledigt. Auch Gerichtsmedizin und städtische Labors werden häufig genannt. Ausgewertet werden nahezu in jedem Fall Opiate, fast genauso häufig Amphetamine, Barbiturate, Benzodiazepine und Cannabis. Die Analyse auf Alkohol und Methaqualon wird deutlich seltener durchgeführt.

In der folgenden Übersicht sind eine Reihe von Daten zusammengestellt, die die Beurteilung der Laborergebnisse durch die Mitarbeiter wiedergeben. Es ergibt sich mit 2,2 ein recht positiver Mittelwert für das Vertrauen der Einrichtungen in die Befunde. Etwas kritischer schätzen die Mitarbeiter die Frage ein, wieviele der tatsächlichen Rückfälle sie mit ihrem System von Urinprobengewinnung feststellen können. Der Mittelwert liegt hier mit 3,1 beinahe in der Mitte der Skala. Bei der Frage, inwieweit ein Verzicht auf Urinanalysen für die Einrichtung vorstellbar sei, ohne daß dadurch Nachteile entständen, zeigt sich mit einem Wert von 4,4 eine kritische Befürwortung des Einsatzes. Insgesamt neigen nur 2 der Einrichtungen dazu, Urinanalysen in Zukunft eher nicht mehr zu verwenden. Eine genauere Auswertung zeigt, daß die Analysen in beiden Fällen auf Druck von außen durchgeführt werden.

Beurteilung der Befunde von Urinanalysen

- *Vertrauen in die Befunde,*
  (1 = ja, absolut, 6 = nein, überhaupt nicht): 2,2;

- *Feststellung von Rückfällen,*
  (1 = alle, 6 = keine): 3,1;

- *Rückfall ohne Urinanalysen-Befund,*
  (1 = sehr häufig, 6 = sehr selten): 4,2;

- *Verzicht auf Urinanalysen möglich,*
  (1 = sehr gut, 6 = überhaupt nicht): 4,4;

- *Urinanalysen weiterhin durchführen:*
  auf jeden Fall: 22,
  eher ja: 8,
  eher nein: 2,
  auf keinen Fall: 0.

Im Zusammenhang mit der Frage, in welcher Form die Ergebnisse der Urinanalysen in den Einrichtungen verwendet werden, ist auffällig, daß ein negativer Befund (keine Droge im Urin festgestellt) selten therapeutisch verwendet wird. Positive Befunde haben in der Regel deutlichere Konsequenzen. In mehr als der Hälfte der Fälle führen sie zur sofortigen Entlassung bzw. zur Entlassung bei Wiederholung.

Verwendung der Ergebnisse von Urinanalysen

Negativer Befund	
– keine Reaktion:	11,
– Mitteilung an Klienten:	6,
– Mitteilung an Gruppe:	3,
– Mitteilung an Dritte:	0,
– positiv vermerkt:	5,
– therapeutisch genutzt:	2,
– keine Angaben:	5.
Positiver Befund	
– Bekanntgabe:	6,
– therapeutische Bearbeitung:	7,
– disziplinarische Maßnahmen:	1,
– Entlassung:	8,
– bei Wiederholung Entlassung:	9,
– sonstiges:	1.

Einrichtungen, die keine Urinanalysen einsetzen

Die beiden folgenden Übersichten beziehen sich auf die 9 Einrichtungen der Umfrage, die keine Urinanalysen einsetzen. In diesen Einrichtungen werden Rückfälle in 4 Fällen durch das Verhalten der Klienten, in 3 Fällen durch das Verhalten und die Mitteilung von Mitklienten festgestellt. Es zeigen sich leichte Unterschiede gegenüber den Einrichtungen der 1. Gruppe mit Urinanalysen: Der Anteil der Einrichtungen, die positive Befunde therapeutisch bearbeiten, ist bei den Einrichtungen ohne Urinanalysen mit fast der Hälfte höher als bei den anderen Einrichtungen, wo dieser Anteil knapp 25% ausmacht.

Feststellung und Umgang mit Rückfällen ohne Urinanalysen (n = 9)

Art der Feststellung
- Verhalten des Klienten (Beobachtung):   4,
- Aussagen von Mitklienten: 3,
- Rückfälle kommen praktisch nicht vor   1,
- keine Angaben: 1.

Positiver Befund
- therapeutische Bearbeitung: 4,
- disziplinarische Maßnahmen: 1,
- Entlassung: 2,
- therapeutische Bearbeitung/evtl. Entlassung: 2.

In bezug auf ihre Befunde sind diese Einrichtungen etwas optimistischer als die Einrichtungen der 1. Gruppe. Es ergibt sich ein Wert von 1,9 für das Vertrauen, das sie ihrem Befund entgegenbringen. Sie sind auch in höherem Maße davon überzeugt, einen hohen Anteil der Rückfälle in ihrer Einrichtung feststellen zu können; 7 der Einrichtungen wollen ihr Vorgehen auf jeden Fall beibehalten, die 2 restlichen Einrichtungen äußern sich mit „eher ja". Entsprechend können sich die Einrichtungen überhaupt nicht vor-

Beurteilung der Befunde ohne Urinanalysen

Vertrauen in die Befunde
(1 = ja, absolut, 6 = nein, überhaupt nicht):   1,9;

Anteil der festgestellten Rückfälle
(1 = alle, 6 = keine):   2,1;

Urinproben in Zukunft einführen
(1 = sehr gut, 6 = überhaupt nicht vorstellbar):   5,6;

Vorgehen soll beibehalten werden
- auf jeden Fall: 7,
- eher ja: 2;

Zustimmung der Mitarbeiter
- alle einverstanden: 8,
- Mehrzahl einverstanden: 0,
- keine Angaben: 1.

---

stellen, in Zukunft Urinanalysen einzuführen. Der Konsensus zwischen den Mitarbeitern ist dabei sehr hoch.

2 Argumente pro und contra Urinanalysen

In nachfolgender Übersicht sind die häufigsten Argumente der Einrichtungen für und gegen Urinanalysen wiedergegeben. An erster Stelle der Argumente steht die Kontrolle. Dies gilt als einzelnes Motiv wie auch in Kombination mit dem Wunsch, präventiv-therapeutisch tätig zu sein. Die Argumente gegen Urinanalysen gruppieren sich um die Bereiche der therapeutischen Interaktion und des Vertrauensverhältnisses zwischen Klient und Therapeut.

Argumente der Einrichtungen für und gegen Urinanalysen

Für Urinanalysen		Gegen Urinanalysen	
– Kontrolle:	10	– Mißtrauen in Befund:	1
– Prävention:	3	– Diagnose auch ohne	2
– therapeutischer Effekt:	1	möglich:	
– Kontrolle und Prävention:	10	– Mißtrauen/Diagnose:	1
		– stört Vertrauen/	4
– Anordnung von Dritten:	2	Therapie:	
– keine Angaben:	1	– keine Angaben:	1

Versucht man, die Einzelargumente in den Fragebogen etwas zu ordnen, so ergibt sich folgendes Schema:

Argumente pro und contra Urinanalysen bei der Therapie von Drogenabhängigen

Effekt	*pro*	*contra*
– diagnostischer Effekt:	positiv	gering/null
– präventiver-/ therapeutischer Effekt:	positiv	null/negativ
– Klima-/Kommunikations- effekt:	positiv/null	negativ

Die erwarteten Effekte betreffen im wesentlichen 3 Bereiche. Zum ersten erwartet man einen diagnostischen Effekt: eine objektive, exakte und frühzeitige Feststellung von unerlaubtem Drogenkonsum. Die Befürworter von Urinanalysen schätzen diesen diagnostischen Effekt positiv ein, während er Gegnern eher unbedeutend erscheint. Das 2. Argument befaßt sich mit den therapeutischen Auswirkungen der Urinanalysen. Es werden positive Auswirkungen auf 3 Parameter der therapeutischen Erfolgsbeurteilung vermutet: 1) die Reduzierung der Rückfälle während der Therapie, 2) die dadurch bedingt höhere Verweildauer in der Therapie und 3) die durch beide Faktoren bedingten besseren Langzeiteffekte. Allerdings ist anzunehmen, daß solche therapeutischen Effekte nur dann auftreten, wenn auf negative Befunde eine positive Rückmeldung und Vorteile für den Klienten erfolgen, während positive Befunde therapeutisch bearbeitet werden und erst im Wiederholungsfall zu Sanktionen führen. Insgesamt sehen die Befürworter von Urinanalysen einen positiven Effekt für die Therapie. Die Gegner sehen keine oder sogar eine kontratherapeutische Wirkung, die z. B. zu einem außenkontrollierten und wenig stabilen Abstinenzverhalten führen kann.

Das 3. Argument beschäftigt sich mit den Auswirkungen auf das therapeutische Klima und auf die Kommunikation zwischen den Klienten sowie zwischen Mitarbeitern und Klienten. Befürworter von Urinanalysen geben an, daß es durch die objektiven Kontrollen dem Therapeut erspart werde, bei Mißtrauen in Hinblick auf die Drogenfreiheit kritisch nachzufragen oder zu beobachten. Beide Maßnahmen verschlechterten das Klima deutlich, wenn der Klient keine Drogen genommen habe. Auf der anderen Seite geben die Gegner zu, daß Klima und Kommunikation durch die Erhebung von Urinproben eher verschlechtert würden, da die Kluft zwischen Therapeuten und Klienten größer werde. Es könne kein Vertrauen entstehen und der Klient werde in eine entwürdigende Situation gebracht. Insgesamt stehen sich die Meinungen diametral gegenüber, wobei als Argument gegen Urinanalysen zusätzlich die hohen Kosten für die Durchführung angeführt werden.

3 Empirische Studien

Die genannten Argumente sind grundsätzlich alle einer empirischen Prüfung zugänglich. Leider gibt es dazu sehr wenige Untersuchungen, die zudem überwiegend aus den USA stammen. Im Zusammenhang mit den staatlichen Regelungen zur Durchführung von Methadonerhaltungsprogrammen wurde dort festgelegt, daß für jeden Klienten mindestens eine Urinprobe pro Woche durchgeführt wird. Dies führte dazu, daß in den USA heute routinemäßig eine sehr große Anzahl von Urinanalysen ausgewertet wird und daß einige wenige Untersuchungen dazu vorliegen.

Diagnostischer Effekt

Voraussetzung für den Einsatz von Urinproben ist zunächst, daß die Ergebnisse der Laboranalysen so valide sind, daß der Anteil der falsch-positiven und falsch-negativen Ergebnisse möglichst gering ist. Amerikanische Studien zeigen eine hohe Genauigkeit der Ergebnisse (zum Beispiel 94% und 98% bei Havassy u. Hall 1981).[1]

Die Frage, ob die Verwendung von Urinanalysen gegenüber der Diagnose allein aufgrund der therapeutischen Erfahrung und Beobachtung einen zusätzlichen Nutzen bringt, kann grundsätzlich bejaht werden: Statt einer stehen dann zwei Informationsquellen zur Verfügung. Das Ausmaß des zusätzlichen Nutzens hängt jedoch stark von der Form des Einsatzes ab. Der zentrale Faktor ist dabei, inwieweit ein Klient die nächste Abnahme einer Urinprobe vorhersehen kann, um seinen Drogenkonsum danach zu steuern. Die Häufigkeit der Urinprobenabnahme sowie das Schema für die Festlegung der Zeitpunkte bei Stichprobenverfahren spielen dabei eine entscheidende Rolle. Harford u. Kleber (1978) führten in einer Klinik ein verbessertes Zufallssystem zur Auswahl der Abgabetage von Urinproben ein, wobei die Zeitintervalle zwischen den Tagen so variiert wurden, daß für die Klienten keine Systematik mehr er-

---

[1] Für die BRD konnten keine vergleichbaren Untersuchungen gefunden werden. Nach einer mündlichen Mitteilung des gerichtsmedizinischen Instituts der Universität München liegt die verfahrensbedingte Genauigkeit bei Enzymimmunoassays bei 95%. Da bei positiven Urinproben eine Bestätigungsanalyse mit einem anderen Verfahren durchgeführt wird, ist der Anteil falsch-positiver Werte deutlich unter 5%.

kennbar war. Durch das verbesserte Erhebungsschema konnten signifikant mehr drogenbelastete Urinproben gefunden werden. Zu ähnlichen Ergebnissen kommen Goldstein u. Brown (1970, zit. nach De Angelis 1972).

Therapeutischer Effekt

Harford u. Kleber (1978) berichten in der angeführten Arbeit auch über therapeutische Auswirkungen. Im 2. Monat nach der Einführung des verbesserten Erhebungsschemas ging der unerlaubte Drogenkonsum (morphinpositive Urinproben) auf etwa die Hälfte der früheren Werte zurück: der Mittelwert für die folgenden 39 Monate betrug mit dem neuen Erhebungsschema 0,7% morphinpositive Tests im Vergleich zu 3,0% vorher. Die Ergebnisse der Arbeit müssen wegen methodischer Unzulänglichkeiten relativiert werden. Zum einen wurden deutliche Schwankungen der "base line" nicht interpretiert, zum anderen fehlt eine Vergleichsgruppe. Atkinson u. Crowley (1982) versuchten, die Ergebnisse zu replizieren. Sie arbeiten mit 2 parallelisierten Gruppen von 15 bzw. 18 Klienten. Gruppe 1 hat ein Erhebungsschema für die Urinproben, das „sichere" Zeitintervalle beinhaltet. Die 2. Gruppe erhält die gleiche Therapie, in der Mitte der Behandlung wird jedoch das Erhebungsschema so umgestellt, daß die Wahrscheinlichkeit einer Urinprobe für jedes Individuum an jedem Wochentag gleich hoch ist. Sichere Perioden sind damit nicht mehr gegeben. Es zeigt sich keinerlei Effekt des Erhebungsschemas auf die Zahl der festgestellten positiven Urinproben. In einer anschließenden Studie, in der neue Klienten von vornherein einer dieser beiden Gruppen zugewiesen wurden, stellte sich zur Überraschung der Autoren heraus, daß in 7 von 10 Folgemonaten mehr positive Urinproben mit dem regulären Erhebungsschema als mit dem neuen Zufallsschema gefunden wurden. Die Autoren interpretieren diese Veränderungen als Resultat der Tatsache, daß ihnen keine wirksamen Verstärker für opiatfreie Urinproben zur Verfügung standen.

Hall et al. (1979) zeigen, daß der Einsatz von Urinproben im Rahmen eines Verstärkungsprogramms in einer Entgiftungseinrichtung positive Effekte hervorbringt. 81 Versuchspersonen einer ambulanten Methadonentzugsklinik wurden zufällig 2 Gruppen zugeteilt. Eine dieser beiden Gruppen erhielt die Standardbehandlung und $ 1 für jede Urinprobe. Die 2. Gruppe erhielt Geld nur für die Abgabe von opiatfreien Urinproben, wobei der Betrag an den Tagen am höchsten war, an denen am häufigsten Rückfälle beobachtet worden waren. Zu etwa der Hälfte der Termine gab es keine Bezahlung für die Abgabe der Urinproben. Das System führt zu einer Zunahme der opiatfreien Urinproben um etwa 20% und erhöht die Wahrscheinlichkeit langer Abstinenzzeiten. Der Unterschied im Anteil von opiatfreien Urinproben war nur an den Tagen mit kontingenter Verstärkung signifikant. Stitzer et al. (1982) führten eine ähnliche Untersuchung an 10 Klienten in einer Methadonklinik durch. In einem ABA-Design wurde der Anteil von benzodiazepinfreien Urinproben gemessen. Während der ersten 12 Wochen folgte keine therapeutische Intervention auf das Ergebnis der Urinproben. In den folgenden 12 Wochen wurden für unbelastete Urinproben verschiedene Verstärker angeboten. In den darauffolgenden 12 Wochen fand wiederum keine Verstärkung statt. Es zeigt sich ein massiver Anstieg der benzodiazepinfreien Urinproben während der Verstärkungsphase. Nach Ende der Verstärkung und in bezug auf andere Stoffe stellte sich keine Veränderung ein. Beide Untersuchungen zeigen, daß der Drogenkonsum mit Hilfe von Urinproben und systematischer Verstärkung reduziert werden kann. Es wurden bisher jedoch nur kurzfristige Effekte im Rahmen von Methadonprogrammen untersucht.

Milby et al. (1980) untersuchten 29 Klienten, die von Opiaten oder barbiturathaltigen Drogen abhängig waren. Bei allen handelte es sich um die 1. Aufnahme in eine stationäre Behandlung. Gruppe 1 und Gruppe 2 erhielten die gleiche Behandlung, jedoch mußte Gruppe 1 zusätzlich Urinproben abgeben; Gruppe 3 war eine Wartelistengruppe. Das Ergebnis der Urinanalyse wurde in der nächsten Sitzung bekanntgegeben (Gruppe 1). Es fand sich ein signifikanter Rückgang unerlaubten Konsums bei allen 3 Gruppen, wobei die Gruppe 1 (Urinkontrollen) lediglich bei den Barbituraten signifikant bessere Ergebnisse gegenüber den beiden anderen Gruppen zeigte. Gruppe 2 und die Kontrollgruppe unterschieden sich nicht signifikant. Havassy u. Hall (1981) ordneten 431 Klienten aus 5 Methadonkliniken 2 Gruppen entsprechend einem stratifizierten Zufallsschema zu. In Gruppe 1 wurde auf Urinproben verzichtet, in Gruppe 2 wurden Urinproben erhoben und die Ergebnisse jeweils rückgemeldet. Nach 4 und 8 Monaten wurden für alle Klienten Urinanalysen durchgeführt. Weder die Klienten noch die Therapeuten selbst kannten den Zeitpunkt der Erhebung. Es zeigten sich wenige Unterschiede zwischen den beiden Gruppen. Die Klienten, während deren Behandlung Urinanalysen eingesetzt worden waren, zeigten etwas mehr Abbrüche und eine geringfügig höhere Zahl von unbelasteten Urinproben. Die Klientenzufriedenheit lag bei beiden Gruppen etwa in gleicher Höhe.

Therapeutisches Klima und Kommunikation

Hierzu liegen keine Untersuchungen vor. Lediglich eine Arbeit von Stephans et al. (1977/78) faßt die Einstellung von 75 Beratern aus 12 Einrichtungen in New York zu diesem Thema zusammen. Etwa die Hälfte der Berater meint, die Durchführung von Urinanalysen habe keinerlei Effekte auf das therapeutische Klima, während jeweils 25% positive bzw. negative Effekte sehen. Es zeigt sich, ähnlich wie bei der von uns durchgeführten Umfrage, eine Polarisierung der Meinungen in dem Sinne, daß die Verwendung von Urinanalysen entweder als diagnostisch unwirksam, untherapeutisch und kommunikationsschädigend oder aber als diagnostisch wirksam, therapeutisch positiv und kommunikationsfördernd angesehen wird.

Diskussion und Schlußfolgerungen

Der Stand der Forschung zum Einsatz von Urinanalysen im Rahmen der Therapie von Drogenabhängigen ist in vielerlei Hinsicht unbefriedigend. Besonders kritisch ist dabei der Mangel an Untersuchungen aus der BRD sowie das Übergewicht von Methadonerhaltungsprogrammen in den amerikanischen Studien, die eine Generalisierung der Ergebnisse auf unsere Verhältnisse erschweren.

Positiv ist inzwischen die recht hohe Genauigkeitsquote der Labors bei der Analyse von Urinproben. Eine zentrale Rolle spielt jedoch die Erhebungshäufigkeit und das Schema der Auswahl der Erhebungstage. Es werden in der Regel mehr Fälle von unerlaubtem Drogenkonsum festgestellt, wenn Urinproben häufig und zufallsverteilt durchgeführt werden. Da in keiner der Untersuchungen dieser Effekt des Erhebungsschemas ohne Konfundierung mit therapeutischen Feedbackprozessen und selektiven Therapieabbrüchen gezeigt wurde, ist diese Aussage bisher nur eingeschränkt gültig.

Der therapeutische Effekt von Urinkontrollanalysen konnte in einigen Untersuchungen zumindest für kurze Zeiträume gezeigt werden, in anderen nicht. Die unterschiedlichen Ergebnisse hängen offensichtlich davon ab, ob positive und negative Resultate therapeutische Konsequenzen haben. Nur dann sind theoretisch auch Effekte auf therapeutische Parameter zu erwarten.

Der Stand der wissenschaftlichen Forschung macht deutlich, daß verschiedene Fragestellungen differenzierter untersucht werden müssen:

1) Welches Urinprobenerhebungsschema hat das beste Verhältnis von Kosten für die Analysen und Nutzen im Hinblick auf die Diagnostik unerlaubter Drogeneinnahme?

2) Welche positiven oder negativen Ergebnisse hat die Erhebung von Urinproben auf folgende Parameter: Reduzierung unerlaubter Drogeneinnahme während der Behandlung, Reduzierung der Abbruchrate, Verbesserung der langfristigen Abstinenz?

3) Können durch ein System von positiven bzw. negativen Konsequenzen auf das Ergebnis der jeweiligen Urinanalyse die genannten therapeutischen Effekte beeinflußt werden?

4) Welche positiven oder negativen Effekte hat die Erhebung von Urinanalysen auf das therapeutische Klima?

Auf dem Hintergrund der wissenschaftlichen Ergebnisse sind die Resultate unserer Umfrage in stationären Einrichtungen zu sehen. Zunächst überrascht die große Zahl von Einrichtungen, die Urinanalysen einsetzen. In Hinblick auf die Verläßlichkeit der Urinanalysen für die Diagnose unerlaubten Drogenkonsums ist jedoch bedenklich, daß die Proben im Abstand von durchschnittlich etwa 4 Wochen pro Klient durchgeführt werden. Diese Intervalle sind viel zu lang, um statistisch verläßliche Ergebnisse zu erhalten. Die Maßnahmen zur Verhinderung eines unerlaubten Urinaustauschs werden dagegen in der Regel sorgfältig durchgeführt.

Die Ergebnisse zeigen auch, daß therapeutische Effekte gegenüber der diagnostischen Wirkung von Urinanalysen bisher weitgehend vernachlässigt werden. Ladewig et al. (1984) fordern, daß

„Urinbefunde, seien sie positiv oder negativ, Konsequenzen zeitigen". Solche Systeme von positiven und negativen Konsequenzen auf die jeweiligen Ergebnisse der Urinanalysen fehlen weitgehend. Lediglich die vorzeitige Entlassung bei positivem Befund wird häufig durchgeführt. Kritisch ist dazu anzumerken, daß es in der Regel in den Einrichtungen keine Abstufung von Sanktionen gibt, bevor zu diesem letzten Mittel gegriffen wird. Völlig zu kurz kommt die positive Rückmeldung und Verstärkung des Klienten bei unbelasteten Analysen.

Eine Verschlechterung des therapeutischen Klimas durch den Einsatz von Urinanalysen wurde an keiner Stelle aufgrund von Erfahrungen berichtet, sondern lediglich von Gegnern der Urinanalysen als Hypothese angenommen. Die Befürchtung, bei Urinanalysen werde die Vertrauensbasis zwischen Therapeut und Klient gestört, kann somit in dieser globalen Form nicht anerkannt werden. Es ist vielmehr anzunehmen, daß der positive oder negative Einfluß von Urinanalysen auf das therapeutische Klima sehr stark davon abhängt, wie selbstverständlich diese in das therapeutische Geschehen eingebaut sind und wie positiv die Mitarbeiter das Vorgehen als normalen Bestandteil ihrer therapeutischen Arbeit vertreten. Seitz u. Ladewig (1985) räumen der Urinprobe eine wesentliche Bedeutung im „Arbeitsbündnis zwischen Institutionen bzw. Therapeut und Suchtpatient" ein.

Im folgenden sind einige Empfehlungen für den fachgerechten Einsatz von Urinkontrollanalysen im Rahmen der Therapie von Drogenabhängigen zusammengestellt, die wegen des gegenwärtigen Kenntnisstandes teilweise vorläufigen Charakter haben:

a) *Information des Klienten*
   Der Klient muß auf jeden Fall vor Therapiebeginn informiert werden, daß eine Einrichtung Urinanalysen durchführt.

b) *Zufallsverteilung der Urinprobenerhebung*
   Grundlage des Systems soll eine Zufallserhebung sein, wobei im Durchschnitt 1–2 Urinproben pro Woche notwendig sind. Sinnvoll ist es, die durchschnittliche Anzahl pro Woche am Beginn der Therapie höher und gegen Ende niedriger zu halten. Das Erhebungsschema soll so gestaltet sein, daß der Klient keine „sicheren" Zeitintervalle erkennen kann. Die Alternative,

die aus Kostengründen meistens ausscheidet, ist ein so dichtes Netz regelmäßiger Urinproben (etwa 3–4 pro Woche), daß ein Konsum wegen der kurzen Intervalle auf jeden Fall nachgewiesen werden kann.

Bei konkretem Verdacht auf die unerlaubte Einnahme von Drogen sollen zusätzliche Urinproben abgenommen werden, ohne daß dies dem Klienten extra begründet werden muß.

c) *Beobachtung der Urinabgabe*

Aufgrund möglicher Vertauschungen und Verfälschungen ist es notwendig, die Urinabgabe direkt zu beobachten, z. B. durch eine geöffnete Toilettentür. In der Arbeit von Seitz u. Ladewig (1985) sind wertvolle Hinweise für die Bewältigung dieser für beide Seiten etwas schwierigen Situation genannt. Die dort beschriebenen Erfahrungen decken sich mit den unseren, wonach einem erfahrenen Therapeut die Gratwanderung zwischen notwendiger Kontrolle und Beachtung der persönlichen Intimsphäre gelingen kann. Für das therapeutische Klima ist es dabei wichtig – und die Erfahrungen zeigen, daß dies im Regelfall auch möglich ist – die Urinprobenabgabe als etwas Selbstverständliches in den Therapieablauf einzufügen. Die vereinbarten Regeln bei der Urinprobenabgabe sind unbedingt einzuhalten (z. B. wenn ein Klient einmal „nicht kann").

d) *Nutzung der Ergebnisse*

Für diagnostische und insbesondere für therapeutische Zwecke ist es auf jeden Fall notwendig, eine Rückmeldung über die Analysenergebnisse zu geben. Idealerweise sollte eine negative Urinprobe positiv vermerkt werden und eine positive Urinprobe Anlaß zu einem kritischen Gespräch mit dem Klienten sein. Je nach Therapiestil und Therapieprogramm sind abgestufte Systeme von positiven und negativen Konsequenzen notwendig.

e) *Entlassung bei positiver Urinprobe*

Im Gegensatz zur derzeitigen Praxis sollte wesentlich vorsichtiger mit der Entlassung als stärkster Sanktion auf eine positive Urinprobe reagiert werden. Zum einen ist aus therapeutischen Gründen zu überlegen, ob nicht zunächst abgestufte Sanktionen oder therapeutische Gespräche Verwendung finden, bevor im Wiederholungsfall die letzte Sanktion gewählt wird. Zum anderen sollte vor einer Entlassung auf jeden Fall Rücksprache mit dem Untersuchungslabor genommen werden. Dabei muß geklärt werden, ob bei einem positiven Befund eine Bestätigungsanalyse mit einem anderen Untersuchungssystem gemäß den Empfehlungen einer Fachgruppe der Deutschen Forschungsgemeinschaft durchgeführt wurde (Deutsche Forschungsgemeinschaft 1985). Schwerwiegende Sanktionen auf positive Befunde ohne Bestätigungsanalyse mit einem anderen Untersuchungssystem sind ein Kunstfehler.

Die therapeutische Verwendung von Urinanalysen setzt eine hohe Qualität des Untersuchungslabors voraus und ein entsprechendes Vertrauen der therapeutischen Mitarbeiter in die Ergebnisse. Um beides zu gewährleisten, ist zum einen der Informationsaustausch zwischen therapeutischen Mitarbeitern und Mitarbeitern der Labors notwendig, so daß über die jeweiligen Vorgehensweisen Klarheit besteht. Zum anderen wird für die BRD ähnlich wie für die USA vorgeschlagen, daß die Untersuchungslabors, die Urinanalysen durchführen, in regelmäßigen Abständen mit präparierten Urinproben versorgt werden, so daß der Prozentsatz der falschpositiven und falsch-negativen Proben erfaßt werden kann. In den USA verlieren Labors ihre Lizenz für die Durchführung von Urinanalysen, wenn sie zum wiederholten Male einen bestimmten Prozentsatz an falschen Ergebnissen überschritten haben. Ein solches Vorgehen würde auch bei uns das Vertrauen der therapeutischen Mitarbeiter in die Qualität der Ergebnisse erheblich verbessern.

Literatur

Atkinson CA, Crowley TJ (1982) A comparison of urine collection schedules with different predictability in a methadone clinic. In: Harris LS (ed) Problems of drug dependence. NIDA Research Monographs Series, Mono 43:460–465

Borkenstein C (1983) Urinkontrollen als unterstützende Maßnahmen von Abstinenzbemühungen im Justizvollzug. Suchtgefahren 29:147–148

Bschor F (1983) Eingliederung junger Suchtkranker nach Überwindung der Drogenbindung – Erfahrungen, Hilfen, Probleme. Suchtgefahren 29:149–150

Bühringer G, de Jong R, Kaliner B, Kraemer S, Ferstl R, Feldhege F-J (1978) Beschreibung eines stationären verhaltenstherapeutischen Programms zur Behandlung jugendlicher Drogenabhängiger. In: De Jong R, Bühringer G (Hrsg) Ein verhaltenstherapeutisches Stufenprogramm zur stationären Behandlung von Drogenabhängigen. Röttger, München, S 9–104

DeAngelis GG (1972) Testing for drugs – advantages and disadvantages. Int J Addict 7:365–385

Deutsche Forschungsgemeinschaft (Hrsg) (1985) Empfehlungen zum Nachweis von Suchtmitteln im Urin. VCH Verlagsgesellschaft, Weinheim

Goldstein A, Brown BW (1970) Urine testing schedules in methadone maintenance treatment of heroin addiction. JAMA 214:311–315

Hall SM, Bass A, Hargreaves WA, Loeb P (1979) Contingency management and information feedback in outpatient heroin detoxification. Behav Ther 10:443–451

Harford RJ, Kleber HD (1978) Comparative validity of randominterval and fixed-interval urinanalysis schedules. Arch Gen Psychiatry 35:356–359

Havassy B, Hall S (1981) Efficacy of urine monitoring in methadone maintenance. Am J Psychiatry 138:1497–1500

Ladewig D, Renggli R, Neubauer HW (1984) Methadon-Erhaltungsprogramm – Sorgfalt entscheidet über die Behandlungseffizienz. Praxis 73:731–734

Milby JB, Clarke C, Toro C, Thornton S, Rickert D (1980) Effectiveness of urine surveillance as an adjunct to outpatient psychotherapy for drug abusers. Int J Addict 15:993–1001

Seitz M, Ladewig D (1985) Psychosoziale Aspekte und Praxis der kontrollierten Urinabgabe zur toxikologischen Untersuchung bei Suchtmitelabhängigen. Drogalcohol 1:70–75

Simon R (1986) Jahresstatistik 1985 von stationären Einrichtungen für die Suchtkrankenhilfe. Projektgruppe Rauschmittelabhängigkeit, Max-Planck-Institut für Psychiatrie, München (Forschungsberichte, Bd 50)

Stephans RC, Meiselas H, Brill L (1977/78) The uses of urinanalysis results in New York city drug treatment programs. Drug Forum 6:101–115

Stitzer M, Bigelow G, Liebson I (1982) Contingent reinforcement of benzodiazepine – free urines from methadone maintenance patients. In: Harris LS (ed) Problems of drug dependence. NIDA Research Monograph Series, Mono 41:282–287

Die Exposition der Bevölkerung mit suchtstoffhaltigen Arzneimitteln

G. Glaeske

Einleitung

Die Exposition der Bevölkerung in der Bundesrepublik Deutschland mit Arzneimitteln ist bisher nur unzureichend dokumentiert: Weder über den *Verbrauch* von Arzneimitteln noch über den *Gebrauch* liegen ausreichende, valide und leicht zugängliche Untersuchungen vor. Dabei ließen sich Verbrauchsdaten durch die Verfügbarkeit vorhandener Gesamtverkaufsstatistiken der pharmazeutischen Hersteller kontinuierlich erarbeiten, die Gebrauchsfähigkeit könnte durch empirische Studien abgesichert werden. Einige solcher empirisch für die BRD und andere Länder angelegten Studien sind in dem Projektbereich „Frauen und Medikamente" von Ellinger et al. (1984) aufgeführt. Danach betrugen die in unterschiedlichen Jahren festgestellten Periodeneinnahmeprävalenzen (Gebrauch im letzten Vierteljahr vor der Befragung) z. B. für den Gebrauch von Tranquilizern zwischen 6–13% („regelmäßig") und 20–30% („überhaupt").

Die Dokumentation von Verbrauchsdaten sollte sinnvollerweise auf der Basis von nationalen Verkaufsstatistiken der Arzneimittelhersteller durchgeführt werden, um somit einen nahezu vollständigen Eindruck von jedweder Exposition mit Arzneimitteln zu bekommen. Diese Umsatzstatistiken sind jedoch in vielen Ländern, u. a. auch in der BRD, leider noch immer nicht für Forschungszwecke legal verfügbar. Hierin lag auch einer der Gründe für den Aufbau des GKV-Arzneimittelindex, der auf der Basis einer 1‰-Stichprobe alle zu Lasten der gesetzlichen Krankenversicherungen (GKV) verordneten Arzneimittel aufaddiert und Rangfolgen der meist verwendeten Arzneimittel widerspiegelt (s. z. B. Schwabe u. Paffrath 1985). Hierbei bleibt der Bereich der zu Lasten der Privatversicherungen verordneten bzw. der in Selbstmedikation direkt in der Apotheke gekauften Arzneimittel allerdings unberücksichtigt.

Daß die Exposition für alle arzneimittelepidemiologischen Fragestellungen von besonderer Wichtigkeit ist, wird immer dann deutlich, wenn z. B. Verdachtsmomente hinsichtlich beobachteter unerwünschter Wirkungen bewertet werden sollen. Wie können valide Risiko-Nutzen-Entscheidungen zwischen ähnlich wirkenden Arzneimitteln zugunsten des einen oder des anderen getroffen werden, wenn nur die absoluten Ereignisse bekannt sind, nicht aber der Verbreitungsgrad der zur Diskussion stehenden Arzneimittel? Jeweils 5 beobachtete gleichschwere gastrointestinale Blutungen bei 2 gleichartig wirkenden nichtsteroidalen Antirheumatika sind erst dann vernünftig bewertbar, wenn der jeweilige Expositionsnenner, z. B. die Häufigkeit der Anwendung für jedes der beiden Arzneimittel, bekannt ist, um den Quotienten und damit die Inzidenz berechnen zu können; 5 gravierende unerwünschte Wirkungen auf 10 000 Anwendungen müssen sicherlich anders bewertet werden als 5 auf 100 000.

Zu den unerwünschten Arzneimittelwirkungen können auch abhängigkeitsinduzierende Potentiale bestimmter Arzneimittel gerechnet werden. Der vorliegende Beitrag soll einen Ansatz zeigen, wie unter Bezug auf Expositionsdaten unterschiedliche „Abhängigkeitspotentiale" für verschiedene Benzodiazepinderivate und für andere mit dem Risiko der Abhängigkeitsentwicklung belastete Arzneistoffe berechnet werden können.

Die Exposition

Berechnet wurde die Exposition durch die Auswertung der Industriestatistiken „Der pharmazeutische Markt 1983 (DPM)" und „Der Krankenhausindex 1983 (GPI)". Dargestellt wird die Exposition in der Dimension "*d*efined *d*aily *d*ose" (DDD), einer international gebräuchlichen Maßeinheit, zu deren Berechnung die jeweils gleichen Wirkstoffe verschiedenster Arzneimittel und ihrer Applikationsformen in ihren Mengen addiert und auf einen bereits vorgeschlagenen und akzeptierten DDD-Wert bezogen werden. Ein Beispiel: Der für Diazepam akzeptierte DDD-Wert beträgt 10 mg. Addiert man alle Gewichtsmengen Diazepam in allen während eines Jahres verkauften Arzneimitteln in jedweden Applikationsformen, so erhält man, dividiert durch den vereinbarten DDD-Wert, die gesamten DDD für Diazepam. Wiedergegeben werden diese Werte in der Dimension: DDD pro Tag pro 1000 Einwohner, um damit auch die Bevölkerung des jeweiligen Landes in diesen Rechnungswert eingehen zu lassen. Entsprechend sind die in Tabelle 1 aufgeführten Werte für die BRD bezogen auf die aus dem Bereich Tranquilizer und Hypnotika wesentlichen Benzodiazepinderivate berechnet und mit den verfügbaren Werten anderer Länder verglichen worden.

Dabei zeigt sich, daß in der BRD

– ein Rückgang der Exposition mit Benzodiazepinderivaten im ambulanten Bereich jedenfalls zwischen 1981 und 1983 um ca. 5% feststellbar ist,

– der Anteil der hypnotisch gebrauchten Benzodiazepinderivate prozentual ansteigt (1981: 20%, 1983: 25%), „zu Lasten" von Barbitursäurederivaten [auf die Verteilung der als Hypnotika bzw. als Tranquilizer eingesetzten Benzodiazepinderivate in den

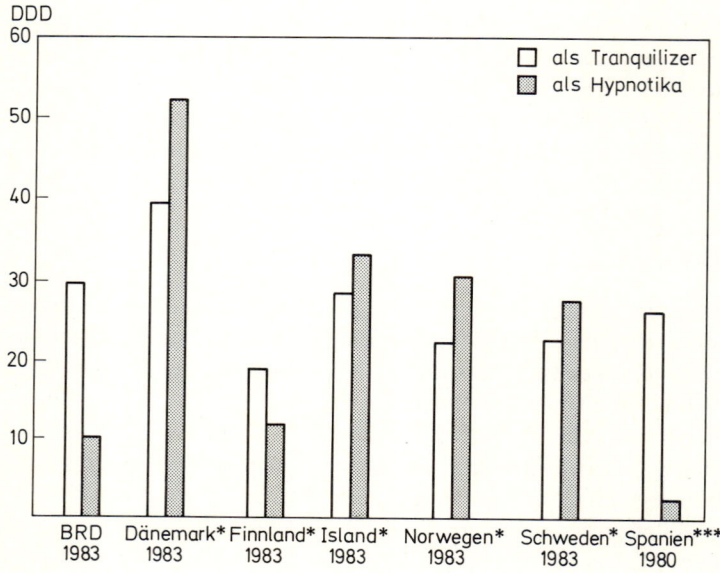

Abb. 1. Verbrauch von Benzodiazepinderivaten

verschiedenen Ländern wird in Abb. 1 hingewiesen (Glaeske, im Druck)],

– vor allem das Derivat Bromazepam, das in allen anderen aufgeführten Ländern offenbar keine Bedeutung hat, trotz der relativ kurzen Einführungszeit (seit 1977) das absolut meist angewendete Benzodiazepinderivat darstellt und

– verglichen mit den anderen hier aufgeführten Ländern, Spanien und Finnland ausgenommen, ein geringerer Verbrauch an Benzodiazepinderivaten festgestellt werden kann.

Weiter oben war bereits darauf hingewiesen worden, daß auch der GKV-Arzneimittelindex nach Tagesdosierungen aufgelistet die meist verordneten Arzneimittel wiedergibt. Aus dem von Schwabe u. Paffrath herausgegebenen „Arzneiverordnungs-Report '85" ergeben sich für die genannten Benzodiazepinderivate ca. 34,5 DDD pro Tag pro 1000 Einwohner für das Jahr 1984: Anzeichen dafür, daß die Exposition auch über dieses Erhebungsinstrument für sol-

---

Erläuterungen zu den Tabellen

* DDD-Werte aus: Nordic Drug Index with DDD, Nordic Statistics on Medicines 1981–1983, Nordic Council on Medicines. Uppsala, Sweden. 1985.

** DDD-Werte aus: Glaeske (1983).

*** Bisher nicht festgelegte DDD-Werte; für diese Untersuchung vorgeschlagen.

**** DDD-Werte aus: Laporte et al. (1981).

[1] Angaben bzw. Berechnungsbasis aus: Der Pharmazeutische Markt in der Bundesrepublik 1981 bzw. 1983 (DPM); Institut für Medizinische Statistik (IMS), Frankfurt am Main (unveröffentlicht).

[2] Berechnungsbasis: GPI-Krankenhausindex (unveröffentlicht), Gesellschaft für Pharma-Informationssysteme, Frankfurt am Main 1983.

[3] Gemäß N5C „Tranquilizer", Verschreibungsindex für Pharmazeutika (VIP) 1983, Institut für Medizinische Statistik (IMS), Frankfurt am Main (unveröffentlicht).

[4] W. Poser, persönliche Mitteilung.

Tabelle 1. Verbrauch von Benzodiazepinderivaten in der Bundesrepublik Deutschland, in Skandinavien (1983) und in Spanien (1980) Angaben in: DDD/1000 Einwohner/Tag; neben dem Gesamtverbrauch sind die aufgeführten Einzelwerte angegeben)

Derivat	(DDD)	Einführungsjahr[1]	1981 Ambulant[1]	1983 Ambulant[1]	Stationär[2]	Gesamt
Bromazepam	(10 mg)*	1977	6,75	6,74	0,21	6,95
Diazepam	(10 mg)*	1963	6,63	5,71	0,76	6,47
Oxazepam	(50 mg)*	1965	7,66	6,28	0,16	6,44
Flunitrazepam	(1 mg)*	1979	2,42	3,59	0,48	4,07
Flurazepam	(30 mg)*	1974	3,00	2,53	0,31	2,84
Nitrazepam	(5 mg)*	1965	2,19	2,18	0,42	2,60
Lorazepam	(2,5 mg)*	1972	2,49	2,19	0,05	2,24
Clobazam	(20 mg)*	1977	1,78	M 1,29	–	2,04
				K 0,75	–	
Dikaliumclorazepat	(20 mg)*	1969	2,00	1,53	0,12	1,64
Chlordiazepoxid	(30 mg)*	1960	2,16	M 0,61	–	1,62
				K 0,99	0,02	
Prazepam	(20 mg)*	1973	1,42	1,06	–	1,06
Clotiazepam	(10 mg)*	1979	0,32	0,60	–	0,60
Temazepam	(20 mg)*	1981	–	0,57	–	0,57
Triazolam	(0,5 mg)*	1979	0,19	0,53	–	0,53
Lormetazepam	(1 mg)*	1980	0,27	0,38	–	0,38
Camazepam	(20 mg)**	1978	0,18	0,09	–	0,09
Ketazolam	(30 mg)***	1980	0,09	0,09	–	0,09
Medazepam	(20 mg)*	1968	0,09	0,06	–	0,06
				37,77	2,53	
Gesamt			39,64			40,30
Tranquilizer			31,57			29,88
Hypnotika			8,07			10,42

K = Kombinationspräparate
M = Monopräparate

che v. a. verschreibungspflichtige Arzneimittelgruppen mit hinreichender Genauigkeit bestimmt werden kann (anders jedoch z. B. bei Analgetika, s. Glaeske 1986).

Da der DDD-Wert für 1983 mit 40,3 auf 1000 Einwohner pro Tag bezogen ist, läßt sich ableiten, daß in der BRD 4,03% der Be-

Dänemark*	Finnland* (außer Krankenhäusern)	Island*	Norwegen*	Schweden*	Spanien**
27,58	6,05	23,57	19,35	10,83	16,3
1,72	5,57	1,47	2,32	8,57	
13,43		0,19	12,07	5,39	
0,12		8,25	1,53		1,3
33,09	11,61	15,71	16,84	22,74	1,7
2,16	4,57			1,37	1,7
					1,9
1,75	1,24	3,19	0,38	0,64	1,4
					1,4
92,27	31,68	62,62	53,86	51,47	29,8
39,65	19,41	28,96	22,78	23,34	26,8
52,62	12,27	33,66	31,08	28,13	3,0

völkerung täglich mit einer Dosis eines Benzodiazepinderivats behandelt werden könnten, das sind absolut ausgedrückt 2,48 Mio. Einwohner. Aufgrund der Verschreibungsdaten lassen sich folgende alters- und geschlechtsspezifische Verteilungstendenzen feststellen (s. folgende Übersicht und Abb. 2):

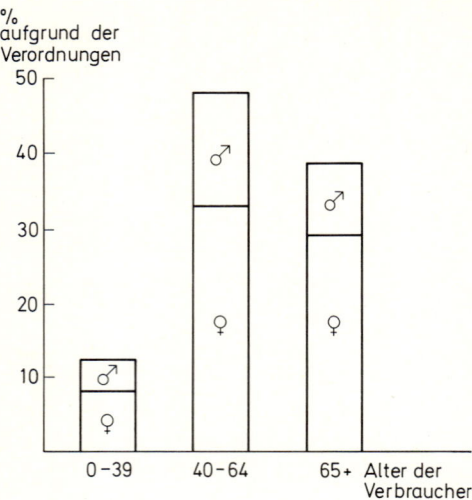

Abb. 2. Exposition mit Benzodiazepinderivaten

Anwendung der gefundenen DDD-Werte:

2,48 Mio. Einwohner der BRD (4,03%) sind potentiell pro Tag exponiert oder (annähernd) aufgrund der prozentualen Verschreibungsanteile:

0,31 Mio. (0,9%) von 33,02 Mio. der bis 39jährigen,
1,19 Mio. (6,2%) von 19,25 Mio. der bis 64jährigen,
0,96 Mio. (10,3%) von 9,30 Mio. der über 65jährigen.

Hierdurch werden einmal mehr die bekannten Befunde gestützt;
– daß mit steigendem Lebensalter die Exposition mit Benzodiazepinderivaten dramatisch ansteigt und
– daß auch unter Einbeziehung des höheren weiblichen Anteils der Bevölkerung im Alter, Frauen nahezu doppelt so häufig Benzodiazepinderivate verordnet bekommen.

Das Abhängigkeitspotential

Als Anzahl der mit der Exposition zu korrelierenden unerwünschten Ereignisse sollen in dieser Untersuchung die mit bestimmten Benzodiazepinderivaten im Zusammenhang stehenden Klinikaufnahmen in der Universitätsklinik Göttingen gesehen werden (s. Tabelle 2).

Dabei sind die absoluten Aufnahmezahlen in Relation zu den in Tabelle 1 aufgelisteten DDD-Werten für die jeweiligen Benzodiazepinderivate gesetzt und ergeben als Quotienten das hier so genannte *Abhängigkeitspotential*. Unter der Voraussetzung der Gleichverteilung des Abhängigkeitspotentials für alle Benzodiazepinderivate läßt sich eine zu erwartende Inzidenz postulieren, deren Unter- oder Überschreitung durch die absolute Zahl der Aufnahmen auf ein geringeres oder erhöhtes Abhängigkeitspotential hinweist. Die Ergebnisse (durch Ausrufezeichen gekennzeichnet) zeigen, daß eine Auffälligkeit hinsichtlich der Höhe des Abhängigkeitspotentials vor allem bei Lorazepam, Dikaliumclorazepat, Clobazam, Chlordiazepoxid in der Kombination Limbatril, aber auch bei Diazepam besteht. Zu berücksichtigen sind natürlich auch die Vermarktungszeiten, da erst nach einer gewissen Latenzzeit Auffälligkeiten valider beschreibbar werden. Es wäre daher vorstellbar, den Expositionsgrad um einen Zeitfaktor zu erweitern.

Die abschließende Aufstellung (Tabelle 3) zeigt einige weitere Arzneistoffe mit ihren berechneten Abhängigkeitspotentialen. Dabei ist auffällig, daß das mittlere Potential aller bei den Aufnahmen genannten Barbitursäurederivaten mit 7,7 niedriger liegt als das mittlere der aufgeführten Benzodiazepinderivate mit 11,0. Bezüglich der unterschiedlichen Abhängigkeitspotentiale bestimmter Benzodiazepinderivate stehen die hier gemachten Angaben durchaus in guter Übereinstimmung mit Angaben, die aus 2 schwedischen Arbeiten resultieren (Bergmann u. Griffiths 1986; Bergmann u. Myrhed 1986), die allerdings das Abhängigkeitspotential unter Einbeziehung von Daten über Rezeptfälschungen in bezug auf bestimmte Benzodiazepinderivate ermittelt haben.

Tabelle 2. Darstellung des Abhängigkeitspotentials

Derivat	(DDD*)	Einführungsjahr[1] (aus Tabelle 1)	1983 Gesamt	Klinikaufnahme in Göttingen (1982–1984)[4]			Abhängigkeitspotential Aufnahmen/DDD	Arzneimittelnennungen
				Absolut	in Ø zu erwarten	Gewichtet[a]		
Bromazepam	(10 mg)*	1977	6,95	68	(76)	30,00	9,7	Lexotanil; Normoc
Diazepam	(10 mg)*	1963	6,47	97	(71)	37,40	14,7!	Valium; Tranquase; Diazepam-Generika; Silenan
Oxazepam	(50 mg)*	1965	6,44	60	(71)	25,80	9,3	Adumbran; Praxiten; Sigacalm; Uskan; Persumbran
Flunitrazepam	(1 mg)*	1979	4,07	18	(45)	7,00	4,4	Rohypnol
Flurazepam	(30 mg)*	1974	2,84	30	(31)	14,10	10,6	Dalmadorm; Staurodorm Neu
Nitrazepam	(5 mg)*	1965	2,60	13	(29)	5,60	5,0	Mogadan; imeson
Lorazepam	(2,5 mg)*	1972	2,24	51	(25)	30,40	22,8!	Tavor
Clobazam	(20 mg)*	1977	2,04	M[b] 16 / K[c] 3	(14) (8) (22)	M[b] 7,20 / K[c] 1,10 / 8,30	M[b] 14,4! / K[c] 4,0 / 9,3	Frisium; Psyton
Dikaliumclorazepat	(20 mg)*	1969	1,64	33	(18)	14,80	20,1!	Tranxilium
Chlordiazepoxid	(30 mg)*	1960	1,62	M[b] 2 / K[c] 31	(7) (11) (18)	M[b] 0,80 / K[c] 14,20 / 15,0	M[b] 3,3 / K[c] 31,3! / 20,4	Librium; Limbatril; Pantrop
Prazepam	(20 mg)**	1973	1,06	5	(12)	1,80	4,7	Demetrin
Clotiazepam	(10 mg)****	1979	0,60	4	(7)	2,25	6,7	Trecalmo
Temazepam	(20 mg)*	1981	0,57	4	(6)	1,90	7,0	Remestan
Triazolam	(0,5 mg)*	1979	0,53	4	(6)	2,20	7,5	Halcion
Lormetazepam	(1 mg)*	1980	0,38	3	(4)	1,30	7,9	Noctamid
Camazepam	(20 mg)**	1978	0,09	nicht erwähnt				
Ketazolam	(30 mg)****	1980	0,09	1	(1)	0,25	11,1	Contamex
Medazepam	(20 mg)*	1968	0,06	nicht erwähnt				
Gesamt			40,30	443			11,0	
Tranquilizer			29,88					
Hypnotika			10,42					

[a] Bedeutet, daß für jede Aufnahme die Relation beteiligter Suchtstoffe geschätzt wurde, z. B. Alkohol + Lexotanil: 0,5 auf Alkohol, 0,5 auf Lexotanil.
[b] M = Monopräparate.
[c] K = Kombinationspräparate.

Tabelle 3. Andere Arzneimittel

Warenzeichen/Name (DDD*)	Berechnungs- jahr	DDD	Aufnahmen[4]	Abhängigkeits- potential
Barbitursäure-Derivate in Mono- u. Kombipräparaten (100 mg; 200 mg; 500 mg)	1981	17,84	138	7,7
Psychostimulantien	1983			
Fenetyllin (100 mg)****		0,27	7	25,9
Amfetaminil (20 mg)		0,04	1	25,0
Clomethiazol (1,5 g)	1981	0,29	25	∅ 73,5
	1983	0,39		
Polamidon/„C" (12,5 mg)	1981	0,01	2	200,0
Fortral (200 mg)	1983	0,21	5	23,8
Temgesic (1,2 mg)	1983	0,07	3	42,8
Tramal (200 mg)	1983	0,22	2	9,1

Schlußbemerkung

In diesem Beitrag wird vorgeschlagen, aus den Expositionsdaten für Suchtstoffe und den damit im Zusammenhang genannten Klinikaufnahmezahlen ein Abhängigkeitspotential zu berechnen. Obschon die in diese Untersuchung eingehende Population zu gering erscheint, um endgültig über die Zweckmäßigkeit dieser Methodik zu befinden, wäre es m. E. lohnend, ähnliche Überlegungen auf der Basis größerer Klinikpopulationen durchzuführen. Die kontinuierliche Berechnung solcher Abhängigkeitspotentiale, die allerdings die Verfügbarkeit von Expositionsdaten voraussetzt, könnte ein valides Instrument sein, um derartige Auffälligkeiten frühzeitig zu erkennen und z. B. von seiten des Bundesgesundheitsamtes regulatorisch tätig zu werden, und wäre beste Voraussetzung für eine Prävention im Bereich des Arzneimittelmißbrauchs und der Arzneimittelsucht.

Literatur

Bergman U, Griffiths RP (1986) Relative abuse of diazepam and oxazepam: Prescription forgeries and theft/loss report in Sweden. Drug Alcohol Depend 16:293–301

Bergmann U, Myrhed M (1986) Relative abuse potential of benzodiazepines: Prescription forgeries in Sweden. (Manuskript III. Weltkongreß für Klinische Pharmakologie, Stockholm)

Ellinger S et al. (1984) Frauen und Medikamente. Epidemiologie, Erklärungssätze und Vorschläge zur Prävention. Projektgruppe an der Abteilung Medizinische Soziologie, Universitätskrankenhaus Hamburg-Eppendorf, Hamburg

Glaeske G (1983) Kann die Versorgung mit Arzneimitteln besser sein als das Arzneimittelgesetz? Ein Beitrag zur Qualität der ambulanten Pharmakotherapie. Argument Sonderband AS 102:29–48

Glaeske G (1986) Schmerzmittelkonsum in der Bundesrepublik im internationalen Vergleich. Pharm Z 35:2032–2034

Glaeske G (im Druck) Produkt und Konsum von Beruhigungs- und Schlafmitteln. In: Vogt I, Scheerer S (Hrsg) Drogen und Drogenpolitik – Ein Handbuch. Campus, Frankfurt am Main

Laporte J-R et al. (1981) The utilization of sedative hypnotic drugs in Spain. In: Tognoni G et al. (eds) Epidemiological impact of psychotropic drugs. Elsevier, Amsterdam, pp 137–150

NLN – Nordic Statistics on Medicines (1981–1983) Nordiska Läkemedelsnämden, Uppsala (NLN-Publication No 13)

Schwabe U, Paffrath D (1985) Arzneiverordnungs-Report '85. Hrsg: Wissenschaftliches Institut der Ortskrankenkassen (WIdO), Bd 1. Thieme, Stuttgart New York

„Schnüffelstoffe"

H. Altenkirch

Unter „Schnüffeln" wird die gezielte, tiefe Inhalation von Dämpfen organischer Lösemittel, Gasen und anderen flüchtigen Stoffen zum Zweck der Rauscherzeugung verstanden. Es erscheint sinnvoll, den Begriff „Schnüffelstoffe" neben den übrigen inhalierbaren Drogen auf bestimmte Produkte aus dem Haushalts-, Bastel- und Industriebereich einzuengen. Diese Produkte zeichnen sich dadurch aus, daß sie neben den gewünschten technischen Eigenschaften auch vom Hersteller unbeabsichtigte rauscherzeugende Effekte haben und deswegen mißbraucht werden. Diese Form des Rauschmittelmißbrauchs ist, wenn man die Konsumentengruppen ins Auge faßt, neu. Die Konsumenten sind Kinder, Jugendliche und jüngere Erwachsene. Die Unterschiede gegenüber anderen Suchtformen sind deutlich. Die genannten Produkte sind leicht zugänglich, häufig im Haushalt vorhanden, frei verkäuflich und in der Regel billig. Eine Subkultur und ein Zwischenhandel entfällt. Die Praktiken der Inhalation sind relativ unauffällig. Nach der Art der verwendeten Stoffe ist ein spezielles Krankheitsrisiko häufig mit dem Mißbrauch verbunden.

Häufigkeit der Verbreitung

Genauere epidemiologische Daten für die Bundesrepublik Deutschland wie auch für andere Länder fehlen. Es gilt als Erfahrung, daß der Lösemittelmißbrauch für offizielle Stellen sowie für das Gesundheitssystem so lange unsichtbar bleibt, bis es zu Vergiftungsserien oder zu Todesfällen kommt.

In einer Untersuchung an 11 711 jungen Leuten im Alter zwischen 12 und 24 Jahren (1978–1982) gaben drogenerfahrene Personen in einer Größenordnung zwischen 8–25% Umgang mit Schnüffelsubstanzen an [10]. Nach einer kürzlich abgeschlossenen

Berliner Studie haben 4% aller 12- bis 17jährigen mindestens einmal in ihrem Leben geschnüffelt [28].

1982 wurde für die USA eine Zahl von 500 000 bis 1,25 Mio. chronischer Schnüffler angenommen und eine Zahl von 300 jährlichen Todesfällen geschätzt [34]. In Großbritannien hatten 1985 17,1% einer Gruppe von 5223 Schulkindern Lösemittel inhaliert. Dies entspricht einer Verdoppelung der Schnüfflerzahlen in England im Untersuchungszeitraum 1984–1985. Todesfälle durch Lösemittelmißbrauch werden nur sehr ungenau in Statistiken erfaßt. Häufig werden Unfälle oder Vergiftungen in suizidaler Absicht in ihrem Kausalzusammenhang verkannt. Eine englische Studie nennt 140 Todesfälle zwischen 1971 und 1981 [9]; 1981 wurden dort 39, 1984 84 Todesfälle registriert.

In den Ostblockstaaten scheint dieses Problem einigen beeindruckenden Berichten zufolge ebenfalls in erheblichem Umfang zu bestehen.

Art der mißbrauchten Produkte

Nachfolgende Aufstellung enthält häufig verwendete Schnüffelstoffe:

- Klebstoffverdünner,
- Klebstoffe wie Haushaltskleber, Modellbau-Plastikkleber u. a.,
- Fahrradschlauchkleber u. a.,
- Farb- und Lackverdünner,
- Nitroverdünner,
- Trichloraethylen,
- Nagellack- und -entferner,
- Fleckentferner
- Schnellreinigungslösemittel,
- Lösemittel für Kopiergeräte,
- Kaltentfetter,
- Wachslöser,
- Kühlerdichtungsmittel,
- Filzschreiber,
- Feuerzeuggas,
- Propangas für Campingkocher,

- Sprays und Aerosole wie Haarspray, Möbelpolitur, Lacksprays, Reinigungssprays, Deodorantien u. a.,
- Chloraethyl-Wundspray,
- „Popper",
- Kraftfahrzeugbenzin.

Prinzipiell können alle Mittel benutzt werden, die Lösemitteldämpfe abgeben oder in flüchtiger Form vorliegen. Toluol- und methylacetathaltige Produkte sind in Deutschland wie auch in anderen Ländern besonders beliebt. Während in anderen Ländern Klebstoffschnüffeln im Vordergrund stand, sind in Deutschland hauptsächlich Lösemittelkombinationen mißbraucht worden. Immer wieder entstehen dabei Trends, wohl durch eine Mund-zu-Mund-Propaganda verstärkt. Vor kurzem wurde beispielsweise ein Wundspray, Chloräthyl, aus den Erste-Hilfe-Kästen für den Sportunterricht in Berliner Schulen mißbraucht. Amyl- und isobutylhaltige Präparate („Popper" und „Snappers") waren eine andere Modeerscheinung. Sensationsträchtige Darstellungen der Presse haben an der Verbreitung offensichtlich einen wesentlichen Anteil. 1959 schrieben 2 Reporter der *Denver Post* den ersten Artikel über Klebstoffschnüffeln überhaupt [16]. Allein in der *Denver Post* erschienen innerhalb der folgenden 2 Jahre 10 große Artikelserien zu diesem Thema. Im Verlauf dieser Pressekampagne ließ sich auch die Ausbreitung des Lösemittelmißbrauchs in den USA von West nach Ost beobachten [14]. Entsprechende Erfahrungen haben sich auch in Deutschland wiederholt. Beispielsweise führte die Beschreibung von Todesfällen durch Schnüffeln eines Fahrradschlauchklebers zu tödlichen Wiederholungen in weit voneinander entfernten Orten.
    Nachfolgend sind die *Einzelbestandteile mißbrauchter Lösemittel* aufgeführt:

- Aliphatische Kohlenwasserstoffe,
    z. B. n-Hexan;
- cycloaliphatische Kohlenwasserstoffe,
    z. B. Cyclohexan;
- aromatische Kohlenwasserstoffe,
    z. B. Benzol, Toluol, Xylol, Cumol;

- Chlorkohlenwasserstoffe,

  z. B. Methylenchlorid, Chloroform, Tetrachlorkohlenstoff, 1,1,1-Trichloräthan, 1,1,2-Trichloräthylen, Perchloräthylen, Chlorbenzol etc.;
- Alkohole,

  z. B. Methanol, Äthanol, Hexanol, Methylbenzylalkohol, Cyclohexanol etc.;
- Ketone,

  z. B. Aceton, Methyläthylketon, Cyclohexanon etc.;
- Ester,

  z. B. Methylacetat, Äthylacetat, n-Butylacetat etc.;
- Äther und Glykoläther,

  z. B. Diäthyläther, Tetrahydrofuran, Methylglykol, Äthylglykol etc.

In der Regel bestehen die Produkte nicht aus Einzelstoffen, sondern aus Gemischen mit 10, 20 oder mehr Komponenten, deren Interaktionen untereinander häufig unzureichend bekannt sind. In einzelnen Fällen können Metaboliten wie z. B. Hippursäure im Urin bei Toluolmißbrauch nachgewiesen werden. Häufig genug sind jedoch chemisch-analytische Untersuchungen bei Vergiftungen, in denen das Produkt nicht asserviert worden ist, nicht weiterführend.

Inhalationspraktiken

Gewöhnlich wird aus einem kleinen Plastikbeutel, in den das Lösemittel gegossen wurde, wie aus einer Narkosemaske tief inhaliert. Klebstofftuben werden in der Regel in Dosen gedrückt, Lösemittel manchmal auch direkt aus Dosen oder Lappen inhaliert ("huffing"). Die gefährlichste Technik besteht darin, einen großen Plastikbeutel zusätzlich über den Kopf zu ziehen, um die Lösemitteldämpfe weiter auszunutzen oder Sprays sowie Aerosole direkt in Nase oder Mund zu sprühen. Gesundheitsstörungen oder Zwischenfälle sind bei Einzelschnüfflern häufiger als bei Gruppenaktivitäten.

Klinisches Bild der akuten Intoxikation

In den Anfangsstadien der Inhalation kann es zu Erregungszuständen und Euphorie kommen. Bei den ersten Atemzügen treten ferner häufig Reizerscheinungen an den oberen Atemwegen, manchmal Atemnot und Tachykardien auf. In weiter fortgeschrittenen Stadien kommt es dann zu illusionären Verkennungen, Veränderungen der Sinneseindrücke, beispielsweise der Farbwahrnehmung oder der akustischen Perzeption und schließlich auch zu halluzinatorischen Erlebnissen. Die Halluzinationen bleiben in der Regel bei fortgesetztem Mißbrauch nur in den ersten 6 Monaten bestehen, treten allerdings später bei sehr fortgeschrittenen Enzephalopathien erneut wieder auf. Für die Intoxikationsperiode kann eine totale oder teilweise Amnesie bestehen.

Das Bild einer ausgeprägten Lösemittelvergiftung ist gekennzeichnet durch eine Gang-, Stand- und Bewegungsataxie, verlangsamte psychomotorische Abläufe und Ungeschicklichkeit sowie durch Sprachstörungen im Sinne einer Dysarthrie, Nystagmen, Augenbewegungsstörungen, psychische Veränderungen ähnlich einem Dämmerzustand, affektive Störungen, emotionale Enthemmtheit sowie Vigilanzstörungen. Bei fortgesetzter Inhalation kommt es zur Somnolenz oder sich immer weiter vertiefenden Bewußtseinsstörungen wie Sopor und Koma.

Ein deutlicher Lösemittelgeruch in der Atemluft, der sich auch lange in der Kleidung hält, kann bei derartig vergifteten Kindern und Jugendlichen auf die Ursache hinweisen. Bei Gasen fehlen diese Zeichen manchmal. Reizerscheinungen im Rachenraum und an den Konjunktiven sowie Hautirritationen um Mund und Nase ("sniffers' rash") oder sogar Klebstoffspuren können ein weiterer Hinweis sein.

Die Inhalationspraktiken finden häufig in Parks, Waldstücken, an Flußufern oder in ähnlichen Gebieten, in Heimen, Kellerräumen oder leerstehenden Häusern statt. Dosen und Flaschen weisen manchmal auf das Geschehen hin. Wegen des durchdringenden Lösemittelgeruchs ist der Mißbrauch in der elterlichen Wohnung sehr selten, und doch gibt es immer wieder Konstellationen, in denen hilflose Mütter oder Großmütter auch den chronischen Mißbrauch zu Hause tolerieren. In manchen Fällen können sexuelle

Aktivitäten, Masturbation oder masochistische Praktiken mit dem Lösemittelmißbrauch kombiniert sein. Selbststrangulation im Lösemittelrausch kommt ebenfalls vor.

Abhängigkeitsentwicklung

Beim fortgesetzten Mißbrauch kommt es in der Regel innerhalb von 3–6 Monaten zu einer Toleranzentwicklung mit erheblichen Steigerungen der täglichen Konsummengen und -zeiten. Ein täglicher Konsum von 0,5 l Lösemittel, wiederholtes Schnüffeln über 10–12 h sind bei chronischem Mißbrauch nicht selten [3]. Dabei ist die psychische Abhängigkeit erheblich. Rückfälle nach Absetzversuchen treten immer wieder auf. Entzugssyndrome wie beim Alkohol- oder Opiatentzug wurden dagegen nicht beobachtet [4]. Es gibt gelegentliche Mitteilungen über diskret ausgeprägte körperliche Entzugserscheinungen wie Magenkrämpfe, schmerzende Glieder, Müdigkeit und Übelkeit [33].

Komplikationen und Risiken

Akute Komplikationen entwickeln sich häufig in direktem Zusammenhang mit dem Lösemittelrausch. Unter halluzinatorischen Erlebnissen, Selbstüberschätzung oder Grandiositätsgefühlen kann es zu Stürzen, Unfällen, Selbstverstümmelung oder Verletzungen kommen. Verbrennungen durch Explosion von Lösemittelgemischen, insbesondere auch beim Mißbrauch von Gasen, sind von uns gesehen worden [4].

Akute Atemstörungen können durch verschiedene Mechanismen herbeigeführt werden: durch Rückatmung in den Plastikbeutel kann die Sauerstoffkonzentration in der Atemluft kritisch gesenkt werden; durch einen zusätzlich über den Kopf gezogenen großen Beutel kann es dabei zur Erstickung kommen; durch direkte Einwirkung von Lösemitteldämpfen, insbesondere von Spraynebeln, kann ein Laryngospasmus entstehen und durch bestimmte Produkte auch ein toxisches Lungenödem.

Plötzliche Bewußtseinsstörungen in Form von Synkopen können eine Notfallsituation darstellen. Häufig handelt es sich um kardiale Rhythmusstörungen, die bis zum Herzstillstand mit der Folge einer zerebralen Anoxie gehen können. Halogenierte Kohlenwasserstoffe können im besonderen Maße zu derartigen Herzrhythmusstörungen führen. Paroxysmale Bewußtseinsstörungen können ferner durch zerebrale Krampfanfälle auftreten, die ihrerseits entweder durch die Lösemittelwirkung direkt oder auch als Status epilepticus nach einer anoxischen Gehirnschädigung entstehen [2, 4].

Chronische Komplikationen betreffen hauptsächlich das Nervensystem. Dabei ist zu berücksichtigen, daß die Jugendlichen häufig mehrere Produkte nebeneinander mißbrauchen, und durch die Interaktionen der verschiedenen Toxine komplizierte Krankheitsbilder entstehen, die teilweise sogar zuerst bei Schnüfflern beobachtet werden. Zu diesen Erkrankungen zählen beispielsweise: Optikusneuropathien durch toluolhaltige Produkte [19], Polyneuropathien und Neuromyelopathien durch Lösemittelgemische mit Hexacarbon und Methyl-Ethyl-Keton [3, 4]. Schwere Neuromyelopathien wurden auch nach Mißbrauch von butanhaltigem Feuerzeuggas und hexanhaltigen Lösemitteln beobachtet [4]. Nach langfristigem Mißbrauch eines organobleihaltigen Kraftfahrzeugbenzins wurde ein Krankheitsbild mit zerebralen Störungen, epileptischen Anfällen und einer schweren Neuromyelopathie gesehen [6].

Bei langfristigem Mißbrauch wurden Multisystemschäden im ZNS und PNS, d. h. Krankheitsbilder mit hirnorganischen Wesensveränderungen, kognitiven Defekten, psychotischen Symptomen, zerebellaren Symptomen wie Ataxie, Nystagmen, Dysarthrie, Optikusneuropathien, Augenbewegungsstörungen, Pyramidenbahnzeichen und polyneuropathischen Symptomen gesehen. Im CT lassen sich dabei Zeichen einer externen und internen zerebralen Atrophie nachweisen [5, 6]. Derartige chronische Vergiftungen können wegen der bunten neurologischen Symptomatik einer multiplen Sklerose gleichen. Die psychopathologische Symptomatik erfordert auch eine differentialdiagnostische Abgrenzung gegenüber Psychosen. Mehrere derartige chronische Vergiftungsfälle sind nach unserer Beobachtung als Schizophrenien verkannt worden. Auch paranoide Psychosen kommen vor [23]. In den Laboruntersuchungen können manchmal Elektrolytstörungen, Kreatinin- und CPK-Erhöhungen auf den Mißbrauch hinweisen. Nach

Toluolinhalation sind ferner verschiedene Nierenerkrankungen beobachtet worden, wie z. B. Fanconi-Syndrom und distale renale tubuläre Azidose [21, 26].

Bei Schwangerschaften ist potentiell auch mit fetotoxischen Schäden zu rechnen. Spastische Störungen an den Beinen sowie eine Hepatosplenomegalie wurden bei einem Kind beobachtet, dessen Mutter während der gesamten Schwangerschaft einen Klebstoffverdünner geschnüffelt hatte. In einer anderen Fallstudie wurde ein Kind mit einer Kleinhirnstörung geboren [29].

Konsumentengruppen

Entsprechend der unterschiedlichen sozialmedizinischen Implikationen läßt sich am besten eine Unterteilung in Probierer, Schnüfflergruppe und chronische Einzelschnüffler vornehmen.

Die Probierer sind in der Regel 10- bis 14jährige oder auch noch jüngere Kinder, die in den ersten Kontakten mit Drogen experimentieren und nach Nikotin und Alkohol auch an Schnüffelsubstanzen geraten.

Die Schnüfflergruppe, die häufig in Heimen oder Schulen entsteht, betreibt bereits einen regelmäßigen Mißbrauch und übt dabei einen Gruppenzwang auf ihre Mitglieder aus.

Schließlich sondern sich die chronischen Einzelschnüffler ab, die jahrelang bis ins Erwachsenenalter hinein den Lösemittelmißbrauch fortsetzen und häufig keine anderen Rauschmittel verwenden.

In früheren eigenen [3] sowie auch anderen Studien handelte es sich bei den Probierern wie auch bei den chronischen Schnüfflern ausschließlich um Kinder ärmster sozialer Schichten. In letzter Zeit ist dies in Deutschland offensichtlich nicht mehr zutreffend. Unter den Probierern sind immer häufiger auch Kinder der Mittelschicht und aus sogenannten völlig intakten Familienverhältnissen. Ferner überwogen in früheren Untersuchungen männliche Jugendliche bei weitem, d. h. die Relation betrug etwa m. : w. = 10 : 1 [6]. Dagegen sind in jüngster Zeit unter den Probierern häufig auch Mädchen, die den Mißbrauch manchmal geschickter verbergen als Jungen [30].

Die weitere Entwicklung hinsichtlich des Rauschmittelmißbrauchs kann sich offensichtlich von dem Stadium der Probierer
aus in verschiedenen Richtungen entwickeln. In vielen Fällen
bleibt es bei dem sporadischen Mißbrauch, und Schnüffelsubstanzen spielen im weiteren Leben keine Rolle mehr. Häufig wird zu einem kombinierten Mißbrauch mit Alkohol übergegangen. Schließlich kann auch eine polytoxikomane Suchtentwicklung für Medikamente und andere Drogen vom Opiattyp einsetzen.

Etwa 17% der Opiatabhängigen haben langfristige Schnüffelerfahrungen [20]. In einer Berliner Studie an 574 Opiatabhängigen
zeigte sich, daß diese Süchtigen eine besondere Gruppe darstellen,
die durch eine frühausgeprägte Experimentierbereitschaft, Risiko-
gleichgültigkeit gegenüber Gesundheitsschäden und eine negative
Einstellung gegenüber dem eigenen Körper gekennzeichnet ist. Die
Sozialdaten dieser Untergruppe unterscheiden sich deutlich von
denen der anderen Fixer [20]. Nach anderen Untersuchungen haben Opiatabhängige, die früher geschnüffelt haben, eine höhere
Suizidrate als solche ohne Schnüffelerfahrungen [6], was erneut auf
die erhebliche selbstdestruktive Haltung dieser Jugendlichen hinweist.

Therapiesansätze

Das Bild des chronischen Mißbrauchs mit der Folge von Hirnschä-
den, hirnorganischen Wesensveränderungen und neurologischen
Störungen irreparabler Art bei Jugendlichen und jüngeren Er-
wachsenen läßt nur eine düstere Prognose zu. Diese Patienten werden gewöhnlich zu sozial-psychiatrischen Dauerfällen und lassen
sich nicht mehr rehabilitieren. Unter allen Umständen sollten daher Präventivmaßnahmen früher einsetzen. Zu den Präventionsmaßnahmen zählt auch ein Dialog zwischen Herstellern, Industrie,
Behörden, Medizinern und Drogenfachleuten, wie er bereits in
anderen Ländern existiert.

Die Vergällung von Produkten mit übelriechenden oder irritie-
renden Zusatzstoffen ist ein Verfahren, das sich nicht nur nicht bewährt, sondern seinerseits zu Intoxikationsserien geführt hat [7].

Schließlich ist noch zu bemerken, daß praktisch seit 2 Jahrzehn-
ten das Phänomen Lösemittelmißbrauch unterschätzt wurde. Das

Ausmaß des Problems zu dramatisieren besteht jedoch kein Anlaß. Auf der anderen Seite handelt es sich nicht um eine „harmlose kindliche Spielerei mit Chemikalien", sondern um eine sehr hartnäckige, mit hohen Gesundheitsrisiken verbundene Störung, die, wenn sie einmal aufgetreten ist, sich nur schwer beseitigen läßt.

Literatur

1. Albaugh B, Albaugh P (1979) Alcoholism and substance sniffing among the Sheyenne and Arapaho Indians of Oklahoma. Int J Addict 14(7):1001–1007
2. Allister C, Lush M, Oliver JS, Watson JM (1981) Status epilepticus caused by solvent abuse. Br Med J 283:1156
3. Altenkirch H (1982) Schnüffelsucht und Schnüfflerneuropathie. Sozialdaten, Praktiken, klinische und neurologische Komplikationen sowie experimentelle Befunde des Lösungsmittelmißbrauchs. Springer, Berlin Heidelberg New York
4. Altenkirch H (1983) Schnüffelsucht. Psychol heute Dezember 68–72
5. Altenkirch H (1984) Neurotoxische Wirkung von organischen Lösemittelgemischen. Wiss Umwelt 4:231–237
6. Altenkirch H (1985) Schnüffelstoffe: Lösemittelhaltige Produkte als Rausch- und Suchtmittel. Dtsch Ärztebl 93–99
7. Altenkirch H, Mager J (1976) Toxische Polyneuropathien durch Schnüffeln von Pattex-Verdünner. Dtsch Med Wochenschr 101:195–198
8. Altenkirch H, Wagner HM, Stoltenburg G, Steppat R (1982) Potentiation of hexacarbon neurotoxicity by methyl-ethyl-ketone and other substances: clinical and experimental aspects. Neurobehav Toxicol Teratol 4:623–627
9. Anderson HR, Dick B, Macnair RS, Palmer JC, Ramsey JD (1982) An investigation of 140 deaths associated volatile substance abuse in the United Kingdom (1971–1981). Hum Toxicol 1:207–221
10. Antwort der Bundesregierung auf die kleine Anfrage der Fraktion der „Grünen" (1983) Lösemittelsucht unter Jugendlichen (Schnüffler). Drucksache 10/848 29. XII
11. Carroll E (1977) Notes on the epidemiology of inhalants. NIDA Research Monograph Series No 15, 14–27
12. Cherry N, McCathy TB, Waldron HA (1982) Solvent sniffing in industry. Hum Toxicol 289–292
13. Comstock H (1976) Psychological measurements in long term inhalant abuse. (Proc. of the 1st International Symposium on the voluntary inhalation of industrial solvents, Mexico City, June 1976)

14. Evans J (1982) Solvent misuse: educational implications. Hum Toxicol 1:337–343
15. Fishburn PH, Abelson HI, Cisin I (1980) National survey on drug abuse; main findings: 1979, Maryland. National Institute on Drug Abuse, US Department of Health and Human Services (DHHS Publication No ADM 80-976)
16. Fluke BJ, Donato LR (1959) Some glues are dangerous. Empire Magazine, Supplement to Denver Post, August 2nd
17. Garriott J, Petty CS (1980) Death from inhalant abuse: Toxicological and pathological evaluation of 34 cases. Clin Toxicol 16/3:305–315
18. Henschler D (1979) Gesundheitsschädliche Arbeitsstoffe. Toxikologisch-arbeitsmedizinische Begründung von MAK-Werten (maximale Arbeitsplatzkonzentrationen). Verlag Chemie, Weinheim
19. Keane JR (1978) Toluene optic. Neuropathy. Ann Neurol 4:390
20. Kindermann W, Altenkirch H (1982) Lösungsmittelmißbrauch und Heroinabhängigkeit. DHS Informationsdienst Nr. 3/4 Dez. 1982, 35. Jahrg.
21. Kleinknecht D, Morel-Maroger L, Callard P, Adhemar JP, Mahieu P (1980) Antiglomerular basement membrane nephritis after solvent exposure. Arch Intern Med 140:230–232
22. Leal H, Mejia L, Gomez L, Salinas de Valle O (1978) Naturalistic study on inhalant use in a group of children in Mexico City. In: Sharp CW, Carroll LT (eds) Voluntary inhalation of industrial solvents. National Institute on Drug Abuse
23. Lewis JD, Moritz D, Mellez LP (1981) Long-term toluene abuse. Am J Psychol 138/3:368–370
24. Masterton G (1979) The management of solvent abuse. J Adolesc 2:65–75
25. Ministerium für Arbeit, Gesundheit und Sozialordnung Baden-Württemberg (Hrsg) (1980) Suchtmittelmißbrauch, Erscheinungsformen, Zusammenhänge, Motivationen, Verbreitung. Ergebnisse einer Repräsentativbefragung in Baden-Württemberg, März 1980
26. Moss AH, Gabow PA, Kaehny WD, Goodman SI, Haut LL (1980) Fanconi's syndrome and distal renal tubular acidosis after glue sniffing. Ann Intern Med 92/1:69–70
27. Schottstaedt MF, Bjordk JW (1977) Inhalant abuse in an Indian boarding school. Am J Psychiatry 134/11:1290–1293
28. Silbereisen RK (1984) Die TU-drop-Studie. Berlin
29. Streicher HZ, Gabow PA, Moss AH, Kong D, Kaehny WD (1981) Syndromes of toluene sniffing in adults. Ann Intern Med 94:758
30. Ulber G (1983) Probleme der Schnüffler in Berlin aus der Sicht der Polizei. (14. Symposium der Abteilung für Anästhesie und Intensivmedizin, Kreiskrankenhaus Goslar)
31. Volans G, Murray V, Watson J (1982) Solvent abuse – current findings and research needs. Hum Toxicol 3:201–205

32. Watson JM (1979) Glue sniffing. Two case reports. Practitioner 222:845–847
33. Watson JM (1982) Solvent abuse: Presentation in clinical diagnosis. Hum Toxicol 1:249–256
34. Woodcock J (1982) Solvent abuse from a health education perspective. Hum Toxicol 1:331–336

Begleitstoffanalytik bei Alkoholabusus

R. Sprung

Während die pharmakologische Wirkung alkoholischer Getränke im wesentlichen dem Gehalt an Äthylalkohol zugeschrieben wird, soll der Geschmack dieser Getränke vorwiegend auf ihren Gehalt an Aromastoffen zurückzuführen sein, die auch amtlich als sog. Begleitstoffe bezeichnet werden (engl. "congeners").

Aufgrund verfeinerter Extraktions- und Nachweistechniken sind nach 1960 mehrere Tausend dieser Aromakomponenten bekannt geworden.

Nach den Pionierarbeiten von Machata u. Prokop (1971) war bekannt, daß mit Hilfe der Head-space-Gaschromatographie grundsätzlich einige der flüchtigen Begleitstoffe, v. a. die kurzkettigen aliphatischen Alkohole, nach dem Konsum von Alkoholika im Blut gefunden werden können.

Als erste hat die Arbeitsgruppe um Bonte (Bonte et al. 1981) sich aus forensischen Gründen um diesen „Getränkenachweis" in Körperflüssigkeiten bemüht. Mit methodischen Verbesserungen gelang es, die Nachweisempfindlichkeit erheblich zu steigern, z. T. bis auf 0,001 mg/l. Gleichwohl müssen wir uns aufgrund der Konzentrationsverhältnisse derzeit auf eine kleine Gruppe aliphatischer Begleitstoffe beschränken: Methanol, Propanol-(1), Propanol-(2), Butanol-(1), Butanol-(2), Isobutanol sowie 2-Methylbutanol-(1) und 3-Methylbutanol-(1). Immerhin gelingt es, mit Hilfe dieser vorwiegend kurzkettigen aliphatischen Alkohole eine ausreichende Getränkeklassifizierung zu erreichen.

Allerdings enthalten viele hochrektifizierte Spirituosen außer Ethanol lediglich Methanol und zeigen so allenfalls quantitative Differenzen. Je nach der Herstellungsart alkoholischer Getränke kommt es also zu unterschiedlichen Anreicherungen von Methanol und den Fuselalkoholen im jeweiligen Getränk.

Während die wichtigsten Fuselalkohole als Nebenprodukte der alkoholischen Gärung anzusprechen sind, letztlich als Abbauprodukte der Aminosäuren Leucin, Isoleucin und Valin, stammt Methanol hauptsächlich aus dem in Fruchtschalen enthaltenen Pektin. Pektin besteht bekanntlich aus Galacturonsäuremolekülen, die vielfach mit Methanol verestert und glykosidisch in 1,4-Stellung miteinander zu langen Ketten verknüpft sind. Die Galacturonsäuremethylester können durch die Polygalacturonase, die in den Pflanzen selbst enthalten ist, freigesetzt und durch die ebenfalls häufig anwesende Pektinmethylesterase zu Pektinsäure und Methanol hydrolysiert werden. Es handelt sich also nicht, wie bei den Fuselalkoholen, um ein eigentliches Nebenprodukt der alkoholischen Gärung. Methanol wird daher auch häufig in alkoholfreien unvergorenen Getränken wie z. B. Fruchtsäften angetroffen.

Im Blut und Urin lassen sich diese kurzkettigen aliphatischen Alkohole dann ebenfalls nachweisen, allerdings um mindestens den Faktor 100 niedriger. Es hat sich bei Trinkversuchen (Sprung et al. 1982) gezeigt, daß bei Zufuhr von gleichen Mengen aliphatischer Alkohole mit zunehmender Kettenlänge geringere Blutspiegel erreicht werden.

Die Resorption geschieht im übrigen bis auf Methanol und Butanol-(2) schneller als beim Ethanol und ist relativ vollständig. Methanol und Propanol-(1) weisen eine Verteilung wie Ethanol auf; Isobutanol, Butanol-(2) wie auch die Isoamylalkohole erreichen hingegen auch andere Kompartimente.

Die Ausscheidung im Atem und Urin liegt unter 10%, wobei die höheren Homologe zunehmend glucuronidiert werden.

Die Metabolisierung über Aldehyde und Ketone zu den entsprechenden Carbonsäuren wird wie beim Ethanol der ADH und dem mikrosomalen System MEOS sowie auch z. T. der Katalase zugeschrieben, wobei mit zunehmender Kettenlänge die Affinität zur ADH zunimmt. Bei den in den Getränken meist vorliegenden Konzentrationsverhältnissen konnten keine meßbaren Hemmungen der Ethanolverstoffwechslung festgestellt werden, eher umgekehrt. Insbesondere ließ sich bestätigen, daß der Abbau von Methanol durch Ethanol inhibiert wird und erst ab einer Ethanolkonzentration unter 0,6 g/‰ allmählich wieder einsetzt.

Die längerkettigen Alkohole werden dagegen schneller als Ethanol eliminiert. Die Halbwertszeit für Isobutanol beträgt z. B. etwa 2 h, bei 2- und 3-Methylbutanol-(1) liegt sie bei etwa 1 h.

Während der Aldehydnachweis der primären Alkohole infolge der schnelleren Oxidation durch die ADM sehr problematisch ist, sind die Ketone der sekundären Alkohole leichter zu bestimmen und zu quantifizieren. Dies gilt im übrigen auch für die entsprechenden Carbonsäuren.

Welche Möglichkeiten können sich durch die Begleitstoffanalyse beim Problem des Alkoholabusus ergeben?

Es ist klar ersichtlich, daß bei *akuten* Intoxikationen mit Hilfe dieses Verfahrens zur Bestimmung von z. B. Propanol-(2) und Methanol eine schnelle Diagnostik und optimale Therapiekontrolle gewährleistet ist.

Aber auch bei *chronischem* Alkoholabusus haben sich interessante Möglichkeiten herausgestellt. Die seit langem bekannte Hemmung der Methanolmetabolisierung durch ausreichend hohe Ethanolspiegel, die bei akzidentellen Methylalkoholvergiftungen sogar therapeutisch genutzt wird, bot sich gerade dazu an, zu überprüfen, ob es bei protrahiertem Alkoholkonsum, insbesondere bei chronischem Abusus, zu einer entsprechenden Methanolakkumulation kommen würde. Diese von Majchrowicz u. Mendelson bereits 1971 aufgestellte Hypothese wurde später von mehreren rechtsmedizinischen Arbeitsgruppen, u. a. Grüner u. Bilzer (1982) sowie Iffland et al. (1984) und der Gruppe um Bonte (Bonte et al. 1985), aufgegriffen und überprüft.

Bei einem Vergleich von Blutproben bekannter Alkoholiker und eindeutig nicht abhängiger Versuchspersonen bei Trinkversuchen, in denen die gängigsten alkoholischen Getränke gereicht wurden, sowie ferner 2 Kollektiven von auffälligen Verkehrsteilnehmern, eines mit Blutalkoholkonzentrationen von unter 2 g‰ und eines mit solchen von über 2,5 g‰, bestätigte sich die Richtigkeit der eingangs genannten Überlegungen: Bei der Gruppe der Nichtabhängigen traten nur gelegentlich – und bei entsprechenden Getränken – Methanolwerte von knapp 5 mg/l auf. Ähnlich verhielt es sich bei der Gruppe auffälliger Verkehrsteilnehmer mit Werten unter 2‰. In nur 8% der Proben fanden sich Spiegel über 5 mg/l, in 2% von über 10 mg/l. Dagegen fanden sich bei über 70% der bekannten Alkoholiker Methanolwerte von über 5 mg/l, vereinzelt sogar bis zu 70 mg/l. Ein ähnliches Bild zeigte sich bei der Gruppe der auffälligen Verkehrsteilnehmer mit Werten über 2,5 g‰, bei der erfahrungsgemäß Alkoholiker überrepräsentiert sind. Auch hier lagen über 70% der Methanolwerte über 5 mg/l und 40% über 10 mg/l.

Diese Ergebnisse sind dahingehend zu interpretieren, daß bei *Methanolspiegeln über 10 mg/l* die Diagnose eines Alkoholikers vom γ- oder δ-Typ nach Jellinek gerechtfertigt ist, da solche Spiegel auch nach einmaligem massivem Konsum extrem methanolreicher Getränke kaum zu erreichen sind. Auch bei Werten über 5 mg/l ist mit hoher Wahrscheinlichkeit ein ähnlicher Rückschluß gestattet, es sei denn, es finden sich in der Probe Hinweise [wie Propanol-(1) und Butanol-(2)] auf ein extrem methanolreiches Getränk, wie z. B. manche Obstbranntweine.

Unklar ist nach den bisherigen Ergebnissen geblieben, wieso bei z. T. jahrelangem Alkoholabusus nicht noch höhere Methanolspiegel als z. B. 70 mg/l erreicht werden. Steigt die Ausscheidungsrate in Atemluft und Urin, oder entwickeln sich bei Alkoholikern Anpassungssysteme im Methanolmetabolismus, die den Inhibitionseffekt des Ethanols umgehen? Zu denken wäre in erster Linie an eine Enzyminduktion der ADH oder v. a. aber von MEOS.

Erste Untersuchungen bei Alkoholkranken deuten tatsächlich – auch bei relevanten Ethanolspiegeln (z. B. über 2 g‰) – auf eine Verstoffwechselung von Methanol hin.

Sollten sich diese Ergebnisse in einer geplanten größeren Studie bestätigen, müßte die Rolle der Begleitstoffe alkoholischer Getränke mit ihren pharmakologischen Auswirkungen, insbesondere des Methanols und seiner "toxic agents" (Formaldehyd und Ameisensäure) in der Pathophysiologie des Alkoholmetabolismus möglicherweise neu definiert werden.

Literatur

Bonte W, Stöppelmann G, Rüdell E, Sprung R (1981) Vollautomatischer Nachweis von Begleitstoffen alkoholischer Getränke in Körperflüssigkeiten. Blutalkohol 18:303–310
Bonte W, Kühnholz B, Ditt J (1985) Blood methanol levels and alcoholism. In: Valverius MR (ed) Punishment and/or treatment for driving under

the influence of alcohol and other drugs. Dalctraf, Stockholm, pp 255–260

Grüner O, Bilzer N (1982) Blut-Methanol-Konzentrationen nach Genuß von Wodka. Blutalkohol 19:459–464

Iffland R, Kaschade W, Hesen D, Mehne P (1984) Untersuchungen zur Bewertung hoher Methanolspiegel bei Begleitalkohol-Analysen. Beitr Gerichtl Med 42:231–235

Machata G, Prokop L (1971) Über Begleitsubstanzen alkoholischer Getränke im Blut. Blutalkohol 8:349–353

Majchrowicz E, Mendelson JH (1971) Blood methanol concentrations during experimentally induced ethanol intoxication in alcoholics. J Pharmacol Exp Ther 179:293–300

Sprung R, Bonte W, Rüdell E (1982) Der Nachweis von Begleitstoffen alkoholischer Getränke und deren Metaboliten in Blut- und Harnproben. Beitr Gerichtl Med 41:219–222

Laxantienabusus

B. May

Als Obstipation wird die erschwerte, zu selten erfolgende, zu geringe oder unvollständige Entleerung häufig konsistenzvermehrter „harter" Stühle bezeichnet. In Westeuropa leidet etwa jeder 25. Mensch an chronischer Stuhlverstopfung, – in der BRD etwa 2,5 Mio. Patienten. Chronische Obstipation gewinnt ihren Krankheitswert durch 1) die Dauer der Befindlichkeitsstörung, 2) abdominelle Symptome, 3) Folgeerscheinungen, 4) Laxantienabusus und dessen Folgen. Besondere Probleme der dauerhaften Laxantieneinnahme sind in der Selbstmedikation dieser nicht ungefährlichen Präparate zu sehen, welche nach eigenen Untersuchungen zu etwa 55% durch Selbstmedikation beschafft werden. Dies liegt im Rahmen der allgemein durch Selbstmedikation erworbenen Arzneimittel.

Probleme der chronischen Obstipation und des damit verknüpften Laxantienabusus liegen in 1) Beschwerden und Folgeerscheinungen für die Betroffenen, 2) „mystischen Vorstellungen" bei der Einstellung zu Stuhlgangsgewohnheiten/Stuhlgangsregulierung sowie in der Handhabung von sowie der Werbung für stuhlgangfördernde(n) Maßnahmen, 3) der Kostenbelastung a) des Betroffenen, b) der Versichertengemeinschaft, *durch*

1) ständige Geldausgaben,
2) akute Nebenwirkungen von Laxantien,
3) chronische Folgen in Diagnostik und Therapie.

Nach eigenen Untersuchungen (Befragung von 824 Personen) nahmen etwa 25% der Befragten regelmäßig Abführmittel oder laxantienhaltige Arzneimittel ein. Ein nicht unbeträchtlicher Anteil dieser Patienten benutzt derartige Medikamente zur Behandlung von „Leber-Galle-Krankheiten" oder zur Aufrechterhaltung des Körpergewichts.

Mehr als 25% der Befragten nahmen Abführmittel über >20 Jahre ein. Frauen überwogen bei den Laxantieneinnehmern, wobei insbesondere die Altersgruppe über 54 Jahre mit 77,8% den entscheidenden Anteil ausmachte.

Aus eigenen Untersuchungen geht hervor: 1) Angaben über Stuhlverstopfung sind häufig unbegründet und nicht an den Stuhlganggewohnheiten der Mehrheit orientiert; 2) Vorstellungen wie „Entschlackung" und „Blutreinigung" mit Hilfe von Abführmitteln und stuhlgangregulierende Maßnahmen anderer Art sind nicht möglich und auch nicht notwendig; 3) die überwiegend durch Selbstmedikation applizierten Laxantien gewinnen ihre Problematik durch a) Gewöhnung und b) viele unerwünschte Langzeiteffekte. Die „Laxantienkarriere" ist eine Folge von Irrlehren, Pedanterie, Fehleinschätzungen, Ernährungsgewohnheiten, Gewöhnung, und – nicht zuletzt – leichter Verfügbarkeit der Abführmittel und verharmlosender Werbung.

„Laxantien sind immer gestattet, außer bei Obstipation" (Fahrländer).

Analgetikanephropathie –
Klinische und epidemiologische Aspekte

M. Molzahn

Das Krankheitsbild der durch chronische Schmerzmitteleinnahme verursachten Nierenschädigung wurde 1953 durch Spühler u. Zollinger [25] zum ersten Mal beschrieben. Obwohl in dieser Arbeit die kausalen und pathogenetischen Zusammenhänge noch nicht den heutigen Vorstellungen entsprachen, waren die für die Erkrankung charakteristischen renalen Symptome doch bereits vollständig dargestellt: das Überwiegen der durch tubuläre Störungen bedingten Symptome wie Polyurie, Azidose, Elektrolytverluste, die hohe Frequenz von Papillennekrosen sowie Harnwegsinfekten mit konsekutiver Organschrumpfung und der Übergang in die terminale Urämie. Gleichzeitig wurde auch der multisystemische Charakter dieser Erkrankung bereits zutreffend gekennzeichnet: die Assoziation mit Ulzerationen und Blutungen des oberen Gastrointestinaltrakts, mit einer schweren Osteopathie sowie einer Anämie, die das Ausmaß der Niereninsuffizienz bei weitem übertraf. Heute, nach weiteren 33 Jahren Erfahrung mit dieser Erkrankung, wissen wir, daß die Papillennekrose als die primäre renale Läsion anzusehen ist, während die interstitielle Entzündung und Fibrose sowie die kortikale Läsion als Folgeerscheinungen gedeutet werden. Als renale Spätkomplikation sind in der Zwischenzeit maligne Tumoren der ableitenden Harnwege beschrieben worden, die, auch unabhängig vom Bestehen einer Analgetikanephropathie, nach einer Latenzzeit von 20–25 Jahren bei Analgetikaabusern auftreten [4, 14]. Das „moderne" Analgetikasyndrom [11] umfaßt neben den bereits erwähnten Symptomen noch kardiovaskuläre Komplikationen sowie das der Hautpigmentation und der vorzeitigen Alterung.

Die Diagnose der Analgetikanephropathie ist eigentlich kaum zu verfehlen. Neben der charakteristischen Vielfältigkeit des klinischen Bildes spielt die Medikamentenanamnese eine wichtige Rolle. Auf seiten der Patienten besteht häufig eine Verleugnungs- oder Verdrängungstendenz [24], daher empfiehlt es sich, die Anamneseerhebung einfühlsam, eher am Anlaß für die Schmerzmitteleinnahme orientiert, durchzuführen. Häufig gelingt ein Zugang zu diesem Problem auch erst, nachdem man zu den Patienten eine vertrauensvolle Beziehung hergestellt hat.

Ein weiterer wichtiger Schritt für die Diagnosesicherung ist der Nachweis der Schmerzmittelmetaboliten. Dieser erfolgt bei Patienten mit erhaltener Nierenfunktion über den Nachweis von Acetaminophen im Urin nach der photometrischen Methode von Welch u. Coney [26]. Hiermit werden alle phenacetin- und paracetamolhaltigen Mischanalgetika erfaßt. Bei Patienten mit Niereninsuffizienz, bei denen die Acetaminophenausscheidung mehr oder weniger stark reduziert ist, gilt diese Methode nicht mehr als verläßlich. Vor allem bei dialysepflichtigen Patienten kommt prinzipiell nur eine Plasmaspiegelbestimmung in Frage. Die herkömmlichen HPLC-Bestimmungsmethoden [22] sind bei Patienten mit terminaler Niereninsuffizienz wegen der Anhäufung unterschiedlicher retinierter Substanzen nicht spezifisch genug. Hier wurde von Borner et al. [7] eine HPLC-Methode mit elektrochemischer Detektion entwickelt, die einen zuverlässigen Nachweis von Acetaminophen im Plasma erlaubt. Für phenacetin- und paracetamolfreie Mischanalgetika, die in Zukunft sicherlich eine wesentlich größere Bedeutung gewinnen werden, ist die photometrische Salicylatnachweismethode nach Trinder [23] geeignet.

Ein weiterer Diagnoseschritt ist der Nachweis der Papillennekrose. Dieser kann mit Hilfe der konventionellen Kontrastmitteldarstellung bei noch gut erhaltener Nierenfunktion geführt werden, gelingt heute jedoch besser mit Hilfe der Sonographie [8].

Die Kapillarosklerose der Nierenbeckenschleimhaut, die als pathognomonische Läsion bei der Analgetikanephropathie gilt [17], kann in den Fällen zur Diagnose mit herangezogen werden, bei denen im Rahmen eines operativen Eingriffs oder post mortem Material aus dem Nierenbecken zur Verfügung steht.

Die wichtigste Therapiemaßnahme bei der klinisch manifesten Analgetikanephropathie ist die konsequente Vermeidung aller „schwach wirksamen" Analgetika vom Typ der nichtsteroidalen Entzündungshemmer. Bei konsequenter Vermeidung dieser Substanzen bleibt die Nierenfunktion stabil oder verbessert sich im Laufe der Zeit noch, sofern bei Diagnosestellung die glomeruläre Filtrationsrate noch nicht zu stark reduziert ist. Als Grenzwert gilt eine endogene Kreatininclearance von etwa 30 ml/min. Bei fortgesetzter Analgetikazufuhr ist jedoch der Übergang in eine präterminale oder terminale Niereninsuffizienz unvermeidlich [12]. Andere Therapiemaßnahmen sind symptomatischer Art: der Ausgleich von Elektrolytverlusten sowie der Azidose, die Erkennung und Behandlung von Harnwegsinfektionen, die Beseitigung von Obstruktionen durch sequestrierte Papillen sowie in letzter Konsequenz die Nierenersatztherapie durch Dialyse und Nierentransplantation bei vollständigem Verlust der Nierenfunktion.

Hinsichtlich der Epidemiologie der Analgetikanephropathie liegen nur wenige Daten vor. Jansen [15] fand in einem unausgewählten Sektionsgut in 0,3% der Fälle Papillennekrosen. Mihatsch et al. fanden eine Kapillarosklerose bei 3,8% ihrer Sektionen [17].

Der Anteil der Patienten mit Analgetikanephropathie in den Behandlungsprogrammen der Nierenersatztherapie wird ebenfalls mit sehr unterschiedlichen Zahlen angegeben. Nach den Daten der European Dialysis and Transplant Association liegt die Prävalenz in Großbritannien, Italien und Frankreich unter 2%, demgegenüber in Belgien und in der Schweiz bei 17,9 und 17,5%, und in der BRD bei 5% [9]. Diese Zahlen wurden schon früh angezweifelt und in gezielten Befragungen nach oben hin korrigiert [6]. Wir fanden bei einer gezielten Befragung von Dialyse- und Transplantationszentren eine mittlere Häufigkeitsangabe von 13% mit einer Schwankung von 0–50%. Interessanterweise ergaben sich hierbei starke regionale Unterschiede. So war die Prävalenz in den nördlichen Regionen der Bundesrepublik einschließlich Berlins deutlich höher als im Süden [20]. Diese Zahlen verdeutlichen, daß die Patienten mit terminaler Analgetikanephropathie einen erheblichen Anteil der Dialyse- und Transplantationspopulation darstellen; die Behandlungskosten nur für die hochgradig niereninsuffizienten Patienten mit Analgetikanephropathie werden auf jährlich DM 600 Mio. geschätzt.

Als Grundlage der Analgetikanephropathie muß die in der BRD offenbar weit verbreitete mißbräuchliche Einnahme von Schmerzmittelmischpräparaten angesehen werden. Nach einer Schätzung von Glaeske [13] liegt der Tagesumsatz an Schmerzmitteln bei 185 Tagesdosen pro tausend Einwohner. Diese Menge beträgt ein Mehrfaches der aus den skandinavischen Ländern bekannten Verbrauchszahlen. Charakteristisch ist hierbei der geringe Anteil von Monokomponentenpräparaten zugunsten von Kombinationspräparaten, in denen i. allg. Acetylsalicylsäure, Salicylamid oder Paracetamol sowie bei den freiverkäuflichen Präparaten immer Coffein enthalten ist. Besonders bemerkenswert ist der seit 1976 zu verzeichnende kontinuierliche Anstieg des Absatzes von Schmerzmittelmischpräparaten in Großpackungen von 40–250 Tabletten. 1983 wurden hiervon 4,6 Mio. Packungen verkauft, die rund 460 Mio. Tabletten beinhalten dürften. Setzt man einen täglichen Mindestkonsum von 3–10 Tabletten pro Abuser voraus, so errechnet sich allein aus der Zahl umgesetzter Großpackungen eine Zahl von 100 000–400 000 chronischen Schmerzmittelkonsumenten. Wichtig ist hierbei, daß von 1976 an das Phenacetin in den meisten Mischanalgetika durch Paracetamol substituiert worden ist, so daß v. a. der Phenacetinanteil in den freiverkäuflichen Schmerzmitteln kaum noch eine Bedeutung hat. Demgegenüber ist der Paracetamolverbrauch kontinuierlich gestiegen, fast 90% des gesamten Paracetamolverbrauchs werden in Form freiverkäuflicher Schmerzmittelmischpräparate umgesetzt [20]. Diese Zahlen lassen befürchten, daß die kürzlich vom Bundesgesundheitsamt veranlaßten Maßnahmen gegen Phenacetin nicht sehr effektiv sein werden.

Obwohl eine Fülle klinischer Daten über den Zusammenhang zwischen Mischanalgetikaeinnahme und Entwicklung einer Niereninsuffizienz vorliegen, sind einige entscheidende Fragen bis heute nicht klar. Dies liegt größtenteils daran, daß sich vergleichbare Nierenveränderungen mit Dosen, wie sie den menschlichen Einnahmegewohnheiten entsprechen, im Tierexperiment praktisch nicht reproduzieren lassen [3]. Bislang wurde lediglich eine prospektive Langzeitstudie durchgeführt, die nach einer Zehnjahresbeobachtung eine Steigerung des relativen Risikos für die Entwicklung einer Niereninsuffizienz bei Frauen mit hohem Phenacetinkonsum auf 12 sowie des Letalitätsrisikos, bezogen auf renale Todesursachen, auf 6 nachwies [10]. Diese Studie bezieht sich jedoch nur auf phenacetinhaltige Mischanalgetika. Die Erfahrungen aus Australien [19] und Kanada [12, 16] zeigen jedoch, daß nach Elimination von Phenacetin die Häufigkeit der Analgetikanephropathie nicht abnimmt, wenn eine Umlenkung des Abususpotentials auf anders zusammengesetzte Mischanalgetika möglich ist. In einer Untersuchung in Berlin (West) fanden wir [21], daß bei 35% der Patienten mit terminaler Niereninsuffizienz ein Analgetikaabusus besteht. Die bevorzugten Medikamente in dieser Gruppe waren dadurch gekennzeichnet, daß es sich um Mischpräparate mit psychotroper Komponente handelte, die rezeptfrei erhältlich waren. Der Gehalt an Phenacetin oder Paracetamol scheint demgegenüber keine große Bedeutung zu haben. Anlaß für die Schmerzmitteleinnahme ist nur in 45% eine konkrete Schmerzsymptomatik, im übrigen handelt es sich um das aus älteren Untersuchungen [18] bekannte diffuse Beschwerdemuster, das der Einnahme von Mischanalgetika offensichtlich regelhaft zugrunde liegt. Diese Beobachtungen legen den Schluß nahe, daß die psychotropen Bestandteile der Mischanalgetika, im Falle der rezeptfreien Präparate das Coffein, die Gewohnheit zur Einnahme initiieren und perpetuieren [27]. Die renale Läsion selbst ist wahrscheinlich nicht substanzspezifisch oder dies nur in dem Umfang, als es sich um Stoffe aus der Reihe der nichtsteroidalen Entzündungshemmer handelt. In diesem Zusammenhang ist von Interesse, daß Papillennekrosen in letzter Zeit zunehmend häufig auch unter Antirheumatika gesehen werden [1, 2].

Die Erfahrungen in verschiedenen Ländern haben durchaus gezeigt, daß die Analgetikanephropathie vermeidbar ist und Präventionsmaßnahmen sinnvoll sind. Neben Maßnahmen der Gesundheitserziehung, die das Selbstmedikationsverhalten der Bevölkerung ändern können, sind in den nächsten Jahren Maßnahmen der Aufsichtsbehörden gewiß erforderlich. Diese sollten zum Ziel haben, Schmerzmittelkombinationen mit psychotropen Additiven vollständig zu eliminieren. Da eine Selbstmedikation mit Schmerzmitteln zweifellos notwendig und sinnvoll ist, sollte diese auf Monokomponentenpräparate in kleinen Packungsgrößen begrenzt werden. Gleichzeitig sollte die im Hinblick auf die tragischen individuellen Schicksale der Betroffenen besonders herausfordernde Schmerzmittelwerbung in den Massenmedien unterbunden werden. Es ist ferner nicht mehr länger verständlich, warum Absatzzahlen eines offensichtlich mißbrauchsträchtigen Anteils des Arzneimittelmarkts noch nicht einmal für die Aufsichtsbehörde zugänglich sind. Nur eine sorgfältige Beobachtung dieser Zahlen ermöglicht letztlich eine Kontrolle über die Wirksamkeit getroffener Maßnahmen.

Literatur

1. Adams DH, Howie AJ, Michael J, McConkey B, Bacon PA, Adu D (1986) Non-steroidal anti-inflammatory drugs and renal failure. Lancet I:57
2. Allen RC, Petty RE, Lirenman DS, Malleson PN, Laxer RM (1986) Renal papillary necrosis in children with chronic arthritis. AJDC 140:20
3. Bach PH, Hardy TL (1985) Relevance of animal models to analgesic-associated renal papillary necrosis in humans. Kidney Int 28:606
4. Bengtsson U, Angervall L, Ekman H, Lehmann L (1968) Transitional-cell tumors of the renal pelvis in analgesic abusers. Scand J Urol Nephrol 2:145
5. Bethke BA, Schubert GE (1985) Kapillarosklerose der ableitenden Harnwege als Indiz eines Analgetika-Abusus. Häufigkeit bei ausgewählten Obduktionen in einer westdeutschen Großstadt. Dtsch Med Wochenschr 110:343
6. Bock KD (1974) Häufigkeit und klinische Wertigkeit der arzneimittelbedingten chronischen interstitiellen Nephritis. In: Kluthe R, Oechslen D (Hrsg) Aktuelle Diagnostik von Nierenerkrankungen. Thieme, Stuttgart New York
7. Borner K, Borner E, Pommer W, Molzahn M (im Druck) Bestimmung von Paracetamol im Serum von Patienten mit terminaler Niereninsuffizienz. Fresenius Z Anal Chem
8. Braun B, Weber M, Rückele E, Reuss J, Köhler H (1983) Sonographische Befunde bei Analgetika-Nephropathie. Dtsch Med Wochenschr 108:1230
9. Brynger H, Brunner FP, Chantler C et al. (1980) Combined report on regular dialysis and transplantation in Europe X, 1979. Proc EDTA 17:2
10. Dubach UC, Rosner B, Pfister E (1983) Epidemiologic study of abuse of analgesics containing phenacetin. Renal morbidity and mortality (1968–1979). N Engl J Med 308:357
11. Duggan JM (1974) The analgesic syndrome. Aust NZ J Med 4:365
12. Gault MH, Wilson DR (1978) Analgesic nephropathy in Canada: Clinical syndrome, management, and outcome. Kidney Int 13:58
13. Glaeske G (1986, unveröffentlicht) Schmerzmittel-Konsum in der BRD und im internationalen Vergleich. Bremen
14. Hultengren N, Lagergren C, Luungquist A (1965) Carcinoma of the renal pelvis in renal papillary necrosis. Acta Chir Scand 130:314

15. Jansen HH (1977) Tödliche Arzneimittelnebenwirkungen aus patholo-gisch-anatomischer Sicht. Verh Dtsch Ges Inn Med 83:1530
16. Medical Report (1981) Analgesic nephropathy dips in Canada after mixture ban. JAMA 246:2008
17. Mihatsch MJ, Hofer HO, Korteweg E, Zollinger HU (1982) Phenace-tinabusus V: Häufigkeit der Phenacetinabuser im Baseler Autopsiegut 1978–1980. Ergebnisse einer prospektiven Studie. Schweiz Med Wo-chenschr 112:1245
18. Murray RM (1978) Genesis of analgesic nephropathy in the United Kingdom. Kidney Int 13:50
19. Nanra RS, Stuart-Taylor J, de Leon AH, White KH (1978) Analgesic nephropathy: Etiology, clinical syndrome and clinico-pathologic rela-tions in Australia. Kidney Int 13:79
20. Pommer W, Bronder E, Offermann G, Schwarz A, Molzahn M (1986) Schmerzmittelkonsum und Analgetika-Nephropathie. Ausmaß, Häu-figkeit und Kosten-Daten aus der Bundesrepublik Deutschland. MMW 128:220
21. Pommer W, Bronder E, Klimpel A et al. (in Vorbereitung) Chronischer Schmerzmittelgebrauch als Risikofaktor für terminale Niereninsuffizi-enz. Eine Fall-Kontroll-Studie in Berlin (West)
22. Rosano TG, Brito CA, Meola JM (1978) Determination of acetamino-phen in serum by liquid chromatography. Chromatogr Newsletter 6:1
23. Trinder P (1954) Rapid determination of salicylate in biological fluids. Biochem J 57:301
24. Schwarz A, Faber U, Borner K, Keller F, Offermann G, Molzahn M (1984) Reliability of drug history in analgesic users. Lancet II:1163
25. Spühler O, Zollinger HU (1953) Die chronisch-interstitielle Nephritis. Z Klin Med 151:1
26. Welch RM, Coney AH (1965) A simple method for the quantitative de-termination of N-acetyl-p-aminophenol (APAP) in urine. Clin Chem 11:1064
27. Wörz R (1983) Effects and risks of psychotropic and analgesic combi-nations. Am J Med 75A:139

Zur Rolle des dopaminergen Systems bei der akuten und chronischen Wirkung von Opioiden

U. Havemann

Die therapeutisch wichtigste Wirkung von Morphin und anderen Opioiden ist die Dämpfung der Schmerzempfindung. Unerwünscht dagegen sind die atemdepressorische und hinsichtlich der Suchtentstehung besonders die bei wiederholter Einnahme auftretende euphorisierende Wirkung der Opioide. Es wird allgemein angenommen, daß für die Entwicklung einer psychischen Abhängigkeit von Opioiden diese euphorisierenden und belohnenden Wirkungen sowie die Konditionierung von den Opioideffekten wichtige Komponenten zu sein scheinen. Aufgrund zahlreicher verhaltensbiologischer Versuche an Tieren, wie z.B. Selbstverabreichungsversuche mit Opioiden oder anderen suchterzeugenden Substanzen wie Cocain und Amphetamin wird angenommen, daß das zentrale dopaminerge System der Basalganglien und des limbischen Systems eine wesentliche Rolle bei den euphorisierenden Wirkungen sowie allgemeiner bei der Pathogenese und Entwicklung einer psychischen Abhängigkeit zu spielen scheint (Kuschinsky 1981). Allgemein werden die Basalganglien als relevant für das Programmieren von Bewegungsabläufen und Handlungen angesehen sowie auch für Prozesse, die mit der Motivation zusammenhängen. Hierbei sind offenbar auch limbische Kerne von Bedeutung, die bei Affekten und Emotionen eine Rolle zu spielen scheinen.

Die nigrostriatalen und mesolimbischen dopaminergen Neurone spielen eine zentrale Rolle bei der Regulation der Basalganglien und der limbischen Kerne. Substanzen mit hohem Suchtpotential (wie z.B. Cocain, amphetaminartige Substanzen und Opioide) ist offensichtlich gemeinsam, diese dopaminerge Aktivität in den Basalganglien wie im limbischen System zu erhöhen, wenn auch über unterschiedliche Mechanismen. Aktive Selbstverabreichung von Opioiden erhöht hierbei die dopaminerge Aktivität deutlich mehr als passive Injektionen von Opioiden. Ferner kann die durch Opioide erhöhte dopaminerge Aktivität im Striatum (einem wichtigen Kern der Basalganglien) auch konditioniert werden. Cocain und Amphetamin rufen so gut wie keine körperliche Abhängigkeit hervor, so daß ihr hohes Suchtpotential weitgehend dem Komplex der „psychischen Abhängigkeit" zuzuordnen ist. Auch bei den Opioiden sind die körperlichen Entzugssymptome wohl nur ein Faktor, der zur erneuten Selbstverabreichung der Droge führt. Entscheidender ist sicherlich auch hier die psychische Abhängigkeit.

Jedoch scheinen mit den Prozessen, die für das Zustandekommen der (psychischen) Abhängigkeit und der dopaminergen Aktivitätserhöhung in den Basalganglien und dem mesolimbischen System wichtig sind, andere Wirkungen zu interferieren, die diese teilweise oder vollständig maskieren können. Eine derartige Wirkung ist offenbar eine bei Ratten, in geringerem Umfange auch manchmal beim Menschen zu beobachtende muskuläre Rigidität (Starre), die durch Opioide über Opioidbindungsstellen im Striatum unterhalb der striatalen dopaminergen Neurone ausgelöst zu werden scheint (Havemann u. Kuschinsky 1982). Dies konnte durch Untersuchungen über die Opioidwirkungen auf die Basalganglien und das mesolimbische System der Ratte gezeigt werden. Akute Gaben von Opioiden, insbesondere von Morphin, bewirken bei der Ratte nicht nur die Rigidität und Bewegungsarmut (Akinese), sondern mit einer Latenz auch Verhaltensaktivierungen, wie lokomotorische Aktivität und Stereotypien, die auf die dopaminergen Aktivitätserhöhungen im Striatum und im mesolimbischen System zurückzuführen sind. Nach chronischen Injektionen von Morphin entwickelte sich gegenüber den depressorischen Wirkungen, also der muskulären Rigidität und der Akinese, relativ schnell eine Gewöhnung, nicht jedoch gegenüber den Komponenten der stimulatorischen Phase. Die lokomotorischen Aktivitäten, die Stereotypien und die dopaminerge Aktivität waren eher gesteigert und begannen deutlich früher. Werden diese Stereotypien durch die Gabe des Neuroleptikums Haloperidol (einem Dopaminantagonisten) in ihrer Entstehung unterdrückt, zeigen die chronisch mit Morphin behandelten Tiere nach einer Testdosis von Morphin wieder deutlich Rigidität. Diese besondere Art der Gewöhnung läßt sich wahrscheinlich folgendermaßen erklären: Morphin wirkt nicht nur auf das Striatum, wo es Rigidität auslöst, sondern aktiviert außerdem gleichzeitig über einen zweiten Angriffspunkt die dopaminergen Bahnen, die von der Substantia nigra pars compacta (SNC) zum Striatum führen. Die hieraus resultierende Erhöhung der Dopaminfreisetzung bewirkt Stereotypien, also Verhaltensaktivierungen, wie sie nach chronischer Gabe von Morphin beobachtet wurden. Wie unsere Versuche zeigen, können Rigidität und Akinese zunächst verhindern, daß die Stereotypien sich im Gesamtverhalten durchsetzen können. Nach wiederholter Morphinverabreichung dominiert nun die verhaltensaktivierende Wirkung über die Rigidität auslösende, wobei offenbar eine leichte Verschiebung im Gleichgewicht der verschiedenen Wirkungen des Morphins zugunsten der Aktivität der dopaminergen Neurone für den verhaltensbestimmenden Effekt auszureichen scheint. Ferner scheinen individuell unterschiedliche dopaminerge Ausgangsempfindlichkeiten der Tiere (Havemann et al., im Druck) das Ausmaß dieser Verschiebung des Gleichgewichts der verschiedenen Morphinwirkungen mitzubestimmen. Ein derartiges komplexes Modell der Gewöhnung scheint von allgemeinerem Interesse zu sein.

Literatur

Kuschinsky K (1981) Psychic dependence on opioids: Mediated by dopaminergic mechanisms in the striatum? TIPS Rev 2/11:287–289

Havemann U, Kuschinsky K (1982) Neurochemical aspects of the oipoidinduced "catatonia". Neurochem Int 4:199–215

Havemann U, Magnus B, Möller HG, Kuschinsky K (in press) Individual and morphological differences in the behavioural response to apomorphine in rats. Psychopharmacol

Einstellung gegenüber erneuter Benzodiazepinexposition nach Behandlung wegen chronischen Mißbrauchs

H. Lucius, K.-L. Wendland

Benzodiazepine sind derzeit in der Bundesrepublik die mit Abstand am häufigsten verordneten Psychopharmaka (Klotz 1981; Lader 1983). Eine Studie von Keup (1986) läßt erkennen, daß im Hinblick auf Mißbrauch weiterhin Anlaß zur Sorge besteht. Die Hauptrolle spielt gegenwärtig Bromazepam, welches zur 3. Generation der Benzodiazepine gehört, mit 25% der beobachteten Abhängigkeitsfälle. Ältere Präparate, wie Chlordiazepoxid, verlieren demgegenüber an Bedeutung (laut *Arzneimittel-Telegramm* 1/86). Die vorliegende Studie ging der Frage nach, wie sich ehemals abhängige Patienten später verhalten angesichts der allenthalben weiterhin bleibenden Möglichkeit, aufs neue zu Benzodiazepinen zu greifen.

Methodik

Von allen unter den Stichworten Sucht, Mißbrauch oder Abhängigkeit nach ICD verschlüsselten Krankengeschichten der Universitätsnervenklinik Kiel aus den Jahren 1974–1983 wurden diejenigen Fälle herausgesucht, in denen Benzodiazepinmißbrauch eine wesentliche Rolle gespielt hatte. Maßgeblich für die Auswahl war die Einnahme eines oder mehrerer Benzodiazepinpräparate über die Dauer von mehr als 6 Monaten ohne oder allenfalls mit unbedeutendem zusätzlichen Gebrauch anderer Suchtstoffe. Insgesamt kamen auf diese Weise die Krankengeschichten von 80 Patienten zusammen. Da Benzodiazepine bis weit in die 70er Jahre hinein vorwiegend in Kombination mit anderen Stoffen verwendet wurden, ist diese geringe Zahl verständlich. Erst ab Mitte der 70er Jahre wurde zunehmend auch primäre Benzodiazepinabhängigkeit beobachtet (Poser et al. 1982, 1983). Die 80 Krankengeschichten der hiesigen Klinik wurden anhand einer von Poser et al. (1982, 1983) erarbeiteten Liste von Kriterien sowie unter Zuhilfenahme des *Diagnostic Statistical Manual III (DSM III)* der American Psychiatric Association im Hinblick auf das Ausmaß des Mißbrauchs bzw. der Abhängigkeit eingeordnet.

Nachdem alle 80 Krankengeschichten durchgesehen und gemäß DSM III den Kategorien Mißbrauch (Abusus / "abuse" / "misuse") bzw. Abhängigkeit ("drug dependence") zugeordnet waren, erhielten die Kranken Briefe mit der Bitte, anhand beigefügter Fragen über Gesundheitszustand, soziale Situation sowie ggf. benutzte Medikamente Auskunft zu geben. Gleichzeitig wurde um einen Gesprächstermin gebeten sowie um die Erlaubnis zur Befragung der behandelnden Ärzte. Insgesamt konnten so 1985 bei 47 Patienten standardisierte Interviews vorgenommen und bei 59 die Ärzte befragt werden.

Weitere 3 Kranke standen in ambulanter Behandlung der Nervenklinik, so daß insgesamt Katamnesen von 50 Kranken vorlagen.

Ergebnisse

Abbildung 1 gibt einen Überblick über Alter und Geschlecht der 50 in katamnestische Erhebungen einbezogenen Patienten. Es fällt auf, daß Frauen im mittleren Lebensalter überwiegen. Ähnliches haben auch andere Autoren wie Allgulander (1978), Lader (1981) sowie Wolf u. Rüther (1984) beobachtet. Nach Ladewig (1983) ist der sogenannte "average user" eine Hausfrau mittleren Alters. Aus Tabelle 1 sind der Familienstand bzw. die Art der Partnerschaftsbeziehungen zur Zeit der katamnestischen Erhebungen abzulesen. Die eingeklammerten Zahlen geben die Häufigkeit von Veränderungen gegenüber den Verhältnissen in einstigen gesunden Tagen an. Der Anteil lediger und geschiedener Frauen ist beachtlich. In Tabelle 2 sind die Patienten nach ihrer beruflichen Qualifikation aufgeschlüsselt; Arbeiter ohne besondere Ausbildung, insbesondere solche ohne Schulabschluß, sind auffallend oft anzutreffen.

Tabelle 3 zeigt die beachtliche Zahl von Veränderungen auf beruflichem Gebiet seit dem Auftreten jener Beschwerden, die einstmals zur Einnahme von Benzodiazepinen geführt hatten. Insbesondere waren inzwischen erstaunlich viele der Kranken wegen Er-

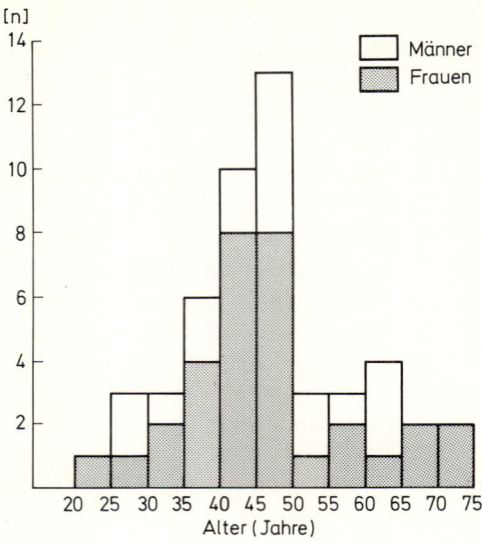

Abb. 1. Alters- und Geschlechtsverteilung der Patienten (n = 50)

Tabelle 1. Personenstand der 50 Patienten zur Zeit der katamnestischen Erhebung (in Klammern Änderungen gegenüber früher)

Familienstand	n (gesamt)	Männer	Frauen
Ledig	10 (−3)	4	6
Verheiratet	34 (+3)	15	19
Darunter nicht erstmalig	4 (±0)	1	3
Darunter getrennt lebend	1 (+1)	−	1
Geschieden	4 (−1)	−	4
Verwitwet	2 (+1)	1	1
Allgemeine Häufigkeit von Partnerwechsel	11 (+8)	4	7

werbsunfähigkeit (EU) oder Berufsunfähigkeit (BU) berentet worden.

Als nächstes soll nun darauf eingegangen werden, wie das Ausmaß der Abhängigkeit zur Zeit der Aufnahme in die Nervenklinik anhand der Kriterien von Poser et al. (1982, 1983) bzw. mittels der Merkmale des DSM III bei den einzelnen Kranken einzustufen

Tabelle 2. Einstige berufliche Qualifikation der 50 katamnestisch erfaßten Patienten

Art der Qualifikation	n
Akademiker	5 (alle Lehrer)
Selbständig	2 (1 Kaufmann, 1 Landwirt)
Höhere Angestellte	7 (6 bei Banken bzw. Versicherungen, 1 bei Behörde)
Angestellte	14 (9 in kaufmännischem Beruf, 5 bei Behörden)
Facharbeiter	10
Ungelernte Arbeiter	11 (8 ohne Schulabschluß)
Niemals berufstätig	1 (Hausfrau)

Tabelle 3. Berufliche Lage der 50 Patienten zur Zeit der katamnestischen Erhebungen (in Klammern Änderungen gegenüber früher)

Berufliche Situation	n
Fester Arbeitsplatz	16 (-7)
Davon arbeitsunfähig krank	2 (-2)
In Ausbildung	1 (± 0)
Hausfrau	14 (-1)
Arbeitslos	6 ($+1$)
Berentet	11 ($+8$)
Davon EU-Rente	6 ($+6$)
Davon BU-Rente	3 ($+2$)
Davon Altersrente	2 (± 0)
Sozialhilfeempfänger	2 ($+1$)

war. In Tabelle 4 sind die Zahlen für die Gesamtheit der erfaßten Patienten zusammengestellt; demnach mußten 58 von ihnen (73%) als psychisch und physisch abhängig gelten, während 21 als lediglich psychisch abhängig im Sinne von Poser et al. (1982, 1983) anzusehen waren. Ein Kranker ließ sich mangels genauer Angaben nicht zweifelsfrei zuordnen.

Tabelle 5 gibt die entsprechenden Zahlen ausschließlich für die 50 katamnestisch erfaßten Patienten wieder und stellt ihnen jene gegenüber, die sich 1985 aufgrund der katamnestischen Daten ergaben. Demnach ist zwar zum Zeitpunkt der Nachuntersuchungen

Tabelle 4. Beurteilung der Abhängigkeit aller 79 Patienten anhand der Krankenunterlagen

Parameter	n
Merkmale von Poser et al.	
Dosiserhöhung >30 mg Diazepam(äquivalente)	75
Toleranzentwicklung	69
Psychische Abhängigkeit	79
Verwahrlosungszeichen	42
Entzugserscheinungen	58
Suchtverhalten	61
Kriterien des DSM III	
Toleranzerhöhung	69
Entzugssymptome	58
Ausschließlich psychische Abhängigkeit	21
Insgesamt psychisch und physisch abhängig	58

Tabelle 5. Beurteilung des Abhängigkeitsgrades der 50 Patienten anhand der Krankengeschichten (KG) und anhand der katamnestischen Befunde (KB)

Parameter	KG n	KB n
Merkmale von Poser et al.		
Dosiserhöhung	49	5
– Davon mehr als 3 mal DDD	26	3
Toleranzentwicklung	46	3
Psychische Abhängigkeit	50	17
Verwahrlosungszeichen	26	2
Entzugserscheinungen	38	3
Suchtentwicklung	36	2
Kriterien des DSM III		
Toleranzerhöhung	46	3
Entzugssymptome	38	3
Ausschließlich psychisch abhängig	12	14
Insgesamt psychisch und physisch abhängig	38	3
Medikamentenfrei	0	33

insgesamt ein deutlicher Rückgang der verschiedenen Abhängigkeitskriterien erkennbar, gleichzeitig jedoch eine etwas größere Häufigkeit ausschließlich psychischer Abhängigkeit. Sie erklärt sich dadurch, daß es keineswegs vertretbar ist, auf Dauer alle Patienten medikamentenfrei zu behandeln. Eine "low dose dependence" läßt sich angesichts der ärztlichen Aufgabe, eine möglichst optimale Lebensqualität anzustreben, oftmals nicht vermeiden. Sie hat insofern also durchaus unter gewissen Umständen ihre Berechtigung und somit einen therapeutischen Wert.

33 der 50 nachuntersuchten Patienten (66%) nahmen indessen keinerlei suchterzeugende Medikamente mehr ein. Auf die Frage, was der Anlaß für solche Enthaltsamkeit wäre, gab es folgende Antworten: 25mal Empfehlung der Nervenklinik, 18mal eigener Entschluß, entsprungen aus der Überzeugung, auch ohne solche Hilfsmittel das Leben meistern zu können, 4mal Ratschlag des Hausarztes, der die Einnahme von Beruhigungsmitteln nicht mehr für notwendig hielt, und 9mal Scheu vor neuerlichen unangenehmen Folgen, insbesondere vor einer Wiederholung der Entzugserscheinungen. In vielen Fällen spielten mehrere Motive eine Rolle. Erstaunlicherweise hatten 13 der 33 Patienten aus einem oder mehreren der genannten Gründe von erneutem Benzodiazepingebrauch Abstand genommen, obwohl sie immer noch – sei es ständig, sei es zeitweilig – unter ihren Beschwerden litten. Bemerkenswert ist außerdem, daß von vormals 38 zur Zeit der Erhebung nur noch 3 als nicht nur psychisch, sondern auch physisch abhängig zu bezeichnen waren. Allerdings nahmen andererseits immerhin noch 17 der 50 katamnestisch erfaßten Kranken (34%) nach wie vor Benzodiazepine ein.

Die Befragung der behandelnden Haus- oder Fachärzte ist eine gute Methode, um Aufschlüsse über das Vorliegen von Medikamentenabhängigkeit zu bekommen. Daher war es auch für die Fragestellung der vorliegenden Studie interessant, von seiten der behandelnden Ärzte zu erfahren, wie sie die einzelnen Patienten hinsichtlich ihrer Benzodiazepinabhängigkeit einschätzten. Eine direkte Klassifizierung gemäß den Kriterien von Poser et al. (1982, 1983) bzw. vom DSM III ließ sich dabei allerdings nicht vornehmen. Gute Übereinstimmung herrschte zwischen den Aussagen der Ärzte und denen der Betroffenen bei jenen 33 Kranken, die jeden

Gebrauch von Benzodiazepinen eingestellt hatten. Sie alle wurden auch von ihren Ärzten als nicht mehr abhängig eingestuft, darüber hinaus aber noch ein weiterer Patient, der sich hinter dem Rücken des Arztes von seiner Frau Benzodiazepine besorgen ließ. Bei 13 Patienten berichteten die Ärzte von Zeichen des Mißbrauchs oder der Abhängigkeit; in 2 dieser Fälle waren die Kranken von Benzodiazepinen auf Alkohol umgestiegen.

Soweit die Kranken noch Benzodiazepine einnahmen, gab es erhebliche Abweichungen zwischen ihren eigenen Angaben und denen der behandelnden Ärzte. Diese Diskrepanz ist aus Tabelle 6 ersichtlich. In Ergänzung zu der eingangs erwähnten Arbeit von Keup (1986) läßt sich in bezug auf die hier untersuchten Patienten sagen, daß sowohl Bromazepam als auch Lorazepam häufiger verordnet wurden als andere Substanzen. Daneben scheint die Spitzenstellung des Diazepams unangefochten gewesen zu sein. Auffallend häufig kam im vorliegenden Material die Verordnung bzw. Einnahme von Psyton vor, einem Kombinationspräparat, welches

Tabelle 6. Angaben von 17 Patienten und 15 Ärzten über Art und Menge der benutzten Benzodiazepine zum Zeitpunkt der katamnestischen Erhebungen[a]

Art der Substanz	Häufigkeit	
	Angaben der Patienten	Ärztliche Verordnungen
Diazepam (Valium)	2	4
Lorazepam (Tavor)	1	4
Bromazepam (Lexotanil)	3	3
Clobazam (Frisium)	0	1
Clobazam (in Psyton Hoechst)	4	3
Oxazepam (Adumbran)	2	1
Clorazepat (Tranxilium)	2	2
Flunitrazepam (Rohypnol)	0	2
Nitrazepam (Mogadan)	1	0
Chlordiazepoxid (Librium)	1	1
Prazepam (Demetrin)	0	1

[a] 2 Kranke benutzen die Mittel (hochdosiert) ohne Wissen ihrer Ärzte, 5 nahmen mehr als eine Substanz.

neben dem Benzodiazepin Clobazam noch Nomifensin enthält. Dieses Kombinationspräparat wurde als Antidepressivum angeboten, ist inzwischen aber vom Hersteller aus dem Handel gezogen worden.

Diskussion

Das Abhängigkeitspotential von Benzodiazepinen ist hinreichend dokumentiert. Bei der Einschätzung des Risikos allerdings weichen die Urteile der verschiedenen Autoren z. T. stark voneinander ab (Beckmann u. Roggenbach 1985; Binder et al. 1984; Lader 1983; Laux u. König 1985; Marks 1978; Poser et al. 1982, 1983, 1985; Wolf u. Rüther 1984). Auch 58 der hiesigen 80 Patienten waren sowohl nach den Kriterien von Poser et al. (1982, 1983) als auch nach denen des DSM III als psychisch und physisch abhängig einzustufen.

Wenig ist bisher über den Persönlichkeitstyp und über das soziale bzw. persönliche Umfeld der Betroffenen sowie über die Rückfallgefahr bekannt. Allgulander legte 1978 eine erste Longitudinalstudie zum Problem der Abhängigkeit vor und bezog dabei persönliche und soziale Faktoren mit ein. Er fand in bezug auf verschiedene Gruppen von Hypnotika und Sedativa Hinweise darauf, daß es Zusammenhänge zwischen bestimmten persönlichen und situativen Momenten einerseits und einer Neigung zu Mißbrauch bzw. Abhängigkeit andererseits gibt. Folgende Sachverhalte wurden bei chronisch Abhängigen gehäuft beobachtet: Hohe Scheidungsrate, bevorzugte Betroffenheit von Frauen im mittleren Lebensalter, starke emotionale Belastung privater und/oder beruflicher Art, anamnestische Angaben über erhebliche emotionale Belastungen während der Kindheit sowie gehäuftes Vorkommen von Erwerbsunfähigkeitsrenten bei insgesamt unbefriedigenden Lebensbedingungen. Aus den Krankengeschichten der hier untersuchten Benzodiazepinabhängigen sind ähnliche Verhältnisse zu entnehmen. Für das Vorliegen einer sogenannten „Suchtpersönlichkeit", wie sie aus der Drogenszene und bei Alkoholismus bekannt ist, konnten wir indessen keine Anhaltspunkte gewinnen. Dabei ist zu bedenken, daß die sozialen Folgen des Benzodiazepinmißbrauchs gewöhnlich bei weitem nicht so schwerwiegend sind wie die bei Drogenabhängigkeit und Alkoholismus. Das mag auch ein Grund für die geringe Rückfallquote der ehemals Benzodiazepinabhängigen sein.

Freilich muß man davon ausgehen, daß es eine nicht geringe, aber schwer einzuschätzende Dunkelziffer gibt. Sie wurde von Biniek et al. (1983) ganz allgemein bezogen auf Sedativa für Männer auf das 2fache und für Frauen auf das 3- bis 4fache der klinisch diagnostizierten Fälle von Abhängigkeit eingeschätzt. Weitere Untersuchungen sind zu diesem Problemkreis notwendig.

Eine Beschaffungskriminalität scheint im Hinblick auf Benzodiazepine kaum vorzukommen; allerdings deckten 2 der hiesigen Patienten ihren diesbezüglichen Bedarf hinter dem Rücken des Arztes über Mittelspersonen.

Die gute Übereinstimmung der Abhängigkeitskriterien von Poser et al. (1982, 1983) mit denen des DSM III läßt es sinnvoll erscheinen, generell nach dem DSM III vorzugehen; Poser selbst hat das 1985 auch schon vorgeschlagen. Arztbefragungen können darüber hinaus zusätzliche Einblicke vermitteln, wenn es darum geht, Ausmaß und Art der Abhängigkeit weiter zu differenzieren. Als weitere Möglichkeit käme noch die Ermittlung von Verkaufszahlen bei den Apotheken in Frage. Beide Methoden lassen sich auch verwenden, um den weiteren Verlauf nach der Behandlung chronisch Abhängiger zu beobachten und Rückfälle zu erfassen.

Zusammenfassung

Bei 50 von 80 Patienten, die in den Jahren 1974–1983 wegen Benzodiazepinabusus bzw. -abhängigkeit behandelt worden waren, wurden katamnestische Erhebungen angestellt, um festzustellen, wie sie sich in der Folgezeit gegenüber der Verlockung, aufs neue nach Benzodiazepinen zu greifen, verhielten. Die Nachuntersuchung ergab, daß von 38 früher als psychisch und physisch abhängig eingestuften Patienten später nur noch 3 in gleicher Weise zu beurteilen waren. Der Anteil lediglich psychisch abhängiger Patienten stieg demgegenüber von anfangs 12 auf 14 an. Was die Gefahr erneuter psychischer und physischer Abhängigkeit anbelangt, so ist die Rückfallgefahr demnach bei Benzodiazepinen als vergleichsweise gering einzuschätzen. Die Häufigkeit langfristiger psychischer Abhängigkeit scheint demgegenüber nicht unerheblich zu sein. Weitere epidemiologische Studien zu diesem Themenkreis sind in Zukunft erforderlich.

Literatur

Allgulander C (1978) Dependence on sedative and hypnotic drugs. Acta Psychiatr Scand [Suppl] 270

American Psychiatric Association (1980) Diagnostic and statistical manual of mental disorders, 3rd edn. American Psychiatric Association, Washington (dt. Bearb. 1984: Koehler K, Saß H. Beltz, Weinheim)

Beckmann H, Roggenbach W (1985) Benzodiazepinmißbrauch und -abhängigkeit. Med Welt 36:1195–1198

Binder W, Kornhuber HH, Waiblinger G (1984) Benzodiazepinsucht, unsere iatrogene Seuche – 157 Fälle von Benzodiazepinabhängigkeit. Öff Gesundheitswes 46:80–86

Biniek EM, Hartmann H, Heydt G, Dietz K (1983) Zur Dunkelziffer medikamentenabhängiger Patienten in einer psychiatrischen Klinik. In: Waldmann H (Hrsg) Medikamentenabhängigkeit. Akademische Verlagsgesellschaft, Wiesbaden, S 25–32

Keup W (1986) Arzneimittelmißbrauch. Arzneiverordnung in der Praxis 1:1–8

Klotz U (1981) Pharmakologie, Toxikologie und Abhängigkeitspotential von Benzodiazepinen. Dtsch Ärztebl 47:2227–2234

Lader M (1981) Epidemic in the making: benzodiazepine dependence. In: Tognoni G, Bellantuono C, Lader M (eds) Epidemiological impact of psychotherapeutic drugs. North Holland Biomedical Press Elsevier, Amsterdam, pp 313–324

Lader M (1983) Benzodiazepine withdrawal states. In: Trimble MR (ed) Benzodiazepines divided. Wiley & Sons, New York Chichester, pp 17–31

Ladewig D (1983) Abuse of benzodiazepines in Western European Society and prevalence, motives, drug acquisition. Pharmacopsychiatry 16:103–106

Laux G, König W (1985) Benzodiazepine – Langzeiteinnahme oder Abusus. Dtsch Med Wochenschr 110:1285–1290

Marks J (1978) The benzodiazepines – Use, overuse, misuse, abuse. MTP Press, Lancaster

Poser W, Kemper N, Poser S (1982) Mißbrauch und Abhängigkeit bei Benzodiazepin-Hynotika. In: Hippius H (Hrsg) Benzodiazepine in der Behandlung von Schlafstörungen. Upjohn, Heppenheim, S 63–70

Poser W, Poser S, Kemper N (1983) Benzodiazepin-Abhängigkeit: Gibt es Unterschiede zwischen den verschiedenen Substanzen? In: Waldmann H (Hrsg) Medikamentenabhängigkeit. Akademische Verlagsgesellschaft, Wiesbaden, S 55–63

Poser W, Poser S, Piesiur-Strehlow B, Strehlow U (1985) Pharmakologische und klinische Daten zum Problem der Benzodiazepin-Abhängigkeit. In: Hippius H (Hrsg) Buspiron Workshop, Expertengespräch
Gstaad. Materia Medica, Gräfelfing, S 104–112
Wolf B, Rüther E (1984) Benzodiazepin-Abhängigkeit. MMW 126:294–
296

Klinische Charakteristika von Patienten mit positivem Nachweis von Benzodiazepinen im Urin

S. Priebe, O. Liesenfeld, B. Müller-Oerlinghausen

Im psychopharmakologischen Labor der Psychiatrischen Klinik der FU Berlin werden zum Zeitpunkt der stationären Aufnahme alle Patienten im Rahmen eines Routinescreenings mit dem EMIT-dau-Benzodiazepinassay untersucht. Von September 1984 bis Oktober 1985 wurden Urine von 749 Patienten geprüft. Davon wiesen 142 Patienten ein- oder mehrfach positive Befunde auf; bei 119 Patienten konnten bisher die klinischen Daten ausgewertet werden. Anlaß zu diesem Routinescreening war der Wunsch, einerseits zusätzliche Hinweise auf eine Abhängigkeits- oder Mißbrauchsproblematik schon zum Zeitpunkt der Aufnahme zu erhalten und andererseits eine mögliche Beeinflussung des psychopathologischen Befundes durch Benzodiazepine vor Therapiebeginn beurteilen zu können.

Alters- und Geschlechtsverteilung dieser Patienten entsprechen ungefähr den Häufigkeiten aller in unserer Klinik aufgenommenen Patienten und auch der generellen Verordnungsstatistik von Benzodiazepinen (z. B. w.:m. = 2:1). Im Vergleich zur allgemeinen Diagnosenverteilung unserer Klinik ist die relative Anzahl schizophrener Psychosen deutlich niedriger und der Anteil neurotischer bzw. reaktiver Erkrankungen leicht erhöht. Mißbrauch oder Abhängigkeit erscheint als Hauptdiagnose bei 4 Patienten, als Nebendiagnose bei weiteren 21. Bei der Medikamentenanamnese berichteten 92 Patienten von einer Benzodiazepineinnahme. Als Substanzen wurden 20mal Diazepam, 17mal Bromazepam, je 10mal Chlordiazepoxid und Flurazepam, je 8mal Clobazam und Dikaliumclorazepat, sowie 1- bis 6mal Flunitrazepam, Triazolam, Oxazepam, Lorazepam, Prazepam, Nitrazepam, Lormetazepam und Medazepam genannt.

Im Verlauf des stationären Aufenthalts erhielten 85 Patienten Neuroleptika, 57 Patienten Antidepressiva, 12 Patienten andere

Psychopharmaka und 17 Patienten keinerlei Medikation. Benzodiazepine bekamen 18 Patienten: 12 erhielten Diazepam bei akuten Erregungszuständen und 6 Patienten andere Benzodiazepine ausschleichend zur Vermeidung von Entzugserscheinungen. Benzodiazepine wurden nie länger als 2 Wochen und in keinem Fall zum Zeitpunkt der Entlassung gegeben.

Bei kritischer Durchsicht der Krankengeschichten erfüllten insgesamt 41 Patienten Mißbrauchs- oder Abhängigkeitskriterien (34%) nach DSM III, 13 müssen als polytoxikoman beurteilt werden. Die strengeren Kriterien der Abhängigkeit und nicht nur des Mißbrauchs fanden sich bei 22 Patienten. Die Diagnoseverteilung zeigt ein Überwiegen der neurotischen (12) gegenüber den psychotischen Erkrankungen (7). Bei 3 Patienten wurde vom behandelnden Arzt Mißbrauch oder Abhängigkeit als Hauptdiagnose festgestellt, zweimal von Benzodiazepinen, einmal als Polytoxikomanie. Auch bezogen auf die Patientengruppe mit positivem Benzodiazepinnachweis wird somit die klinische Erfahrung der relativ häufigeren Verbindung von Mißbrauch und Abhängigkeit mit neurotischen bzw. reaktiven Erkrankungen bestätigt. 15 Patienten zeigten im stationären Verlauf eine Symptomatik, die als entzugsbedingt einzuschätzen ist.

Von besonderem Interesse waren die Patienten mit einem positiven Befund, die über eine entsprechende Einnahme von Benzodiazepinen nicht berichtet hatten. Dies sind 27 Patienten (23%). Die Diagnosenverteilung ergibt 19 psychotische Erkrankungen, 6 neurotische bzw. reaktive Störungen, 1 Oligophrenie und 1 Alkoholabhängigkeit. Bei den Psychosen und der Oligophrenie ist die unvollständige Medikamentenanamnese unter Berücksichtigung des psychopathologischen Befundes mit möglichen Denkstörungen nicht überraschend; Verleugnungs- oder Verheimlichungstendenzen könnten eher bei den neurotischen bzw. reaktiven Erkrankungen angenommen werden. Bei keinem dieser Patienten, auch nicht bei dem Patienten mit der Alkoholabhängigkeit, konnte jedoch letztlich ein Mißbrauch oder eine Abhängigkeit von Benzodiazepinen nach DSM III diagnostiziert werden.

8 Patienten zeigten während des stationären Aufenthalts nach zwischenzeitlich negativem Test erneut positive Befunde, hatten also Benzodiazepine eigenmächtig besorgt und eingenommen. Bei 5

dieser Patienten sind Kriterien der Abhängigkeit erfüllt, einmal lautete auch die Hauptdiagnose des behandelnden Arztes entsprechend.

Zusammenfassend läßt sich für unsere Klinik festhalten, daß der diagnostische Wert dieses Screenings zur Aufdeckung noch unbekannter Abhängigkeiten offensichtlich gering ist. Die Erwartung, abhängige Patienten schon bei Aufnahme trotz fehlender diesbezüglicher Medikamentenanamnese durch diesen Test zu entdecken, erfüllte sich nämlich in keinem einzigen Fall. Zwar kann die Untersuchung in Einzelfällen zur Ergänzung der Medikamentenanamnese oder als Verlaufskontrolle (wie bei obengenannten 8 Patienten mit erneut positivem Befund) sicherlich wertvolle Hinweise liefern; der Wert als Routinescreening steht aber in keinem günstigen Verhältnis zum Aufwand und den Kosten. Einschränkend muß hinzugefügt werden, daß die Methode bezüglich des Nachweises von Bromazepam und Lorazepam relativ unempfindlich ist und daß diese Untersuchung an einer Klinik durchgeführt wurde, deren personelle Ausstattung eine adäquate Medikamentenanamneseerhebung bei jedem Patienten ermöglicht.

Pharmakologisch aktive Benzodiazepine pflanzlicher Herkunft im Hirn und Blut von Mensch und Säugetier als wahrscheinliche physiologische Liganden zentraler Benzodiazepinrezeptoren

H. Matthaei, J. Wildmann, J. Niemann, G. F. Domagk

Bis ins Jahr 1985 war die Suche nach mutmaßlichen endogenen Liganden zentraler Benzodiazepinrezeptoren (BZDR) ohne überzeugende Ergebnisse geblieben. Die bereits seit 1960 therapeutisch eingesetzten Benzodiazepine (BZD) betrachtete man als rein synthetische Heterozyklen, die von der Natur nicht hervorgebracht werden.

Benzodiazepine finden verbreitete Anwendungen, so als Anxiolytika, Sedativa, Antikonvulsiva, Muskelrelaxantien und als Hypnotika. Wegen ihrer Spezifität und ihrer ungewöhnlich hohen therapeutischen Breite sind sie aus klinischer Sicht Tranquilizer der Wahl [5]. Sie führen jedoch bei einem Teil der Menschen zur Entwicklung einer BZD-Abhängigkeit, die mit ernstlichen Gefährdungen verbunden ist [1].

Alle wichtigen therapeutischen Effekte der BZD sollen auf einem gemeinsamen Mechanismus beruhen [8]: sie interagieren mit spezifischen, im Säugerhirn weitverbreiteten Bindestellen, den BZDR, Teilen des GABA-BZD-Rezeptor-Chloridionophor-Komplexes. Seine Struktur ist weitgehend aufgeklärt, seine effektorregulierten Kanalfunktionen sind in gentechnisch erzeugten Modellen meßbar geworden [11]. Als Agonisten fördern BZD in dem im ZNS weitverbreiteten inhibitorischen GABA-ergen System die Wirkung von endogenem GABA auf den hyperpolarisierenden Chlorideinstrom, während inverse Agonisten (z. B. β-Carboline) diese GABA-Wirkung hemmen. Antagonisten – wie z. B. Ro 15-1788 (Flumazenil) – verdrängen praktisch ohne eigene intrinsische Wirkung beiderlei Modulatoren. Alle bis 1985 von verschiedenen Seiten als physiologische Liganden in Betracht gezogen niedermolekularen Substanzen zeigten zwar z. T. BZD-ähnliche pharmakologische Wirkungen, wiesen jedoch für einen Effektor bei weitem zu niedrige Affinitäten zum BZDR auf.

Die ersten Nachweise von BZD-artigen Stoffen im Hirn und Blut gelangen unabhängig und mit verschiedener Methodik. Die Gruppe um De Blas in New York lokalisierte mit Hilfe monoklonaler BZD-Antikörper BZD-artige Substanzen im Hirngewebe von Säugetieren [9]. Außerdem gelang dieser Gruppe mit Hilfe dieser Technik der Nachweis BZD-artiger Substanzen in Sektionen menschlicher Gehirne, die vor der ersten Chemosynthese eines BZD konserviert worden waren [4]. Wir in Göttingen untersuchten niedermolekulare Komponenten aus Seren bzw. Plasma und fanden in verschiedenen HPLC-Fraktionen Substanzen, die BZD von zentralen GABA-BZD-Rezeptoren verdrängen [13]. Beide Gruppen konnten ihre Befunde bestätigen und ausbauen [2, 3, 14, 15]. Auch Manning et al. haben das Vorkommen BZD-ähnlicher Verbindungen im Blut beschrieben [6]. Hinweise auf eine pflanzliche Biogenese der BZD [15] könnten die Frage nach ihrer natürlichen Herkunft beantworten. Sollte es sich tatsächlich um für Tiere und Menschen essentielle Nahrungsstoffe handeln, so ergäben sich damit neue Aspekte für die Klärung ihrer physiologischen Wirkungen, u. a. ihrer Rolle bei Gesunden, psychisch Kranken und BZD-Abhängigen.

Benzodiazepine im Blut

Beobachtungen des sukzessiven Löschens zahlreicher Phänomene subjektiver Angst durch Bromazepam hatten uns in den vorangegangenen Jahren zur Suche nach möglichen physiologischen „Angst-" und „Ruhestoffen" im Blut geführt. Bei einem temporär durch existentielle Sorgen für Angst sensibilisierten Probanden war es möglich, diese Kinetiken über Monate hinweg in quantitativer Bonitierung und in Plazeboversuchen reproduzierbar zu beobachten (Matthaei et al., in Vorbereitung). Seine gesteigerte Sensibilität ermöglichte die Intuition, daß u. a. benzodiazepinartige Stoffe im Blut zu finden sein sollten, aus dem Empfinden der gleichen Qualität von psychisch und von chemisch (durch BZD) induzierten Anxiolysen, nicht etwa aufgrund eines logisch notwendigen Schlusses. So fanden wir bei Menschen und anderen Säugern einen

„Ruhestoff", der bei Angstzuständen – vermutlich kompensatorisch freigesetzt – in beträchtlich höheren Konzentrationen aufzutreten schien.

Die Isolierung der BZD vom Rezeptor verdrängenden niedermolekularen Substanzen aus angesäuertem Plasma bzw. Serum gelang zunächst mit Amicon-Filtern, die sich aber bald als Quelle möglicher Artefakte erwiesen, da das Filtermaterial z. T. selbst Stoffe enthielt, die mit den BZDR interagierten. Daher wurden alle weiteren Extrakte mittels Sep-Pak-C_{18}-Kartuschen hergestellt. Die Auftrennung der niedermolekularen Fraktionen in der HPLC er-

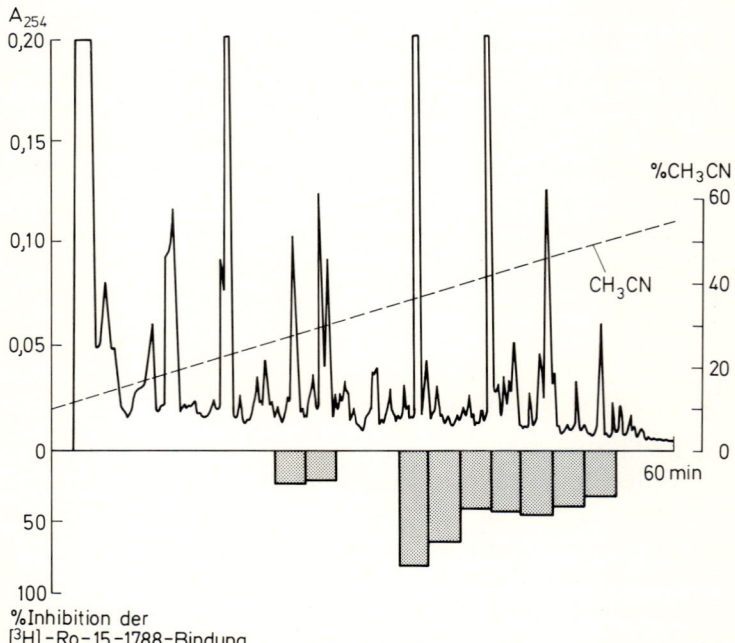

Abb. 1. HPLC-Trennung eines Sep-pak-Eluats von Humanserum eines BZD-naiven Probanden (Injektinsvolumen 200 µl entsprechend 20 ml Serum). Fraktionen gleicher Größe wurden gesammelt und im Radio Receptor Assay auf ihre ^{3}H-Ro15-1788-verdrängenden Aktivitäten getestet. Die ermittelten Aktivitäten (ausgedrückt in Prozent) sind durch Säulen unter der jeweils korrespondierenden HPLC-Fraktion dargestellt. Materialien und Methoden: s. Wildmann et al. 1986 [13]

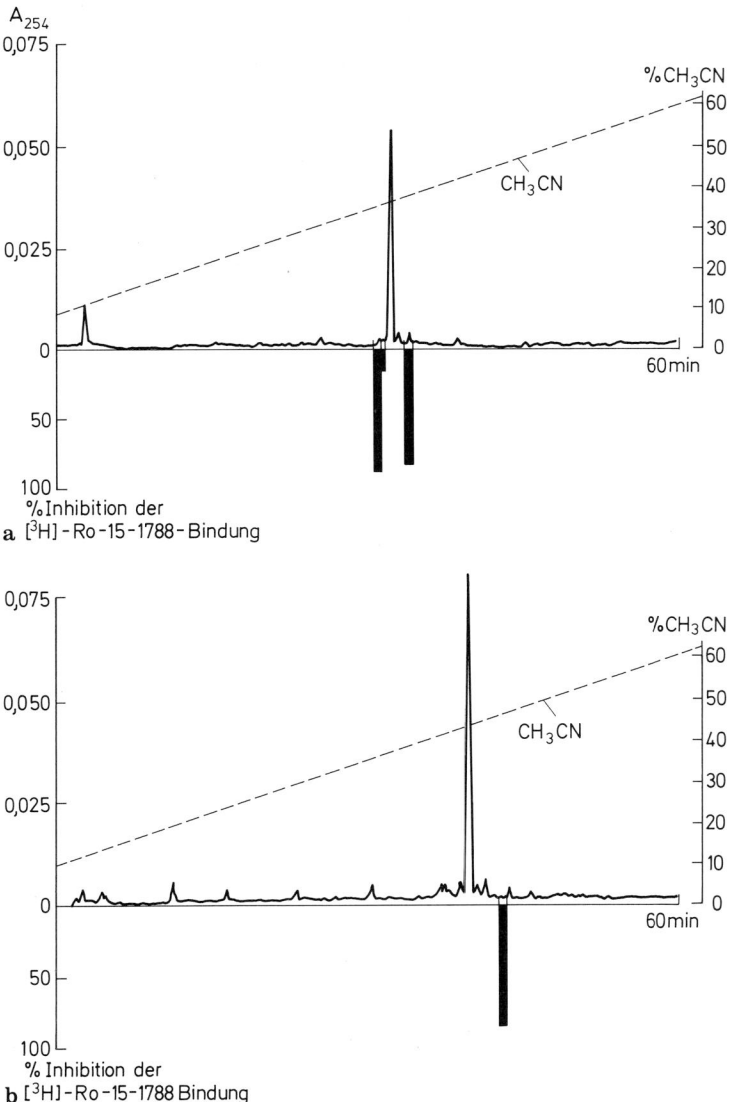

Abb. 2 a und b. a Rechromatographie der kombinierten Fraktionen 12 und 13 aus dem in Abb. 1 dargestellten Lauf, **b** Rechromatographie der kombinierten Fraktionen 14 und 15 aus dem in Abb. 1 gezeigten Lauf

gab bei unterschiedlichen Seren mehrere Peaks von BZD-verdrängender Aktivität. In der Regel wird neben Diazepam eine in seiner Nähe eluierte weitere Aktivität gefunden, deren UV-Spektrum dem des Diazepams zwar ähnlich, aber nicht mit ihm identisch ist. In seiner elektrophysiologischen Wirksamkeit als Modulator des GABA-stimulierten Chloridionophors schien dieses bisher nicht identifizierte Molekül das Diazepam noch zu übertreffen. Eine Anzahl weiterer im BZDR-Binding Assay aktiver HPLC-Fraktionen konnten aus Seren von Mensch, Rind und Kaninchen gewonnen werden (Abb. 1). Eine molekulare Identifizierung der aktiven Substanzen durch GC und Massenspektrometrie steht bevor (vgl. Abb. 2 a, b).

Angesichts der noch zu besprechenden Herkunft der BZD aus pflanzlicher Nahrung ergeben sich für weitere Untersuchungen ihrer Bedeutung als Bestandteile des Blutes einige grundsätzliche Fragen:

1) Gibt es zentrale Speicher, mit denen die im Blut transportierten BZD möglicherweise in Interaktion stehen?

2) Reflektieren BZD-Konzentrationen im Blut BZD-Freisetzungen im ZNS, die sich u. a. temporären psychischen Aktivitäten zuordnen lassen?

3) Haben die im Blut nachgewiesenen BZD periphere Wirkungen?

4) Wie wird ihre Plasmaproteinbindung gesteuert?

5) Wie gestalten sich Pharmakodynamik und -kinetik der BZD bei physiologischen, weit subpharmakologischen Dosierungen, wie sie uns offenbar die tägliche Nahrung zuführt?

BZD-Abhängigkeit mag ein Dysregulationsphänomen sein, das nur bei unphysiologischer Dosierung auftritt. Mangelerscheinungen (z. B. Angstzustände) könnten u. a. als physiologische Folgen erhöhten Umsatzes (und Verlustes) bei z. B. chronischer Belastung auftreten und evtl. durch eine subpharmakologische Erhöhung der täglichen Zufuhr zu beheben sein.

Benzodiazepine in Pflanzen

Da chlorierte Heterozyklen wahrscheinlich nicht von Tieren synthetisiert werden und ihre Konzentrationen im Gehirn bei Ratten mit sterilem Darminhalt nicht vermindert waren [14], untersuchte Wildmann pflanzliche Nahrungsmittel, insbesondere Kartoffeln und Weizenkörner. Darin konnte er bisher nach der Isolierung durch HPLC und GC anhand ihrer typischen Massenspektren nicht weniger als 8 BZD nachweisen [15]. Unter diesen befinden sich N-Desmethyldiazepam und Diazepam, die Wildemann andererseits auch aus Hirn und Nebennieren von Ratten gewinnen konnte [14]. Vermutlich gelangen diese über Nahrungsaufnahme in den tierischen Organismus. Nachdem er zunächst eine Nettozunahme von BZD während des Wachstums steril aufgezogener Weizenpflanzen zeigen konnte (Wildmann, persönliche Mitteilung), versucht Wildmann derzeit, die Biosynthese im Weizen durch Tracerexperimente nachzuweisen.

Vielleicht sind BZD phylogenetisch wesentlich älter als die höhere Pflanze oder gar das Säugetier. In mehreren Extraktionsansätzen aus einem einzelligen grünen Flagellaten konnten wir BZD-verdrängende Aktivität nachweisen (Matthaei et al., unveröffentlicht). Ihre molekulare Identifizierung und Versuche zum Nachweis einer möglichen Rolle von BZD bei phobischen Reaktionen (Taxien) von Algen, Pilzen und Protozoen sollen folgen. Wir werden der Frage nachgehen, ob BZD bereits auf einer sehr frühen Stufe der Phylogenese als Effektoren Verwendung gefunden haben. Die Regulation der Osmolarität und des internen Ionenmilieus scheint bereits bei Kolibakterien mittels primitiver Ionenkanäle zu erfolgen [7]. Adler untersucht Motilität und Chemotaxis auf molekularer Ebene in der Hoffnung, an diesem einfachen Modell für die Neurobiologie und Psychologie (!) bedeutsame Mechanismen zu finden.

Bedeutung der Ergebnisse und Ausblick

Die im Gehirn von Ratten und Rindern nachgewiesenen BZD-Mengen sind physiologisch durchaus relevant [14] und legen den Verdacht nahe, daß BZD tatsächlich exogene physiologische Liganden zentralnervöser BZDR sind.

Von hier aus richtet sich unser Blick nun auf andere mögliche Themen einer künftigen Psychochemie: auf der Suche nach unbekannten Naturstoffen, deren Struktur bekannten Psychopharma-

ka verwandt ist und die daher in spezifischen Bindungsstudien auf-
zuspüren sein mögen. (Zum gedanklichen Hintergrund s. [12]). Wir
denken in diesem Sinne an neurochemische Korrelate von Befind-
lichkeiten wie Wachsein und Einschlafen, "arousal" und Ruhe,
Depression und Euphorie. Wer Psychochemie erforschen will, mag
zukünftig vielleicht psychoaktive Heterozyklen ebenso zu beachten
haben wie die bereits viel studierten Neuropeptide. Das Blut mag
sich auch hier als Spiegel, Informationsempfänger und -vermittler
zentralnervöser Aktivitäten erweisen, zugleich als heuristisch nütz-
liches Medium und Gegenstand funktionaler Forschung.

Literatur

1. Binder W, Kornhuber HH, Waiblinger G (1984) Benzodiazepin-Sucht,
   unsere iatrogene Seuche – 157 Fälle von Benzodiazepin-Abhängigkeit.
   Öff Gesundheitswes 46:80–86
2. De Blas AL, Sangameswaran L (1986) Demonstration and purification
   of an endogenous benzodiazepine from the mammalian brain with a
   monoclonal antibody to benzodiazepines. Life Sci 39:1927–1936
3. De Blas AL, Sotelo C (1987) Localization of benzodiazepine-like molecules in rat brain. A light and electron microscopy immunochemistry
   study with an anti-benzodiazepine monoclonal antibody. Brain Res
   413:285–296
4. De Blas AL, Park D, Friedrich P (1987) Endogenous benzodiazepine-
   like molecules in the human, rat and bovine brain studied with a monoclonal antibody to benzodiazepines. Brain Res 413:275–284
5. Hippius H, Rüther E (1982) Benzodiazepine, Mittel der ersten Wahl.
   MMW 124:16–18
6. Manning RW, Callahan AM, Paik YK, Hayman A, Davis LG, Morris
   HR (1986) Using radioreceptor binding assays to identify endogenous
   ligands. In: O'Brien RA (ed) Receptor binding in drug research. Dek-
   ker, New York, p 393
7. Marinac B, Buechner M, Delcour AH, Adler J, Kung C (1987) Pres-
   sure-sensitive ion channel in Escherichia coli. Proc Natl Acad Sci USA
   84:2297–2301
8. Möhler H, Schoch P, Richards JG, Häring P, Takacs B (1987) Struc-
   ture and location of a GABA$_a$ receptor complex in the central nervous
   system. J Recept Res 7:671–628
9. Sangameswaran L, De Blas AL (1985) Demonstration of benzodiazepine-like molecules in the mammalian brain with a monoclonal antibody to benzodiazepines. Proc Natl Acad Sci USA 82:5560–5564
10. Sangameswaran L, Fales HM, Friedrich P, De Blas AL (1986) Purifi-
    cation of a benzodiazepine from bovine brain and detection of benzo-

diazepine-like immunoreactivity in human brain. Proc Natl Acad Sci USA 83:9236–9240

11. Schofield PR, Darlison MG, Fujita N et al. (1987) Sequence and functional expression of the $GABA_A$ receptor shows a ligand-gated receptor super-family. Nature 328:221–227

12. Wildmann J, Matthaei H (1982) Strukturanalogien zwischen tricyclischen Psychopharmaka und endogenen opioiden Peptiden. Physiol Chem Hoppe Seyler 363:1292

13. Wildmann J, Niemann J, Matthaei H (1986) Endogenous benzodiazepine receptor agonist in human and mammalian plasma. J Neural Transmission 66:151–160

14. Wildmann J, Möhler H, Vetter W, Ranalder U, Schmidt K, Maurer R (1987) Diazepam and N-desmethyldiazepam are found in rat brain and adrenal and may be of plant origin. J Neural Transmission 70:383–398

15. Wildmann J, Vetter W, Ranalder U, Schmidt K, Maurer R, Möhler H (im Druck) Pharmacologically active benzodiazepines occur in trace amounts in wheat and potato. Biochem Pharmacol

Erkennung der Medikamentenabhängigkeit mit Hilfe von Suchtstoffanalysen

H. Reinbold

Im Bereich des Arzneimittelmißbrauchs und der Arzneimittelabhängigkeit hat sich im Laufe der letzten Jahre eine Entwicklung vollzogen, die zunächst kaum wahrgenommen wurde und deren weiterer Verlauf noch nicht abzusehen ist. Die Zahl der Medikamentenabhängigen in der Bundesrepublik wird neben 2 Mio. alkoholabhängigen Menschen und rund 80 000 von illegalen Drogen Abhängigen zur Zeit auf 500 000 geschätzt. Das Risiko der Abhängigkeitsgefahr ist vorwiegend bei den Arzneimittelgruppen Opioide, Barbiturate und verwandte Wirksubstanzen, Benzodiazepinen, Tranquilizer, Psychotonika, Appetitzügler und Kombinationspräparaten mit Mißbrauchspotential gegeben.

Es ist deshalb nicht verwunderlich, wenn Suchtkrankheiten inzwischen ein zentrales Problem der klinischen Psychiatrie darstellen. So erfolgen durchschnittlich 25–30% der Aufnahmen in das Westfälische Landeskrankenhaus Dortmund aufgrund von Suchtkrankheiten. Isolierter Alkoholismus ist dabei die häufigste Suchtkrankheit, danach folgen die kombinierte Alkohol-Arzneimittel-Abhängigkeit und die reine Medikamentenabhängigkeit. In der Gruppe der reinen Arzneimittelabhängigkeit überwiegen stets die Frauen. Die stationären Aufnahmen wegen süchtigen Mißbrauchs illegaler Drogen sind vergleichsweise relativ gering.

Problematik der Diagnostik

Die Erkennung der Medikamentenabhängigkeit setzt umfassende Kenntnis der Pathogenese, der pharmakologisch-toxikologischen Wirkspektren der einzelnen Substanzen bzw. Substanzgruppen und der möglichen klinischen Bilder voraus. Sie wird um so leichter fallen, je schwerer das Krankheitsbild ausgeprägt ist. Die leichteren und oftmals larvierten Formen sind diagnostisch schwierig und erfordern in der Regel eine besonders gründliche biographische Krankheitsanamnese und eine äußerst sorgfältige und lange dauernde Beobachtung. Im Gegensatz zum Alkoholismus zeigen sich typische Organstörungen durch chronische Arzneimitteleinnahme wesentlich seltener. Immer wieder treten auch diagnostische Unsicherheiten auf, ob das Krankheitsbild morbogener oder pharmakogener Natur ist. Sicherlich können spezielle diagnostische Kriterien, diverse psychiatrische Syndrome, eine isolierte γ-GT-Erhöhung oder ein typisches EEG für die einzelnen Arzneimittelgruppen diagnostisch richtungsweisend sein, eine wertvolle diagnostische Hilfe jedoch stellt der eindeutige Substanznachweis im Urin dar.

Einsatzgebiet der Analysen

In der zentralen Krankenhausapotheke des Westfälischen Landeskrankenhauses Dortmund führen wir bereits seit 10 Jahren regelmäßig Suchtstoffanalysen durch. Die toxikologischen Untersuchungen umfassen den Nachweis von akuten Arzneimittelvergiftungen, z. B. infolge von Suizidversuchen, die Identifizierung mißbräuchlich eingenommener Pharmaka durch Medikamentenabhängige nach stationärer Aufnahme und vor allem die Überprüfung des Verdachts auf chronischen oder gelegentlichen, heimlichen Mißbrauch von Arzneimitteln bei Suchtpatienten während der Entwöhnungsphase. Dabei dominiert in den Analysen der Nachweis der mißbräuchlichen Einnahme von Medikamenten in therapeutischen Dosierungen. Diese Tatsache beweist die sehr ernst zu nehmende, zahlenmäßig und gesundheitspolitisch bedeutende "low dose dependence".

Nachweismethoden

Zum Substanznachweis dienen Schnelltests zur direkten Anwendung auf biologische Untersuchungsmaterialien, verschiedene dünnschicht-chromatographische Verfahren, der Agglutex-Morphin-Test Roche und Enzymimmunoassay (EIA). In erster Linie arbeiten wir mit einem auf der Dünnschichtchromatographie basierenden System, dem amerikanischen Toxi-Lab-Testsystem

(DRG-Instruments GmbH, Frankfurterstr. 59, 3550 Marburg), mit dem in relativ kurzer Zeit und ohne speziellen apparativen Aufwand eine Vielzahl von Arznei- und Suchtstoffen, darunter die meisten der bei Suizidversuchen relevanten Pharmaka, simultan identifiziert werden können. Die Erfassung einer breiten Palette von Arzneistoffen ist insofern von Bedeutung, weil die von den Therapeuten gewünschten Untersuchungen auf ganz bestimmte Wirkstoffgruppen häufig nicht mit dem Analysenresultat übereinstimmen. Der Umgang mit diesem mikrochromatographischen Verfahren erfordert allerdings beachtliches analytisches Feingespür und reichliche Erfahrung. Wesentliche Vorteile liegen in einer zeitlich raschen Durchführung unserer Analysen, wobei die Untersuchungsresultate im Gegensatz zu fremden Instituten noch am gleichen Tag zur Verfügung stehen können.

Diskussion der Untersuchungsergebnisse

In den Jahren 1977–1985 wurden insgesamt 534 Urinuntersuchungen auf mißbräuchlich eingenommene Arzneimittel durchgeführt,

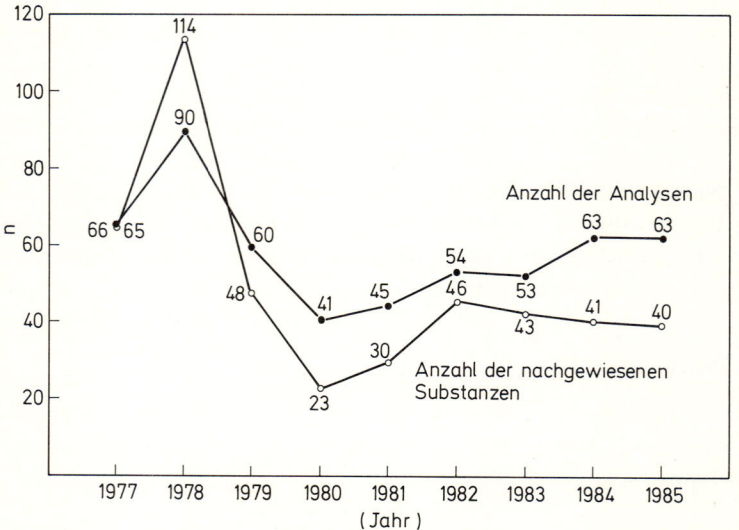

Abb. 1. Anzahl der 1977–1985 durchgeführten Analysen von mißbräuchlich eingenommenen Arzneimitteln

190

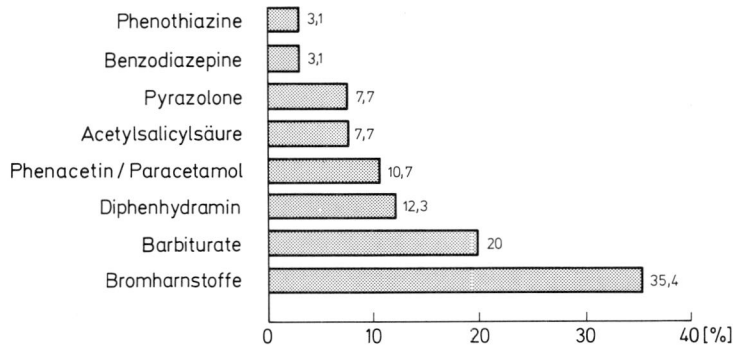

Abb. 2. Substanznachweise (1977)

in denen 451 Substanzen bzw. Substanzgruppen nachgewiesen wurden (Abb. 1). Nachfolgend dargestellte Graphiken der prozentualen Verteilung der nachgewiesenen Substanzen bzw. Substanzgruppen in den Jahren 1977–1985 (Abb. 2–10) zeigen die Entwicklung der bevorzugten Substanzgruppen bei den Medikamentenabhängigkeiten.

Die Untersuchungen vom Jahre 1977 zeigen eindeutig, daß die bisher nicht verschreibungspflichtigen Bromharnstoffverbindungen vor den Barbituraten unter den mißbrauchten Medikamenten den höchsten Stellenwert innehatten. Benzodiazepine spielten als Suchtstoffe zunächst eine untergeordnete Rolle (Abb. 2).

Im Jahre 1978 war dann, wie die Analysenergebnisse deutlich werden lassen, nach Unterstellung der Bromcarbamide am 24. 2. 1978 unter die Verschreibungspflicht ein rapider Rückgang dieser Substanzen in der mißbräuchlichen Anwendung zu verzeichnen. Aufgrund der Unterstellung bromcarbamidhaltiger Sedativa unter die Verschreibungspflicht haben einige Hersteller die Wirkstoffzusammensetzung ihrer Präparate geändert. Als Ausweichstoffe wurden im allgemeinen das nicht verschreibungspflichtige Diphenhydramin und/oder das ebenfalls rezeptfreie Diäthylpentenamid gewählt. Somit ist leicht erklärbar, daß im Jahre 1978 für einen relativ kurzen Zeitraum vermehrt Diäthylpentenamid nachgewiesen werden konnte, bis dann auch für diese Substanz am 1. 7. 1978 die Rezeptpflicht ausgesprochen worden ist. Daraufhin

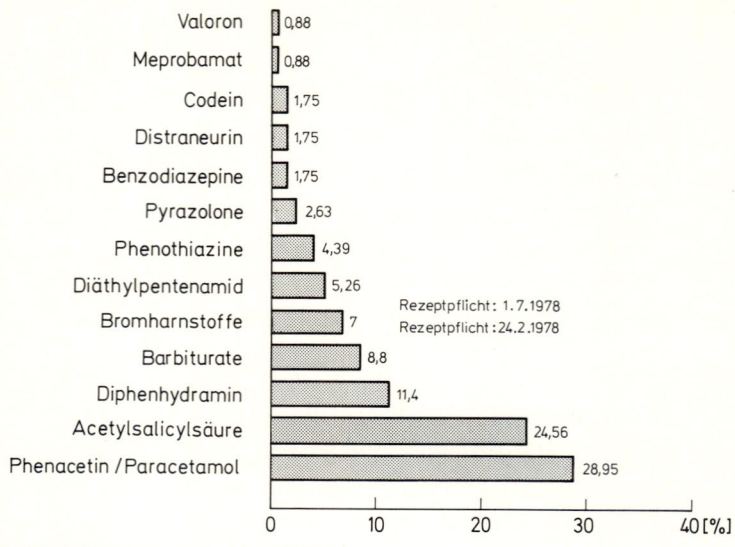

Abb. 3. Substanznachweise (1978)

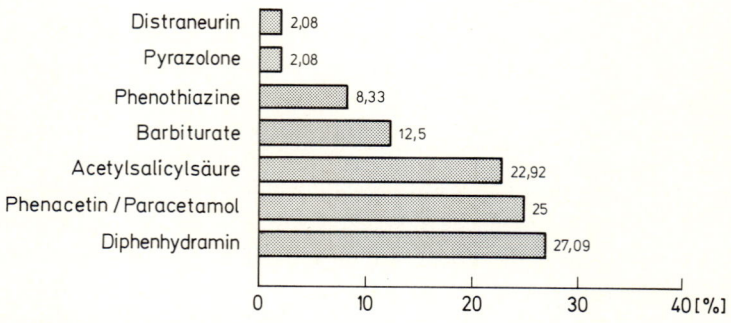

Abb. 4. Substanznachweise (1979)

rückten als mißbrauchte Stoffe immer mehr Sedativa, die vorwiegend Diphenhydramin als Wirkstoff enthielten, in den Vordergrund. Aber auch analgetisch wirksame Präparate mit den Wirkstoffen Phenacetin/Paracetamol und Acetylsalicylsäure scheinen in der mißbräuchlichen Anwendung an Bedeutung zu gewinnen (Abb. 3). Im Jahre 1979 übernahm die Substanz Diphenhydramin

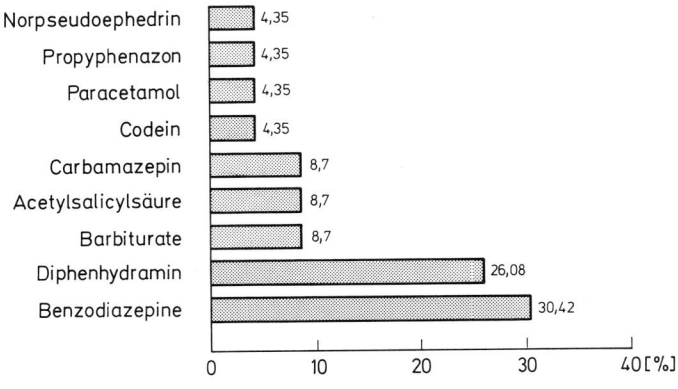

Abb. 5. Substanznachweise (1980)

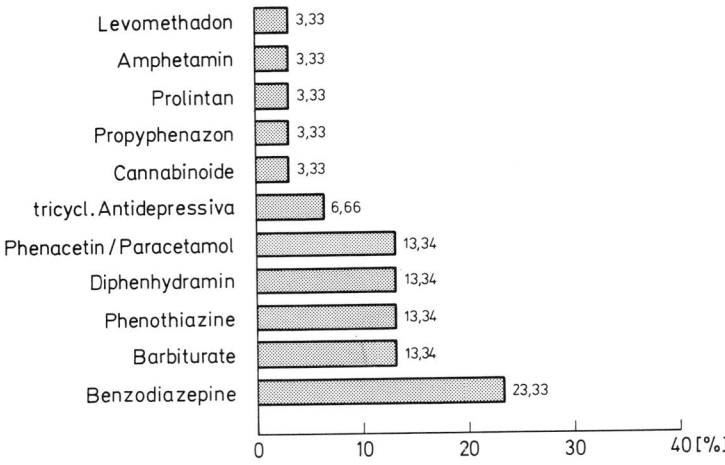

Abb. 6. Substanznachweise (1981)

in der Tabelle der mißbräuchlich verabfolgten Arzneistoffe die Führung, nachdem die Bromharnstoffe nach ihrer Unterstellung unter die Verschreibungspflicht als Suchstoffe bedeutungslos geworden waren (Abb. 4). Im Jahre 1980 hat dann offensichtlich ein Wechsel der bevorzugten Substanzgruppen bei den Medikamentenabhängigkeiten stattgefunden. Von diesem Zeitpunkt an stehen

193

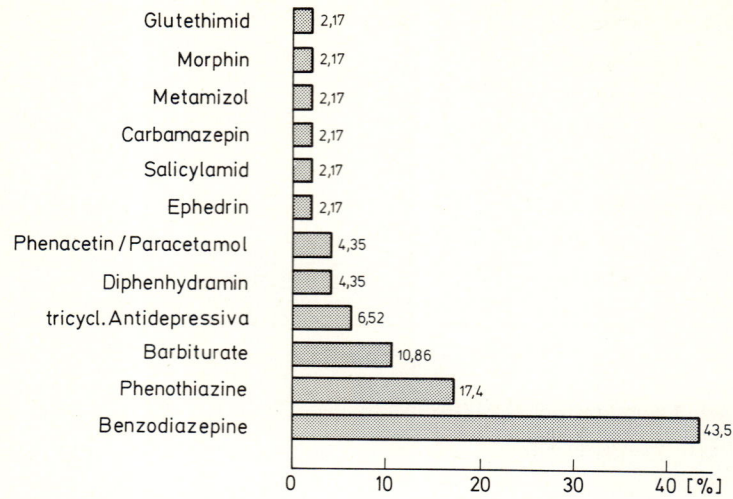

Abb. 7. Substanznachweise (1982)

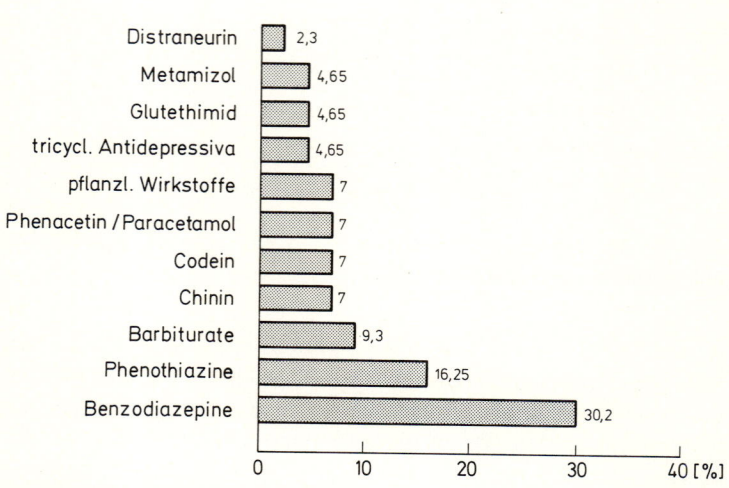

Abb. 8. Substanznachweise (1983)

tricycl. Antidepressiva
2,44
Phenytoin
2,44
Lidocain
2,44
Codein
4,88
Morphin
4,88
Phenacetin/Paracetamol
7,33
pflanzl. Wirkstoffe
9,75
Phenothiazine
17,07
Barbiturate
17,07
Benzodiazepine
31,7
0
10
20
30
40 [%]

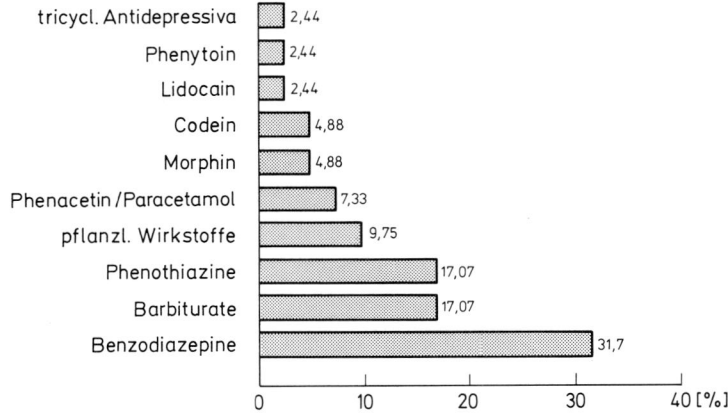

Abb. 9. Substanznachweise (1984)

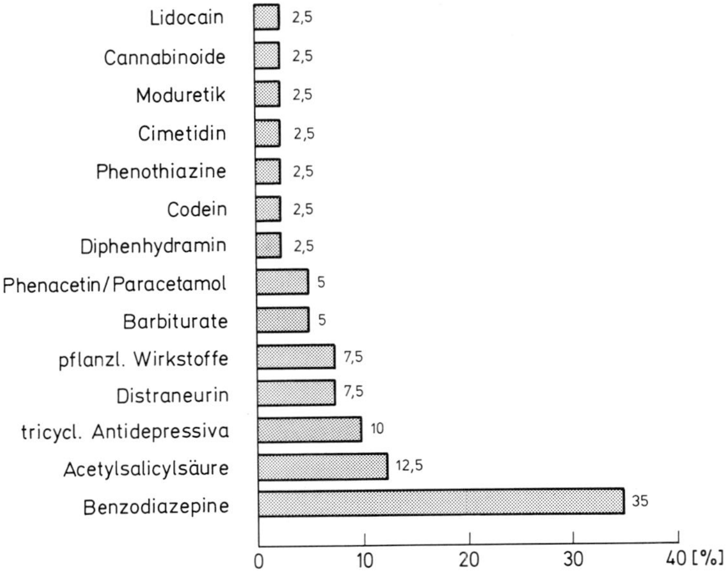

Lidocain
2,5
Cannabinoide
2,5
Moduretik
2,5
Cimetidin
2,5
Phenothiazine
2,5
Codein
2,5
Diphenhydramin
2,5
Phenacetin/Paracetamol
5
Barbiturate
5
pflanzl. Wirkstoffe
7,5
Distraneurin
7,5
tricycl. Antidepressiva
10
Acetylsalicylsäure
12,5
Benzodiazepine
35
0
10
20
30
40 [%]

Abb. 10. Substanznachweise (1985)

die Benzodiazepine stets deutlich an der Spitze der zur Medikamentenabhängigkeit führenden Präparate. Die am häufigsten mißbrauchten Benzodiazepine sind Lorazepam, Oxazepam und Diazepam. Der Mißbrauch diphenhydraminhaltiger Präparate nimmt dagegen in den folgenden Jahren erheblich ab. Bemerkenswert ist allerdings, daß die Barbiturate als Suchtstoffe in den Jahren 1977–1985 eine gleichbleibende, beachtliche Rolle spielen. Hervorzuheben unter den mißbrauchten Arzneistoffen sind auch, wie die Untersuchungsresultate deutlich werden lassen, die Psychopharmaka der Substanzklasse Phenothiazine. Nicht zu übersehen ist auch der süchtige Mißbrauch von phenacetinhaltigen Analgetikakombinationspräparaten in allen Jahren (Abb. 5–10).

Im Rahmen dieser Untersuchungen ergab sich regelmäßig der Nachweis von Coffein und Nicotin in ausgeprägter Konzentration aufgrund starken Rauchens und exzessiven Konsums von Kaffee seitens der Patienten.

Abschließend sei noch erwähnt, daß die Substanznachweise im Urin nicht nur für die Erkennung der Medikamentenabhängigkeit und Polytoxikomanie eine gewichtige Rolle spielen, sondern auch für die anschließende Therapie hilfreich sein können.

Zusammenfassung

Im Bereich des Medikamentenmißbrauchs und der Medikamentenabhängigkeit hat sich in den letzten Jahren eine ernst zu nehmende Entwicklung vollzogen. Besonders alarmierend ist es, daß die Arzneimittelabhängigkeit eine ständig steigende Tendenz erfährt. Die Erkennung der Medikamentenabhängigkeit, vor allem der leichteren und oftmals larvierten Formen, kann sehr schwierig sein. Der eindeutige Substanznachweis im Urin erweist sich folglich als eine wertvolle diagnostische Hilfe. In der Zentralapotheke des Westfälischen Landeskrankenhauses Dortmund werden regelmäßig Suchtstoffanalysen für die Diagnostik mißbräuchlich verabfolgter Pharmaka durch Medikamentenabhängige durchgeführt. Als Arzneimittelnachweismethode dient in erster Linie ein auf der Dünnschichtchromatographie basierendes System, das amerikanische Toxi-Lab-Testsystem, mit dem in relativ kurzer Zeit eine Vielzahl von Arznei- und Suchtstoffen simultan identifiziert werden kann Graphiken der prozentualen Verteilung der nachgewiesenen Substanzen bzw. Substanzgruppen in den Jahren 1977–1985 (Abb. 2–10) zeigen die Entwicklung der bevorzugten Substanzgruppen bei den Medikamentenabhängigkeiten, wobei die Untersuchungsresultate diskutiert werden.

Literatur

Deutsche Hauptstelle gegen die Suchtgefahren. V. (DHS) (1983) Medikamentenabhängigkeit, eine Information für Ärzte

Kemper N, Poser W, Poser S (1980) Benzodiazepin-Abhängigkeit. Dtsch Med Wochenschr 105/49:1707–1712

Reinbold H (1980) Ergebnisse toxikologischer Untersuchungen aus einer Krankenhausapotheke. Pharm Z 125:1539–1540

Reinbold H (1983) Toxikologische Nachweismethoden für Arzneistoffe aus Körperflüssigkeiten. Krankenhauspharmazie 4/10:292–297

Reinbold H (1986) Möglichkeiten zur Einschränkung des Risikos des Medikamentenmißbrauchs sowie der Medikamentenabhängigkeit. Pharm Z 131:412–417

Medikamenteneinnahme von Abhängigkeitskranken vor Aufnahme in eine psychiatrische Großklinik – ermittelt durch ärztliche Befragung und Urinanalyse*

L. G. Schmidt, W. E. Platz

Es gibt nur wenige epidemiologische Untersuchungen zur Einnahme von Medikamenten in der Bevölkerung, insbesondere von Risikogruppen. Deshalb wurde die Einnahme v. a. mißbräuchlich verwendeter Medikamente bei Alkohol- und Opiatabhängigen unmittelbar vor Aufnahme in eine psychiatrische Großklinik (Abteilung für Abhängigkeitserkrankungen der Karl-Bonhoeffer-Nervenklinik, Berlin) durch standardisierte ärztliche Befragung und Urinanalyse (immunenzymatisch) ermittelt. Die Zwischenauswertung anhand der abgeschlossenen Dokumentation von 213 Patienten führte zu folgenden Ergebnissen der noch laufenden Untersuchung:

1) Patientencharakteristika

a) Alkoholabhängige stellten den überwiegenden Anteil der untersuchten Patienten (77,5%), Opiatabhängige 22%. Lediglich 0,5% der Patienten waren Medikamentenabhängige.

b) In der Geschlechtsverteilung überwogen die Männer bei den Alkoholabhängigen mit 87% (zu 13% Frauen), bei den Opiatabhängigen mit 63% (zu 37% Frauen).

c) In der Altersverteilung überwogen bei den Alkoholabhängigen die über 40jährigen mit 57%, bei den Opiatabhängigen waren nur 4% älter als 40 Jahre.

Als ein Parameter für die Chronizität der Abhängigkeitserkrankung wurde die Anzahl aller Entzugsbehandlungen bestimmt. Mehr als 5 Entzugsbehandlungen (einschließlich der Indexbehandlung) wurden bei 33% der Alkoholabhängigen und 21% der

---

* Mit Unterstützung des Bundesgesundheitsamtes Berlin (West).

Tabelle 1. Ermittlung eingenommener Medikamente

	Alkohol-abhängige		Opiat-abhängige		Medika-menten-abhängige
	n	[%]	n	[%]	n
Patienten gesamt	166	(100)	46	(100)	1
● Mit angegebener Medikation	35	(21)	16	(34)	1
– Davon 1 Substanzgruppe	29	(17)	6	(13)	1
1 BZD	12	(7)	1	(2)	
2 BZD	4	(2)	1	(2)	1
1 Barbiturat	–		–		
2 Barbiturate	–		1	(2)	
Andere	13	(8)	3	(6)	
2 Substanzgruppen	5	(3)	5	(11)	
BZD + Barbiturate	–		3	(7)	
BZD + andere	5	(3)	2	(4)	
3 Substanzgruppen	1	(0,5)	5	(11)	
BZD	1	(0,5)	–	(–)	
+ Amphetamin					
+ Clomethiazol					
BZD	–		5	(11)	
+ Barbiturate					
+ Codein					
● Mit nachgewiesener Medika-tion	39	(23)	21	(46)	
– Davon 1 Substanzgruppe	35	(21)	15	(33)	
BZD [a]	26	(16)	5	(11)	
Barbiturate	9	(5)	10	(22)	
Amphetamin	–	(2)	–	(–)	
2 Substanzgruppen	4	(2)	6	(13)	
BZD + Barbiturate	4	(2)	4	(9)	
Barbiturate	–	(–)	2	(4)	
+ Amphetamin					

[a] Kein sicherer Nachweis von Bromazepam und Lorazepam.

Opiatabhängigen angegeben. Bei den weitaus meisten Patienten hatte ein sozialer Abstieg bereits stattgefunden.

2) Angaben zur Medikation

    a) Wie aus Tabelle 1 zu entnehmen ist, gaben die Alkoholab-hängigen überwiegend an (17%), lediglich 1 Substanz vor Aufnahme eingenommen zu haben (in 7% ein Benzodiazepin, in 5% Clomethiazol); dagegen gaben 13% der Opiatabhängigen 1 Substanzgruppe, 11% 2 Substanzgruppen und weitere 11% 3 Substanzgruppen an (worin die Polytoxikomanie zum Ausdruck kommt). Auffällig unter den Opiatabhängigen war der hohe Anteil (11%) von Patienten mit der gleichzeitigen Einnahme von Benzodiazepinen, Barbituraten und Codeinpräparaten.

b) Die angegebene Dauer der Benzodiazepin- (BZD-) und Barbiturateinnahme spricht in beiden Patientengruppen für eine Langzeiteinnahme, die in den meisten Fällen länger als 3 Monate aufrechterhalten wurde. Unter den Benzodiazepinen wurde Valium, Lexotanil und Rohypnol bevorzugt; unter den Barbituraten (bei den Opiatabhängigen) wurde praktisch ausschließlich Medinox und Vesparax, teilweise in hohen Dosierungen, eingenommen.

3) *Vergleich der Angabe- und Nachweisraten*

a) 21% der Alkoholabhängigen und 34% der Opiatabhängigen gaben an, Medikamente vor Aufnahme eingenommen zu haben; dagegen wurden bei 23% der Alkoholabhängigen sowie bei 46% der Opiatabhängigen Medikamente vom Benzodiazepin-, Barbiturat- oder Amphetamintyp nachgewiesen (s. Tabelle 1).

b) Im einzelnen waren Benzodiazepine bei 21% der Alkoholabhängigen entweder angegeben worden oder konnten nachgewiesen werden, während nur bei 4% der Patienten Angabe und Nachweis zugleich positiv übereinstimmten. Dagegen waren bei 38% der Opiatabhängigen Benzodiazepine angegeben oder nachgewiesen worden, Angabe und Nachweis stimmten positiv bei 15% überein.

c) Barbiturate wurden praktisch nur von Opiatabhängigen eingenommen: bei 53% der Patienten wurde diese Substanzklasse angegeben oder nachgewiesen, bei 27% stimmten Angabe und Nachweis positiv überein.

d) Amphetamine wurden fast ausschließlich von weiblichen Patienten (sowohl bei den Alkohol- wie bei den Opiatabhängigen) eingenommen.

Die endgültige Auswertung soll an einer größeren Stichprobe diese Ergebnisse bestätigen. Die genaue Kenntnis des Mißbrauchsmusters wird als Voraussetzung für eine Differentialtherapie dieser Patientengruppe angesehen. Weitere Auswertungen sollen klären, ob sich weitere Untergruppen innerhalb der Suchtkranken differenzieren lassen.

Zum Nachweis von Buprenorphin in Leichenteilen nach 11monatiger Inhumationszeit *

H. Kijewski, H. Kampmann, G. Remberg, A. Eggert

Im September 1983 erhielten wir einen staatsanwaltschaftlichen Gutachtenauftrag u. a. zu folgender Frage:

„Sind die Mittel Vesparax und Temgesic, insbesondere Temgesic, im Körper auch längere Zeit nach dem Tode nachweisbar, so daß eine Exhumierung Erfolg verspricht?"

Die Todesermittlungssache betraf einen 24jährigen, angeblich süchtig gewesenen Schlosser, dem im Frühjahr 1983 von seinem Hausarzt in einem Zeitraum von 22 Wochen 2475 Ampullen Temgesic verschrieben und von einem Apotheker neben größeren Mengen an Vesparax – z. T. ohne Rezept – 4465 Ampullen Temgesic ausgehändigt worden waren.

Wir haben in Vorversuchen zur Nachweisbarkeit von Buprenorphin, das wirksamer Bestandteil des Temgesic ist, abgeklärt, daß der Versuch des postmortalen Buprenorphinnachweises nicht aussichtslos ist und haben im Hinblick auf diesen Gesichtspunkt nicht von der Durchführung einer Exhumierung abgeraten, die daraufhin angeordnet und von uns im Mai 1984 durchgeführt wurde.

Obduktionsbefunde

Nach einer Inhumationszeit von ca. 11 Monaten stellte sich uns folgendes Bild dar: Insbesondere im Gesicht und an den unteren Gliedmaßen fanden sich deutliche Fäulnisveränderungen. Im Brust- und Bauchbereich und stärker noch auf der Rückseite der Leiche beobachteten wir eine ausgeprägte Fettwachsbildung. Teile der Rippen und des Beckenkammes lagen frei vor. Die inneren Organe waren, soweit überhaupt noch vorhanden, hochgradig fäulnisverändert. Magen und Harnblase waren leer, die Gallenblase war vorhanden, der Inhalt eingedickt, etwas bröcklig, feucht. Für

---

* Herrn Prof. Dr. S. Berg zum 65. Geburtstag gewidmet.

die angeordnete toxikologische Untersuchung wurde Material von allen lebenswichtigen Organen asserviert.

Methodik

Organmaterial wurde zunächst routinemäßig (Valov, ASF-Fällung) aufgearbeitet und die Extrakte dünnschicht- und gaschromatographisch untersucht. Der Inhalt der Gallenblase wurde nach einer modifizierten Vorschrift von Lloyd Jones et al. (1980) aufgearbeitet, der Extrakt mit Bistrimethylsilylacetamid a(BSA) derivatisiert und gaschromatographisch (Gerät Sigma I, Perkin-Elmer) und mittels einer Kopplung von Gaschromatographie und Massenspektrometer (GC/MS) der Firma Varian untersucht. Der nichtsilylierte Extrakt wurde mit einem Hochauflösungsmassenspektrometer MAT 731 gezielt auf das Molekülion und 3 charakteristische Bruchstücke (ca. 467; 449; 434 und 410) im Sinne eines "preselected peak matching" untersucht. Die Massen wurden bezüglich der 4. Dezimale bestimmt (Abb. 1).

Ergebnisse

Die routinemäßige Aufarbeitung ergab ca. 80 mg Brallo- und 24 mg Secobarbital/kg Lebergewebe. Bei der gaschromatographischen Untersuchung des silylierten Extraktes wurde mittels stickstoffspezifischer Flammenionisationsdetektion (NFID) eine Substanz mit einem Rt-Wert wie Buprenorphin in einer Konzentration von 3 µg/6 g Gallenblaseninhalt erfaßt.

Mittels Hochauflösungsmassenspektrometrie wurde das Molekülion sowie 3 charakteristische Bruchstücke des Buprenorphin bezüglich der 4. Dezimale übereinstimmend mit den berechneten Massen bestimmt.

Diskussion

Zur Nachweisbarkeit von Buprenorphin in Leichenmaterial längere Zeit nach dem Tode finden sich im Schrifttum bis heute keine Informationen. Da nach den Untersuchungen nach Brewster et al. (1981) mit Tritium markiertes Buprenorphin vorwiegend über die Galle ausgeschieden wird, konzentrierten wir unsere Untersuchungen auf den Gallenblaseninhalt. Nachdem wir bei der Untersu-

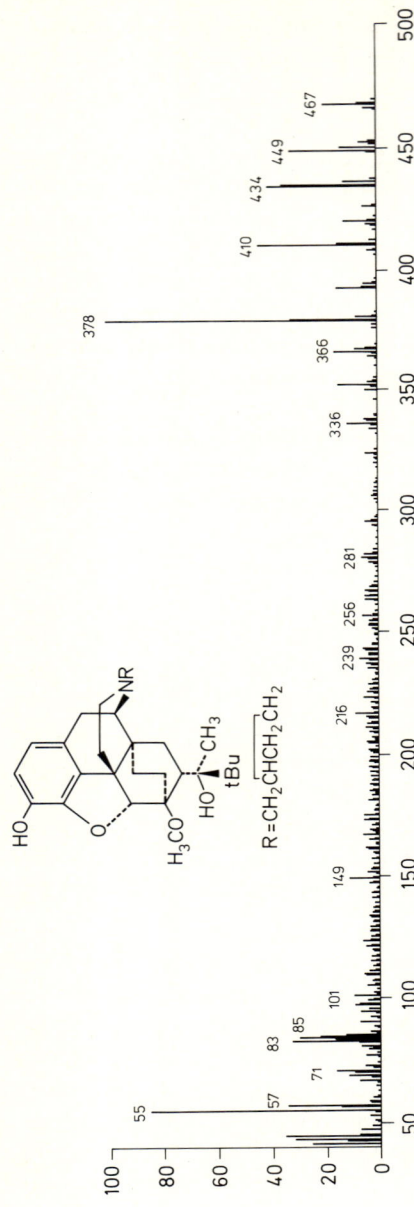

Abb. 1. Massenspektrum des Buprenorphin. Mittels Hochauflösungsmassenspektrometrie wurden die Massen des Molekülions (467) sowie dreier charakteristischer Bruchstücke (ca. 449; 434 und 410) exakt bestimmt

chung des silylierten Probenextraktes mittels einer GC/MS-Kopplung ein negatives Ergebnis erhielten, wurde die Hochauflösungsmassenspektrometrie eingesetzt. Hierbei gelang der Nachweis von Buprenorphin. Schon eine Übereinstimmung der berechneten und gemessenen Masse des Molekülions auf 3 Stellen nach dem Komma dürfte praktisch beweisend für die Anwesenheit von Buprenorphin in der Probe sein. Der Beweiswert wird noch erheblich gesteigert durch eine exakte Bestimmung von 3 weiteren charakteristischen Bruckstücken.

Von Brewster et al. (1981), Cone et al. (1984), Megges (1985), Blom et al. (1985) wurde der Einsatz des "selected ion monitoring" (SIM) zum Buprenorphinnachweis beschrieben. Wir sind der Meinung, daß die Hochauflösungsmassenspektrometrie bezüglich der Nachweisempfindlichkeit und der Spezifität die genannten Methoden noch übertrifft und in besonderer Weise geeignet ist, zur Bearbeitung des eingangs vorgestellten Problems eingesetzt zu werden.

Literatur

Blom Y, Bondesson U, Aggard E (1985) Analysis of buprenorphine and its N-dealkylated metabolite in plasma and urine by selected-ion monitoring. J Chromatogr 338:89–98

Brewster D, Humphrey MJ, McLeyvy MA (1981) Biliary excretion, metabolism and enterohepatic circulation of buprenorphine. Xenobiotica 11:189–196

Cone EJ, Gorodetzky CW, Yousefnejad D, Buchwald WF, Johnson RE (1984) The metabolism and excretion of buprenorphine in humans. Drug Metab Dispos 12/5:577–581

Lloyd-Jones JG, Robinson P, Henson R (1980) Plasma concentration and disposition of buprenorphine after intravenous and intramuscular doses to baboons. Eur J Drug Metab Pharmacokinet 5:233–239

Megges G (1985) Nachweis von Betäubungsmitteln im biologischen Material. In: Symposium Forensische Probleme des Drogenmißbrauchs der Gesellschaft für Toxikologie und Forensische Chemie, Mosbach 26.–27. 4. 1985. Helm, Heppenheim

Konditionierung und Drogenabhängigkeit

K. Kuschinsky

Einleitung

Die Prozesse, die zur Abhängigkeit von Arzneimitteln und Drogen führen, sind äußerst komplex und bisher, trotz intensiver Bemühungen, erst zu einem geringen Teil aufgeklärt. Diese Prozesse lassen sich, grob gesehen, in 2 Gruppen unterteilen, nämlich einerseits solche, die zu *Gewöhnung und körperlicher Abhängigkeit* führen und teilweise auch auf zellulärer Ebene untersucht werden können, und andererseits solche, die zu *psychischer Abhängigkeit* führen und auf der komplexen Ebene des Verhaltens untersucht werden müssen. Je nach der Art der Substanz können nach wiederholter bis chronischer Verabreichung entweder Prozesse der 1. oder der 2. Gruppe dominieren, jedoch scheinen Phänomene beider Gruppen auch gemeinsam aufzutreten und in vielfältiger Weise miteinander zu agieren.

Gewöhnung und körperliche Abhängigkeit

Prozesse, die der 1. Gruppe zuzuordnen sind, lassen sich im wesentlichen durch eine Homöostasetheorie erklären, die in ihren Grundzügen bereits von Himmelsbach (1943) formuliert worden ist (s. Übersicht von Kuschinsky 1977): Die verabreichte Substanz (z. B. Morphin) verändert im Organismus ein Fließgleichgewicht, eine Homöostase, und ruft hierdurch meßbare pharmakologische Effekte hervor. Nach wiederholter Gabe treten Gegenregulationen des Organismus in Funktion, die den akuten Wirkungen entgegengesetzt sind und zur Gewöhnung (Toleranzentwicklung) führen. Wenn schließlich die Zufuhr der Substanz unterbrochen oder ein kompetitiver Antagonist zugeführt wird, äußern sich diese Gegenregulationen als Entzugssymptome, die den akuten Wirkungen mehr oder weniger entgegengesetzt sind. Ausmaß und Geschwindigkeit der Entwicklung einer Gewöhnung äußern sich an verschiedenen Organen und Geweben unterschiedlich, z. B. erfolgt die Gewöhnung an die analgetische Wirkung von Morphin rascher und stärker als an die obstipierende. Phänomene der Gewöhnung und die hiermit vermutlich verknüpften biochemischen Parameter lassen sich auch in vitro, z. B. an isolierten Nervenzellkulturen, studieren. In der Regel wird angenommen, daß die gleichen Prozesse, die zur Gewöhnung führen, auch eine körperliche Abhängigkeit mit entsprechenden Entzugsymptomen bei Absetzen der Substanz bedingen. Dies scheint häufig der Fall zu sein. Jedoch konnte an isolierten Organen, z. B. an Präparaten des Meerscheinchenileums, eine Dissoziation zwischen Gewöhnung und Abhängigkeit beobachtet werden (Wüster et al. 1985).

Gewöhnung und körperliche Abhängigkeit sind reversible Prozesse: nach einer genügend langen Pause in der Verabreichung der betreffenden Substanz (Tage bis einige Wochen) ist die Substanz wieder voll wirksam und die Entzugsymptome sind abgeklungen, wobei bestimmte, schwach ausgeprägte Entzugsymptome auch noch einige Monate andauern können. Die Vermeidung bzw. Unterdrückung von Entzugsymptomen kann ein starkes Motiv für die Fortsetzung der Aufnahme der Substanz sein. Hypnotika verschiedener Gruppen, Ethanol und Opioide rufen in mehr oder weniger ausgeprägtem Maße Gewöhnung und körperliche Abhängigkeit hervor, so daß diese Phänomene als wichtiger Faktor bei der Entstehung einer Sucht angesehen werden können. Es sei jedoch erwähnt, daß einige Pharmaka nach Absetzen bei wiederholter Gabe Entzugsymptome hervorrufen können, ohne daß sie mit einem Suchtpotential verbunden sind: chronische Gabe von Clonidin und einigen anderen Antihypertensiva ruft nach Absetzen eine Blutdrucksteigerung hervor; weil diese aber in der Regel mit geringen oder gar keinen subjektiven Beschwerden verbunden ist, fehlt die Motivation zur Wiederaufnahme.

Psychische Abhängigkeit

Wenn Gewöhnung und körperliche Abhängigkeit allein die entscheidenden Faktoren für die Entstehung einer Sucht wären, müßte ein freiwilliger oder erzwungener Entzug über höchstens einige Monate zu einer Heilung führen. Dies ist jedoch nicht der Fall: auch nach Entziehungskuren werden die meisten betroffenen Personen erneut abhängig. Es muß somit noch eine andere Gruppe von Phänomenen existieren, die die Sucht auch über lange Zeiträume und trotz monate- oder jahrelangen Absetzens der Substanz aufrechterhalten. Dies ist die Gruppe von Phänomenen, die zur psychischen Abhängigkeit führen. Es gibt ferner Substanzen, deren chronische Verabreichung nur zu relativ geringer körperlicher Abhängigkeit führt, die aber dennoch ein sehr ausgeprägtes Suchtpotential haben, wie z. B. Cocain und Weckamine.

Es sind vermutlich verschiedene Faktoren, die zur Entwicklung einer psychischen Abhängigkeit beitragen können. Ein sehr wichtiger Faktor ist zweifellos eine euphorisierende, belohnende (im Englischen "rewarding") Wirkung, und es ist leicht verständlich, daß eine suchterregende Substanz in vielen Fällen v. a. benutzt wird, um einen Zustand der Euphorie hervorzurufen. Welche neuronalen Prozesse zur euphorisierenden Wirkung beitragen, ist nur zum geringen Teil aufgeklärt. Es gibt immerhin zahlreiche Hinweise darauf, daß eine Aktivierung der dopaminergen Übertragung in den Basalganglien und bestimmten Kernen des limbischen Systems wesentlich zur euphorisierenden Wirkung von Opioiden, Cocain und Amphetamin beitragen kann (s. Bozarth 1983; Havemann u. Kuschinsky 1982). Diese „Dopaminhypothese" der euphorisierenden Wirkung von Pharmaka scheint durch neueste Befunde noch gestützt zu werden, daß auch Ethanol (Imperato u. Di Chiara 1986) und Nicotin (Imperato et al. 1986) die Freisetzung von Dopamin aus dem Nucleus accumbens der Ratte in vivo erhöhen können, einem Hirnkern, der das motorische und das limbische System miteinander verbindet.

Ein weiterer, für die Entwicklung einer psychischen Abhängigkeit offensichtlich wichtiger Faktor ist die Tatsache, daß pharmakologische Wirkungen unter gewissen Umständen *konditioniert* werden können. Wenn eine Substanz in Anwesenheit bestimmter Umweltstimuli wiederholt verabreicht wird, bilden sich offenbar Assoziationen zwischen den Umweltstimuli und den pharmakologischen Wirkungen aus. Als Folge hiervon können schließlich Symptome bzw. funktionelle Veränderungen bei alleiniger Präsentation der genannten Umweltstimuli auftreten, die entweder die pharmakologischen Effekte imitieren oder antagonisieren. Schon Pavlov (1927) beschrieb, daß ein Hund, der wiederholt Morphin erhalten hatte, welches zu den bekannten Symptomen Erbrechen und Speichelfluß führte, diese Symptome schließlich auch zeigte, wenn ihm eine Scheininjektion verabreicht wurde oder sogar, wenn der Experimentator nur mit der Spritze erschien. Später wurden Konditionierungsversuche mit verschiedenen Pharmaka v.a. in den USA durchgeführt. Es lassen sich 2 Arten von konditionierten Effekten unterscheiden, solche, die die direkten pharmakologischen Wirkungen imitieren, und solche, die eine entgegengesetzte Richtung zeigen (Eikelboom u. Stewart 1982), die auch als „paradoxe" Konditionierungsphänomene bezeichnet werden.

Konditionierte Wirkungen letzterer Art äußern sich als konditionierte Toleranz (Wikler 1980), bei welcher offensichtlich bestimmte Umweltstimuli aufgrund von früheren Erfahrungen im Organismus Mechanismen induzieren, welche gegenüber der akuten Wirkung antagonistisch wirken. So wurde z.B. beschrieben, daß eine hohe Heroindosis von Abhängigen besser vertragen wird, wenn sie erwartet wird als wenn sie unerwartet einwirkt, so daß im letzteren Fall die Gefahr einer tödlichen Überdosierung möglich ist. Ähnliche Mechanismen können offenbar auch als konditionierte Entzugsymptome manifest werden. Wenn z.B. ehemalige Fixer, die seit längerer Zeit "clean" sind, in ihr Drogenmilieu zurückkehren, das mit Heroinwirkungen und -entzügen assoziiert ist, können sie von heftigen Symptomen befallen werden, die den bekannten Entzugsymptomen gleichen.

Konditionierungsphänomene der erstgenannten Art könnten im Problemkreis der psychischen Abhängigkeit ebenfalls eine wichtige Rolle spielen. Symptome einer dopaminergen Stimulation lassen sich, jedenfalls im Tierexperiment, auffallend gut konditionieren, z.B. lokomotorische Aktivierung und Stereotypien, die durch Amphetamin (Schiff 1982), Apomorphin (Schiff 1982; Möller et al. 1987a), Cocain (Barr et al. 1983) oder Morphin (Kamat et al. 1974) hervorgerufen werden. Eine genauere zeitliche Analyse der konditionierten Apomorphineffekte, die nach Gabe von physiologischer Kochsalzlösung in Anwesenheit der konditionierenden Umweltstimuli hervorgerufen wurden, zeigte in Versuchen der eigenen Arbeitsgruppe, daß die konditionierten Effekte (Stereotypien), die an Ratten beobachtet wurden, ziemlich lange andauerten (fast 1 h lang) und während dieser Zeit relativ gleichmäßig auftraten (Möller et al. 1987a). Jedoch war die Frequenz des Auftretens der einzelnen Symptome wesentlich niedriger als die der nach akuter Gabe auftretenden Symptome. Die Anwesenheit von konditionierenden Umweltstimuli konnte auch die direkt pharmakologisch bedingten Stereotypien verstärken, die durch Apomorphin an konditionierten Ratten hervorgerufen wurden (Möller et al. 1987b). Es sei hier noch erwähnt, daß Apomorphin an Ratten, im Unterschied zum Menschen, kein Erbrechen hervorrufen kann, so daß diese aversive Komponente bei der Ratte entfällt. Ratten zeigen auch die Tendenz, sich Apomorphin nach entsprechendem Training selbst zu verabreichen (Stein 1978). Wie hängen nun konditionierte dopaminerge Symptome mit Phänomenen der psychischen Abhängigkeit zusammen? Iversen (1983) vermutete, daß das Ausmaß der konditionierten dopaminergen Aktivität mit dem bestärkenden Potential ("reinforcing potential"), also wohl der euphorisierenden, belohnenden Wirkung eng zusammenhängt. Sie scheinen eine konditionierte Aktivierung ("arousal") in der Motivation widerzuspiegeln.

Diese konditionierten dopaminergen Symptome könnten eine ähnliche Konsequenz haben wie eine Verabreichung einer niedrigen Dosis des Pharmakons an Individuen, die sich den dopaminergen Stimulator üblicherweise in höheren Dosen selbst verabreichen. Sie könnten somit als Initialzündung ("priming") fungieren und das heftige Verlangen nach Verabreichung höherer Dosen der Substanz induzieren, wie es z. B. im Falle des Amphetamins oder des Ethanols beschrieben wurde (z. B. von Kalant et al. 1978). In diesem Falle würde ein sich selbst verstärkender Prozeß der Selbstverabreichung in Gang gesetzt. Ein derartiger Zusammenhang ist jedoch bisher tierexperimentell noch nicht nachgeprüft worden.

Die „Dopaminhypothese" der euphorisierenden Wirkung von Pharmaka wird durch viele experimentelle Befunde gestützt, jedoch sei nicht verschwiegen, daß es unter experimentellen Bedingungen auch Belohnungsphänomene geben kann, die offensichtlich unabhängig von einer dopaminergen Aktivierung sind (van Ree u. Ramsey 1987). Entweder erfolgt dann ein Angriff des Pharmakons im gleichen neuronalen Schaltkreis, in dem auch die dopaminergen Neuronen lokalisiert sind, aber jenseits von ihnen, oder in einem anderen Schaltkreis, der ebenfalls Belohnungseffekte vermitteln könnte. In jedem Falle erscheinen jedoch tierexperimentelle Modelle sehr nützlich für die Erforschung der verschiedenen, teilweise sehr komplexen Phänomene der Arzneimittel- und Drogenabhängigkeit.

Literatur

Barr GA, Sharpless NS, Cooper S, Schiff SR, Paredes W, Bridger WH (1983) Classical conditioning, decay and extinction of cocaine-induced hyperactivity and stereotypy. Life Sci 33:1341–1361

Bozarth MA (1983) Opiate reward mechanisms mapped by intracranial self-administration. In: Smith JE, Lane JD (eds) The neurobiology of opiate reward processes. Elsevier Biomedical Press, Amsterdam, p 331

Eikelboom R, Stewart J (1982) Conditioning of drug-induced physiological responses. Psychol Rev 89:507–528

Havemann U, Kuschinsky K (1982) Neurochemical aspects of the opioid-induced "catatonia". Neurochem Int 4:199–215

Himmelsbach CK (1943) Symposion: Can the euphoric, analgetic and physical dependence effects of drugs be separated? IV. With reference to physical dependence. Fed Proc 2:201–203

Imperato A, Di Chiara G (1986) Preferential stimulation of dopamine release in the nucleus accumbens of freely moving rats by ethanol. J Pharmacol Exp Ther 239:219–228

Imperato A, Mulas A, Di Chiara G (1986) Nicotine preferentially stimulates dopamine release in the limbic system of freely moving rats. Eur J Pharmacol 132:337–338

Iversen SD (1983) Brain endorphins and reward functions: some thoughts and speculations. In: Smith JE, Lane JD (eds) The neurobiology of opiate reward processes. Elsevier Biomedical Press, Amsterdam, p 439

Kalant H, Engel JA, Goldberg L et al. (1978) Behavioral aspects of addiction (group report). In: Fishman J (ed) The bases of addiction. Dahlem Konferenzen, Berlin, p 463

Kamat KA, Dutta SN, Pradhan SN (1974) Conditioning of morphine-induced enhancement of motor activity. Res Commun Chem Pathol Pharmacol 7:367–373

Kuschinsky K (1977) Opiate dependence. In: Grobecker H, Kahl GF, Klaus W, Zwieten PA van (eds) Progress in pharmacology, vol 1/2. Fischer, Stuttgart, p 1

Möller H-G, Nowak K, Kuschinsky K (1987a) Conditioning of pre- and postsynaptic behavioural responses to the dopamine receptor agonist apomorphine in rats. Psychopharmacology 91:50–55

Möller H-G, Nowak K, Kuschinsky K (1987b) Studies on interactions between conditioned and unconditioned behavioural responses to apomorphine in rats. Naunyn-Schmiedebergs Arch Pharmacol 335:673–679

Pavlov IP (1927) Conditioned reflexes. Oxford Univ Press, London, p 33

Ree JM van, Ramsey N (1987) The dopamine hypothesis of opiate reward challenged. Eur J Pharmacol 134:239–243

Schiff SR (1982) Conditioned dopaminergic activity. Biol Psychiatry 17:135–154

Stein L (1978) Reward transmitters: Catecholamines and opioid peptides. In: Lipton MA, DiMascio A, Killam KF (eds) Psychopharmacology: A generation of progress. Raven, New York, p 569

Wikler A (1980) Conditioning processes in opioid dependence and in relapse. In: Wikler A (ed) Opioid dependence: Mechanisms and treatment. Plenum, New York, p 167

Wüster M, Schulz R, Herz A (1985) Opioid tolerance and dependence: reevaluating the unitary hypothesis. Trends Pharmacol Sci 6:64–67

Qualitative und quantitative Bestimmung von Barbituraten und Benzodiazepinen aus Serum mittels HPLC

H. Sirowej, H. H. Bussemas, F. Harhoff

Einleitung

Seit der Einführung des ersten Benzodiazepins („Librium") im Jahre 1960 ist diese Arzneimittelgruppe auf über 20 Einzelsubstanzen angewachsen. Aus den gemeldeten Umsatzzahlen der einzelnen Arzneimittel läßt sich abschätzen, daß in der Bundesrepublik täglich 4–6 Mio. Einzeldosen von Benzodiazepinen konsumiert werden. Bei den 1983/84 in der Bundesrepublik der Arzneimittelkommission gemeldeten Fällen von Arzneimittelmißbrauch führen Benzodiazepine (50,2% aller Nennungen) mit deutlichem Abstand vor der Gruppe Sedativa/Hypnotika (21,4%). In ihr spielen Barbiturate mit 15,7% allen Berichten nach auch weiterhin eine erhebliche Rolle. Erst an 3. Stelle folgen Opiate (12,9%) vor den übrigen Gruppen (unter 8%).

Bei der Analytik von Intoxikationen bzw. Arzneimittelabusus kamen bisher überwiegend dünnschichtchromatographische, immunchemische, photometrische und gaschromatographische Verfahren zur Anwendung. In unserem Labor hat sich in den letzten Jahren die Bestimmung mittels Hochleistungsflüssigkeitschromatographie (HPLC) aus Serum und simultane Messung der Absorption bei 2 Wellenlängen sehr bewährt. Durchführung und Ergebnisse sind nachstehend kurz beschrieben.

Methode

Geräte:
Autoinjektor: Modell 231/401 (Gilson/Abimed, Düsseldorf),
Pumpe: M 590 (Waters, Eschborn),
Säule: 250·4,6 mm aus Stahl, gefüllt mit Nucleosil-100 C_{18}, 5 μm-Teilchen (Macherey-Nagel, Düren) mit 20·4,6-mm-Schutzsäule,

gefüllt mit Nucleosil-100 C_{18}, 10-µm-Teilchen (Fertigsäulen von Bischoff, Leonberg),

Detektor: Programmable Multiwavelength Detector M 490 (Waters, Eschborn),

Datenstation: Data and Chromatography Control Station M 840 (Waters, Eschborn).

Analysenbedingungen

Durchflußrate: 1,5 ml/min,

Detektion: simultan bei 210, 220, 230 und 254 nm,

mobile Phase: 0,05 mol/l KH_2PO_4-Puffer-Acetonitril (64:36); pH 2,3.

Probenvorbereitung

Zu 1 ml Serum werden 50 µl der Lösung des inneren Standards MPH (5-Methylphenylhydantoin, 0,1 mg/l in Methanol) gegeben. Nach Ansäuern mit Salzsäure wird mit Diäthyläther extrahiert und die organische Phase entnommen; die wäßrige Phase wird alkalisiert und erneut mit Diäthyläther extrahiert. Die vereinigten Extrakte werden mit Stickstoff verblasen, der Rückstand mit 250 µl mobiler Phase aufgenommen und 50 µl injiziert.

Ergebnisse

Die Bestimmung von Barbituraten und Benzodiazepinen aus Serum mittels HPLC hat mehrere Vorteile gegenüber anderen Nachweismethoden:

1) Die HPLC-Methode ist zum Arzneimittelscreening weitgehend universell einsetzbar. In unserem Labor können neben Barbituraten und Benzodiazepinen (s. Tabelle 1) über 200 weitere Substanzen in einem einzigen Lauf beim Screening erfaßt oder ausgeschlossen werden.

---

t_R (relative Retentionszeit): $\dfrac{\text{Retentionszeit des Arzneistoffes}}{\text{Retentionszeit des inneren Standards}}$.

A^{220}_{254}(Absorptionsquotient): $\dfrac{\text{Peakhöhe des Arzneistoffes bei 220 nm}}{\text{Peakhöhe des Arzneistoffes bei 254 nm}}$.

$F_{quant\,220}$: Quantifizierungsfaktor; berechnet aus dem Peakhöhenverhältnis Arzneistoff zu innerem Standard.

Tabelle 1. Relative Retentionszeiten, Absorptionsquotienten und Quantifizierungsfaktoren häufiger Barbiturate und Benzodiazepine

Arzneistoff	t_R	$A_{\frac{220}{254}}$	$A_{\frac{210}{254}}$	$A_{\frac{230}{254}}$	$F_{quant\,220}$
Barbiturate:					
Allobarbital	0,37	77,0	120	15,5	6,6
Amobarbital	0,69	72,0	115	8,85	9,8
Aprobarbital	0,40	53,0	82,5	8,70	6,0
Barbital	0,27	73,5	120	8,70	5,4
Brallobarbital	0,45	45,0	74,0	13,0	10,5
Butalbital	0,53	67,5	108	11,0	9,5
Crotylbarbital	0,39	40,5	63,6	9,25	6,9
Cyclobarbital	0,49	11,5	22,0	3,30	9,3
Cyclopentobarbital	0,51	8,0	11,5	2,95	8,9
Heptabarbital	0,66	11,0	20,5	3,05	9,7
Hexobarbital	0,72	13,0	14,0	7,90	9,5
Methylphenobarbital	0,83	12,0	18,0	8,25	9,9
Pentobarbital	0,67	50,0	78,0	7,25	15,0
Phenobarbital	0,43	11,0	22,0	4,20	5,1
Propallylonal	0,49	45,0	73,5	11,0	10,0
Secobarbital	0,86	46,0	71,0	7,55	16,5
Thiopental	1,43	0,67	0,73	1,85	140
Vinylbital	0,70	28,0	42,5	5,60	14,5
Benzodiazepine:					
Bromazepam	0,29	1,65	1,60	1,75	2,5
Chlordiazepoxid	0,24	0,65	0,77	0,87	2,0
Clobazam	1,36	1,90	1,40	3,10	4,5
Clonazepam	0,93	2,05	2,25	1,25	3,9
Clotiazepam	0,60	1,10	1,20	0,81	3,1
Desmethyldiazepam	0,43	1,60	2,00	2,25	1,8
Diazepam	0,83	1,25	1,75	1,70	4,1
Flunitrazepam	1,20	1,55	1,45	1,10	4,2
Flurazepam	0,37	2,20	2,05	2,60	2,8
Lorazepam	0,79	2,75	2,60	3,15	3,9
Lormetazepam	1,36	2,50	2,65	2,90	5,4
Medazepam	0,42	0,44	0,84	0,43	16,5
Midazolam	0,35	2,75	2,60	2,30	1,9
Nitrazepam	0,55	1,35	1,40	0,95	3,7
Oxazepam	0,67	1,95	1,75	2,40	3,6
Temazepam	1,12	1,65	1,65	2,10	7,0
Tetrazepam	0,39	1,15	1,45	1,75	4,0
Triazolam	0,85	5,00	4,30	3,90	2,9

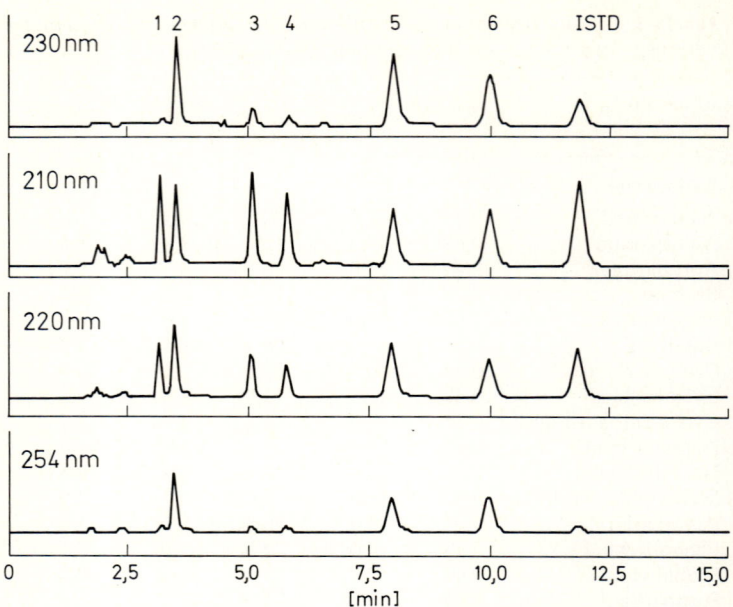

Abb. 1. Monitorausdruck der 4 simultan aufgezeichneten Chromatogramme eines Testgemisches mit Barbital (**1**), Bromazepam (**2**), Phenobarbital (**3**), Cyclobarbital (**4**), Oxazepam (**5**), Diazepam (**6**) und dem inneren Standard MPH (*ISTD*)

2) Mit der simultanen Messung der Absorptionen bei 4 Wellenlängen werden vom Laufmittel bzw. der Retentionszeit unabhängige Stoffkonstanten bestimmt, welche die Zuordnung eines Peaks im Chromatogramm zu einem bestimmten Arzneistoff sichern (s. Abb. 1 und Tabelle 1). Andere häufig angewandte Screeningmethoden (EMIT, RIA, DC aus Urin) sind dagegen nur gruppenspezifisch und erlauben keine weitere Differenzierung innerhalb dieser Gruppe.

3) Mehrere Benzodiazepine sind dünnschichtchromatographisch aus Urin nicht erfaßbar (z. B. Clobazam, Clotiazepam, Tetrazepam und Triazolam) oder können nur bei Überdosierung nachgewiesen werden (z. B. Clonazepam, Flunitrazepam, Flurazepam und Lormetazepam), während der Nachweis aus Serum mittels HPLC möglich ist.

4) Neben der Identifizierung der Einzelsubstanz wird im positiven Falle gleichzeitig die quantitative Bestimmung durchgeführt und erleichtert dadurch die Interpretation des toxikologischen Befundes bzw. die Therapiewahl und -überwachung (Quantifizierungsfaktoren s. Tabelle 1).

5) Für ein Arzneimittelscreening einschließlich quantitativer Bestimmung benötigt man relativ wenig Serum (1–2 ml). In der Routine kann diese Analyse in etwa 1 h durchgeführt werden.

6) Durch Autoinjektion und EDV-unterstützte Auswertung ist eine teilweise Automatisierung der Untersuchung zu erreichen und gestattet die Durchführung von etwa 20 Untersuchungen pro Tag durch einen Mitarbeiter.

7) HPLC-Geräte können außer für dieses Arzneimittelscreening für eine Vielzahl weiterer Analysen im Labor verwendet werden, z. B. Antikonvulsiva, Antibiotika, Aminosäuren, Vitamine u. a. Eine preisgünstige Anlage ist bereits für etwa 40 000–50 000 DM erhältlich.

Zur Bestimmung von Barbituraten und Benzodiazepinen aus *Urin* ist die beschriebene HPLC-Methode jedoch nicht gleich gut anwendbar. Durch physiologische Inhaltsstoffe im Urin und Metabolisierung der Arzneimittel treten häufig Störungen auf, welche eine sichere Erfassung und Zuordnung deutlich erschweren.

Literatur

1. Keup W (1986) Arzneimittel-Mißbrauch. Arzneiverord Praxis 13:1
2. Daldrup F, Susanto P, Michalke P (1981) Kombination von DC, GC (OV 1 und OV 17) und HPLC (RP 18) zur schnellen Erkennung von Arzneimitteln, Rauschmitteln und verwandten Verbindungen. Fresenius Z Anal Chem 308:413
3. Sirowej H, Bussemas HH, Harhoff F (1985) Determination of drugs by HPLC with simultaneous UV-detection at two wavelengths. J Clin Chem Clin Biochem 23:560
4. Sirowej H, Bussemas HH, Harhoff F (1986) Die Anwendung der HPLC in der toxikologischen Analytik von Arzneimittelvergiftungen. LABO 17:7

Alkoholismusdiagnose
mit Hilfe von Standardlaborwerten?

W. Poser, M. Holzgraefe, H. Wieland

Fragestellung

Die Diagnose des Alkoholismus (Alkoholabusus und -abhängig-keit) ist in der Regel mit Hilfe von Anamnese, Fremdanamnese, körperlicher Untersuchung und Fragebogentests mit relativ großer Sicherheit zu stellen. In einigen Situationen jedoch versagen diese Methoden, und zwar bei
1) Verheimlichungs- oder Verleugnungstendenz des Patienten,
2) fehlendem Alkoholismusverdacht,
3) unvollständiger Untersuchung,
4) Bewußtlosen,
5) der Untersuchung von Verstorbenen.

Da massiver Alkoholgenuß, wie er bei Alkoholikern die Regel ist, zahlreiche Standardlaborwerte verändert, liegt es nahe, in die-sen Fällen eine Labordiagnose zu versuchen.

Ziel dieser Untersuchung war es, die Eignung von Laborwerten für die Diagnose und Differentialdiagnose des Alkoholismus zu prüfen. Dabei sollten speziell die in diesem Zusammenhang noch nicht untersuchten Immunoglobuline und Lipoproteine herange-zogen werden, aber auch bereits als für diesen Zweck geeignet be-fundene Laborwerte wie γ-GT und MCV.

Methodik

Einbezogen wurden Laborwerte von Patienten der neurologischen und psychiatrischen Universitätsklinik Göttingen, wenn folgende Punkte erfüllt waren:
1) bei den Kontrollfähigen (Suchtkrankheit ausgeschlossen; kein Kriterium nach DSM III),
2) bei Suchtkranken (Diagnose einer Suchtkrankheit nach DSM III),

3) Medikation und zusätzliche Krankheiten bekannt,
4) Lebensalter über 15 Jahre,
5) Trinktyp (kontinuierlich oder intermittierend bekannt),
6) Zeitpunkt der Einnahmephase vor der Blutentnahme mindestens 4 Wochen,
8) bei langfristiger Abstinenz (Verifizierungsmöglichkeit).

Die Laborwerte wurden mit Standardmethoden des Zentrallabors bestimmt. Die Cholesterinfraktionen wurden mittels Lipidelektrophorese differenziert. Die Immunglobuline wurden nephelometrisch bestimmt.

Es wurden die Referenzbereiche des Zentrallabors verwendet. Bei den abgeleiteten Größen und bei HDL-Cholesterin und LDL-Cholesterin wurden verteilungsfreie 95%-Perzentilintervalle mit Hilfe der Kontrollen gebildet.

Vergleichbarkeit der Gruppen

Die Gruppen sind eingeteilt in Kontrollen, täglich trinkende Alkoholabhängige, intermittierend trinkende Alkoholabhängige, langfristig abstinente Alkoholabhängige, Barbituratabhängige und Benzodiazepinabhängige; sie unterscheiden sich etwas in den Merkmalen Lebensalter, relatives Körpergewicht, durchschnittliche Zigarettenzahl und Frauenanteil.

Vor allem fällt der im Vergleich zu Kontrollen und Medikamentenabhängigen sehr hohe Zigarettenkonsum der Alkoholabhängigen auf; dieser zeigt bei langfristiger Abstinenz Normalisierungstendenz.

Tabelle 1. Gruppenvergleich

Gruppe	n	Frauen-anteil [%]	Lebens-alter	Broca-Index	Ziga-retten
Kontrollen	331	52	46 ± 17	1,00	6 ± 11
Alkohol (täglich)	441	22	39 ± 11	0,95	28 ± 18
Alkohol (intermittierend)	97	22	37 ± 12	0,96	24 ± 18
Alkohol (abstinent)	102	27	41 ± 10	0,99	21 ± 16
Barbiturate	72	64	46 ± 14	0,93	18 ± 19
Benzodiazepine	133	62	45 ± 15	1,01	11 ± 16

Tabelle 2. Laborwerte bei Suchtkrankheiten. *GOT* Glutamat-Oxalacetat-Transaminase, *IgG* Immunglobulin G, *IgA* Immunglobulin A, *IgM* Immunglobulin M

Laborparameter	Normalbereich	Dimension	Kontrollen (n=331)	Alkoholabhängige Täglich (n=438)	Alkoholabhängige Intermittierend (n=97)	Alkoholabhängige Abstinent (n=102)	Barbituratabhängige (n=71)	Benzodiazepinabhängige (n=133)
γ-GT	m. – 28	U/l	22 ±22	169 ±223	34 ± 38	19 ±25	54 ±30	18 ±20
	w. – 18	U/l	19 ±30	160 ±255	36 ± 42	15 ±13	64 ±56	12 ± 7
GOT	– 17	U/l	11 ± 7	42 ± 42	25 ± 85	11 ± 5	13 ±16	11 ± 7
GPT	– 23	U/l	14 ±12	35 ± 33	23 ± 53	13 ±11	17 ±22	13 ±13
Alkalische Phosphatase	–200	U/l	119 ±44	151 ± 77	132 ±112	121 ±43	138 ±58	108 ±36
MCV	– 96	fl	90 ± 5	97 ± 6	93 ± 5	90 ± 4	92 ± 5	90 ± 5
Serumeisen	–167	µg/dl	107 ±43	161 ± 69	150 ± 67	109 ±43	106 ±47	103 ±42
Bilirubin	– 1,1	mg/dl	0,6 ± 0,3	1,2 ± 1,4	1 ± 0,9	0,6 ± 0,2	0,5 ± 0,2	0,6 ± 0,2
Harnsäure	6,8	mg/dl	4,8 ± 1,5	6,3 ± 1,8	6 ± 1,7	5,1 ± 1,3	4,6 ± 2,5	4,6 ± 1,4
IgG	– 16	g/l	13,6 ± 4,5	13,7 ± 3,9	12,7 ± 3,8	12,5 ± 3,2	13,4 ± 5,7	12,7 ± 3,6
IgA	– 4,2	g/l	2,8 ± 1,8	3,9 ± 2,3	2,9 ± 1,4	2,4 ± 0,8	2,3 ± 0,9	2,6 ± 1
IgM	– 2,8	g/l	1,8 ± 1,1	1,8 ± 1,3	1,4 ± 0,9	1,5 ± 0,8	1,9 ± 1,1	1,7 ± 0,8
IgA/IgG	?	–	0,23 ±0,31	0,29 ± 0,15	0,23 ± 0,11	0,21 ± 0,08	0,17 ± 0,05	0,2 ± 0,08
Gesamtcholesterin	140–260	mg/dl	216 ±54	228 ± 55	205 ± 41	221 ±48	233 ±52	228 ±54
LDL-Cholesterin	?	mg/dl	151 ±48	124 ± 42	117 ± 36	155 ±42	163 ±68	167 ±51
HDL-Cholesterin	– 79	mg/dl	49 ±16	79 ± 26	65 ± 24	48 ±13	53 ±22	51 ±19
% HDL-Cholesterinanteil am Gesamtcholesterin	?	–	24 ±10	36 ± 11	33 ± 11	22 ± 7	24 ±12	22 ± 8

Ergebnisse

Tabelle 2 zeigt Mittelwert und Standardabweichung eines großen Teils der untersuchten Laborwerte. Es fällt die sehr große Standardabweichung auf, z. B. bei den Serumenzymen. Dies ist auf Abweichungen von der Normalverteilung zurückzuführen (die Mehrzahl der Serumenzyme ist logarithmisch normalverteilt).

Einzelne Laborwerte

Bei einigen Laborwerten wurden Sensitivität, Spezifität, prädiktiver Faktor (Gesamteffizienz) und prädiktiver Wert bestimmt. Dabei wurden für die einzelnen Populationen folgende Prävalenzen angenommen: täglich trinkende Alkoholabhängige 25%, intermittierend trinkende Alkoholabhängige 5%, Benzodiazepinabhängige 5%, Barbituratabhängige 2% und langfristig abstinente Alkoholabhängige 2%. Die Parameter wurden auf 1 normiert, d. h. 1,00 bedeutet maximale Trennung, 0,00 keine Trennschärfe.

Es zeigt sich, daß die γ-GT bei täglich trinkenden Alkoholabhängigen und bei Barbituratabhängigen eine recht hohe Sensitivität hat; auch die Spezifität ist befriedigend. Bei langfristiger Abstinenz normalisiert sich die γ-GT.

Die Sensitivität ist bei täglich trinkenden Alkoholabhängigen relativ niedrig, die Spezifität jedoch hoch, so daß ein akzeptabler prädiktiver Wert resultiert. Bei langfristiger Abstinenz normalisiert sich das erhöhte MCV. Bei Arzneimittelabhängigkeit trennt das MCV nicht zwischen den Kollektiven.

Tabelle 3. γ-GT-Werte

Gruppe	Sensi-tivität	Spezi-fität	Prädikativer Faktor	Prädikativer Wert
Alkohol (täglich)	0,84	0,80	0,81	0,58
Alkohol (intermittierend)	0,45	0,80	0,70	0,20
Alkohol (abstinent)	0,13	0,80	0,39	0,01
Barbiturate	0,96	0,80	0,83	0,09
Benzodiazepine	0,10	0,80	0,33	0,03

Tabelle 4. MCV-Werte

Gruppe	Sensi-tivität	Spezi-fität	Prädikativer Faktor	Prädikativer Wert
Alkohol (täglich)	0,55	0,94	0,91	0,76
Alkohol (intermittierend)	0,28	0,94	0,83	0,20
Alkohol (abstinent)	0,05	0,94	0,46	0,02
Barbiturate	0,16	0,94	0,73	0,05
Benzodiazepine	0,06	0,94	0,51	0,05

Tabelle 5. GOT-Werte

Gruppe	Sensi-tivität	Spezi-fität	Prädikativer Faktor	Prädikativer Wert
Alkohol (täglich)	0,72	0,92	0,90	0,76
Alkohol (intermittierend)	0,30	0,92	0,78	0,17
Alkohol (abstinent)	0,07	0,92	0,48	0,02
Barbiturate	0,12	0,92	0,61	0,03
Benzodiazepine	0,07	0,92	0,48	0,05

Die Sensitivität ist bei täglich trinkenden Alkoholabhängigen nicht sehr hoch, die Spezifität ist dagegen höher als bei der γ-GT. Bei langfristiger Abstinenz normalisiert sich der GOT. Bei Barbituraten und Benzodiazepinen ist die GOT nicht häufiger erhöht als bei den Kontrollen, so daß in diesen Fällen der Verdacht auf einen begleitenden Alkoholismus naheliegt.

IgA gilt als Marker für schwere Leberschäden (Zirrhose, Fibrose). Seine Sensitivität ist so niedrig, daß es nicht als Suchtest herangezogen werden kann. Wegen der hohen Spezifität sollte aber ein erhöhter IgA-Wert zu weiteren Nachforschungen in Richtung Alkoholismus Anlaß geben. Wenn IgA erhöht ist, normalisiert er sich bei Abstinenz. Barbiturat- und Benzodiazepinabhängigkeit führen nicht zu erhöhten IgA-Werten.

Das HDL-Cholesterin wird durch Alkoholkonsum hochgetrieben. Bei täglich Trinkenden ist das HDL-Cholesterin in der Hälfte

Tabelle 6. IgA-Werte

Gruppe	Sensitivität	Spezifität	Prädikativer Faktor	Prädikativer Wert
Alkohol (täglich)	0,36	0,90	0,78	0,54
Alkohol (intermittierend)	0,11	0,90	0,52	0,05
Alkohol (abstinent)	0,03	0,90	0,23	0,01
Barbiturate	0,06	0,90	0,38	0,01
Benzodiazepine	0,05	0,90	0,34	0,03

Tabelle 7. HDL-Cholesterinwerte

Gruppe	Sensitivität	Spezifität	Prädikativer Faktor	Prädikativer Wert
Alkohol (täglich)	0,48	0,95	0,90	0,76
Alkohol (intermittierend)	0,24	0,95	0,82	0,19
Alkohol (abstinent)	0,01	0,95	0,21	0,01
Barbiturate	0,06	0,95	0,52	0,02
Benzodiazepine	0,09	0,95	0,63	0,08

der Fälle erhöht. Somit kommt einem erhöhten Wert ein erheblicher Hinweiswert für Alkoholabhängigkeit zu. Bei intermittierend Trinkenden ist der Hinweiswert nur noch gering. Das erhöhte HDL-Cholesterin normalisiert sich bei Abstinenz sehr schnell (binnen 1 Woche). Barbiturat- und Benzodiazepinabhängige haben praktisch identische HDL-Werte wie Kontrollen. Somit ist das HDL-Cholesterin zur Differentialdiagnose zwischen Alkoholabhängigkeit und Arzneimittelabhängigkeit geeignet.

Besser als der isolierte HDL-Wert ist entweder der Quotient aus LDL/HDL oder prozentuale Anteil des HDL-Cholesterins am Gesamtcholesterin zur Differentialdiagnose geeignet.

Schlußfolgerungen

1) Sensitivität und Spezifität von Standardlaborparametern reichen nicht aus, um allein aufgrund eines pathologischen Laborwerts die Diagnose einer Suchtkrankheit zu stellen.

2) Bei zahlreichen Laborparametern sind die Änderungen bei Alkoholabhängigen so typisch, daß bei einem pathologischen Wert an einen Alkoholismus gedacht werden muß. Dies sind: γ-GT, GOT, Serumeisen, MCV, HDL-Cholesterin und das Verhältnis von HDL-Cholesterin zum Gesamtcholesterin. IgA-Erhöhungen weisen auf Leberfibrose oder Leberzirrhose hin.

3) Typisch für Barbituratabhängige ist eine deutlich erhöhte γ-GT bei sonst normalen Laborwerten.

4) Bei Benzodiazepinabhängigen finden sich keine Änderungen von Standardlaborparametern.

5) Wenn bei einem Patienten mit Alkoholabhängigkeit Standardlaborwerte verändert sind, zeigen sie nach Abstinenz regelmäßig Normalisierungstendenz. Anhand dieser Parameter kann dann die Abstinenz verifiziert werden, z. B. für administrative oder forensische Zwecke.

6) Durch Kombination verschiedener Laborparameter kann die Aussagekraft erhöht werden (Stamm et al. 1984).

7) Einige häufig bei Alkoholabhängigen veränderte Laborparameter normalisieren sich nach Abstinenz so schnell, daß sie als diagnostische Marker unterschätzt werden. Dies sind vor allem: Serumeisen, Harnsäure, Lipoproteine.

Literatur

Stamm D, Hansert E, Feuerlein W (1984) Detection and exclusion of alcoholism in men on the basis of clinical laboratory findings. J Clin Chem Clin Biochem 22:79–96

Charakterisierung des Benzodiazepinentzuges bei „High-dose"- und „Low-dose"-Benzodiazepinabhängigkeit

S. Apelt, C. Schmauss, W. Feuerlein, H. M. Emrich

Einleitung

In den letzten Jahren konnte überzeugend demonstriert werden, daß BDZ ihre sedierende, anxiolytische, muskelrelaxierende und antikonvulsive Wirkung über eine spezifische Bindung an BDZ-Rezeptoren, die im ZNS weit verteilt sind, übertragen. Die Potenzierung gaba-erger Effekte durch BDZ via Rezeptorkopplung variiert jedoch regional innerhalb des ZNS (Tallmann et al. 1980) und ist möglicherweise Ursache für die Akzentuierung einzelner der 4 Effekte bei verschiedenen BDZ-Substanzen.

Gerade die sedierenden und anxiolytischen Wirkungen bestimmter BDZ sind jedoch Ursache für chronische BDZ-Einnahme, und sie werden deshalb seit einigen Jahren als ernstzunehmendes Suchtproblem diskutiert. Es ist z. B. seit längerem bekannt, daß das Absetzen der chronischen BDZ-Medikation zu einer oft langdauernden, jedoch eher untypischen Entzugsreaktion führt, bei der die Symptome von Angst, Depression, Schlafstörung, Hyperexzitabilität, Muskelzittern und Muskelschmerz sowie Schwitzen dominieren (Petursson u. Lader 1981; Schöpf 1981).

Methodik

Wir definierten die high-dose BDZ-Abhängigkeit als Abhängigkeit bei täglicher Einnahme von 21 mg Benzodiazepin, berechnet auf diazepamäquivalente Dosen. Mit dem Tag der Aufnahme in unsere Klinik begannen wir die abrupte Entzugsbehandlung. Dabei wurden täglich folgende Fragebögen vom Patienten ausgefüllt: Withdrawal Symptoms Questionnaire (WSQ nach Dr. P. Tyrer, Mapperly Hospital, Nothingham); Withdrawal Symptoms Scale (WSS); Self-Rating Anxiety Scale (SAS); Self-Rating Depression Scale (SDS nach Dr. Merz, Hoffmann-La Roche).

BDZ-Abstinenz wurde zweimal wöchentlich durch gaschromatographische Bestimmung des Serum-BDZ-Spiegels kontrolliert, und an diesen Tagen wurde zusätzlich ein halbstandardisiertes Interview (Brief Anxiety Scale; BAS nach Tyrer et al. 1984) durchgeführt.

Ergebnisse

Bei den hier untersuchten 14 Patienten, die eine abrupte Entzugsbehandlung erhielten, dominierten die DSM-III-Diagnosen „neurotische Depression" und „Angstneurose" mit 93%. Eindeutig wurden BDZ mit längerer Eliminationshalbwertszeit bevorzugt (93%). Bei allen Patienten begann die Entzugssymptomatik mit einem signifikanten Abfall des Serum-BDZ-Spiegels. Hinsichtlich der Intensität und Häufigkeit von speziellen BDZ-typischen Entzugssymptomen gab es jedoch keine Unterschiede zwischen High- und Low-dose-Abhängigen, ebenso nicht in bezug auf parallel zum körperlichen Entzug auftretende angst- und depressionstypische Symptome. Bei 2 von 7 high-dose-abhängigen Patienten trat jedoch eine Entzugskomplikation im Sinne von psychotischen Episoden auf, und die Entzugssymptomatik bei low-dose-abhängigen Patienten verlief insgesamt protrahierter.

Diskussion

Wir untersuchten ein relativ charakteristisches Klientel von BDZ-Abhängigen, bei denen die psychiatrisch-diagnostische Zuordnung zu neurotischen Störungen mit ängstlichen und depressiven Symptomen überwog. In dieser Hinsicht bleibt zu klären, ob bei diesen Patienten die hier erfaßte Entzugssymptomatik, die die Symptome der Angst und Depression einschließt, eine Entzugsreaktion im „klassisch" pharmakologisch-biochemischen Sinne ist oder ob der plötzliche Wegfall der chronischen BDZ-„Kompensation" bei diesen Patienten vorwiegend die ursprüngliche psychopathologische Symptomatik reaktiviert.[1]

---

[1] Ausführliche Darstellung der Daten und Diskussion in: Schmauss C et al. (1986 in press) Benzodiazepine withdrawal in high- and low-dose dependency of psychiatric inpatients. Pharmacol Biochem Behav.

Literatur

Petursson H, Lader MH (1981) Benzodiazepine dependence. Br J Addict 76:133–145

Schöpf J (1981) Ungewöhnliche Entzugssymptome nach Benzodiazepin-Langzeitbehandlungen. Nervenarzt 52:288–292

Tallman JF et al. (1980) Receptors for the age of anxiety: pharmacology of the benzodiazepines. Science 207:274–281

Tyrer P et al. (1984) The brief scale for anxiety: A subdivision of the comprehensive psychopathological rating scale. J Neurol Neurosurg Psychiatry 47:970–975

227

Änderungen der Sprechmotorik unter niedrigen Blutalkoholspiegeln

P. W. Schönle, W. Poser, B. Conrad

Unter Alkoholeinwirkung kommt es, wie die subjektive Erfahrung zeigt, zu einer Veränderung des Sprechens. In den Medien, z. B. im Film wird das Betrunkensein einer Person häufig durch deren lallende Sprache zum Ausdruck gebracht.

Da bislang keine Methode zur direkten Untersuchung der Sprechmotorik vorlag – Röntgenverfahren können wegen der Strahlenbelastung nur für Sekunden angewendet werden –, gibt es bisher keine bewegungsphysiologischen Analysen des Einflusses von Alkohol auf die Sprechmotorik.

Mit einer neu entwickelten Methode, der elektromagnetischen Artikulographie (Schönle et al. 1983) können nun jedoch Sprechbewegungen direkt und über längere Zeit ohne Risiko und Belastung des Probanden registriert werden. Eine erste Untersuchung der Auswirkung niedriger Alkoholdosen auf die Sprechmotorik zielte darauf ab, festzustellen, ob es unter niedrigen Alkoholdosen zu einer Änderung der Sprechgeschwindigkeit beim Sprechen mit spontaner und maximaler Sprechgeschwindigkeit kommt, ob eine Störung der zeitlichen Koordination des Sprechakts unter Alkohol auftritt und ob sich die Bewegungsgenauigkeit unter Alkoholeinfluß verändert.

Methode

Freiwillige Versuchspersonen (eine Frau und 4 Männer) im Alter zwischen 28 und 43 Jahren erhielten soviel Alkohol, daß nach der Widmark-Formel Blutalkoholkonzentrationen von 0,5 g/l zu erwarten waren. Die Versuchspersonen waren Akademiker, die Sinn, Ablauf und Risiken des Versuchs genau kannten. Keiner war alkoholabhängig; keiner hatte eine neurologische Erkrankung des Zentralnervensystems oder hatte in den 4 Wochen vor dem Versuch Sedativa eingenommen. Alle gaben an, weniger als 10 g Alkohol täglich (im Wochendurchschnitt) zu trinken. Die Versuchspersonen wurden gebeten, 2 h vor dem Versuch nicht zu essen.

Die tatsächlich erreichte Konzentration des Alkohols im Serum wurde alle 10 min bestimmt (über 1 h); sie lag wegen des "Firstpass"-Effekts deutlich unter dem erwarteten Wert. Die Äthanolkonzentration wurde mittels Alkoholdehydrogenase bestimmt. Der Alkohol wurde als Zinn 40 oder Sekt (bei Ablehnung von Spirituosen) innerhalb von 2 min nach der ersten Sprechprobe verabreicht. Zum Versuchsende wurde der Blutalkohol mittels Atemalkoholgerät geschätzt; wenn er über 0,2 g/l lag, wurde die Versuchsperson nach Hause begleitet. Vor Alkoholgabe und nach 10, 20, 30, 40, 50, 60 min wurde eine Sprechaufgabe durchgeführt. Die Versuchspersonen mußten eine Serie von 25 Konsonant-Vokal-Verbindungen („pa") unter spontaner und maximaler Sprechrate produzieren. Mit der elektromagnetischen Artikulographie wurde dabei die Unterkieferbewegung und gleichzeitig das Sprachsignal registriert. Beide Signale wurden on line zur späteren Auswertung digitalisiert und auf einer PDP 11–40 gespeichert. Ausgewertet wurden: 1) die spontane und maximale Sprechrate, 2) die maximale Geschwindigkeit der Kieferbewegung, 3) die zeitliche Koordination zwischen Kieferbewegung und Phonation anhand der Latenz zwischen Kieferbewegung und Beginn der Phonation, 4) Genauigkeit der Amplitude der maximalen Kieferöffnung. Bei 3) und 4) wurden die Daten von nur 4 Versuchspersonen ausgewertet.

Ergebnisse

1) Sowohl die spontane als auch die maximale Sprechgeschwindigkeit veränderten sich unter den beobachteten (niedrigen) Alkoholspiegeln (s. Tabelle 1) intra- und interindividuell in unsystematischer Weise (s. Abb. 1). Die Bewegung des Unterkiefers ohne Phonation änderte sich bei maximaler Geschwindigkeit ebenfalls nicht systematisch (s. Abb. 1).
2) Die zeitliche Koordination zwischen Unterkieferbewegung und Phonation zeigte unter Alkohol eine signifikante Zunahme der Latenz zwischen Beginn der Unterkieferbewegung und Beginn der Phonation (s. Abb. 2a). Darüber hinaus kommt es zu einer

Tabelle 1. Vergleich der verabreichten Alkoholmengen (g/kg Körpergewicht) und der Blutalkoholspiegel (mmol/l)

	Dosis [g/kg]	Blutalkoholspiegel						
		Vorher	Nach					
			10 min	20 min	30 min	40 min	50 min	60 min
HII	0,32	0,00	2,04	3,02	3,62	4,34	4,71	4,45
SP	0,56	0,00	2,09	7,49	6,27	6,32	–	6,77
PS	0,64	0,00	2,39	3,73	3,43	3,58	4,53	4,63
HB	0,32	0,00	1,32	2,90	5,33	5,57	5,40	5,88
BN	0,32	0,00	0,14	2,18	3,22	4,44	5,64	5,62

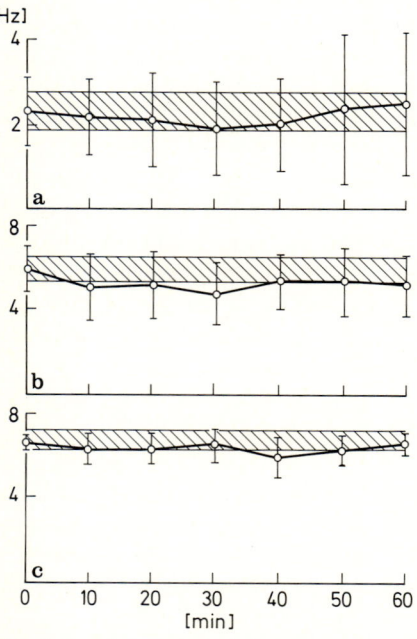

Abb. 1. Ergebnisse des Trinkversuchs: spontane Sprechgeschwindigkeit (**a**), maximale Geschwindigkeit der Kieferbewegung ohne Phonation (**b**) und maximale Sprechgeschwindigkeit alle 10 min über 1 h (**c**). Alkoholgabe zwischen 0 und 2 min. Die *schraffierten Bänder* stellen den 95%-Vertrauensbereich der Methode dar. Frequenzen in Hz; Zeitangaben in min; arithmetische Mittelwerte und Standardabweichungen von je 5 Meßwerten

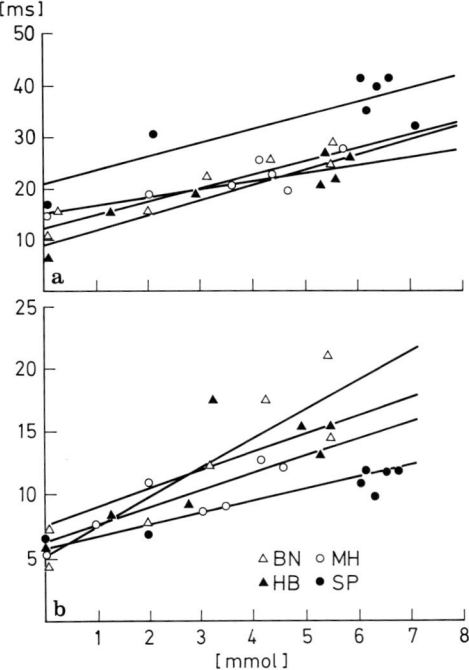

Abb. 2. a Blutalkoholspiegel (mmol/l) und zeitliche Koordination der Unterkieferöffnungsbewegung mit der Phonation bei der repetitiven Produktion von Konsonant-Vokal-Silben („pa"), gemessen als Latenzen (in ms) zwischen dem Beginn der Kieferöffnungsbewegung und dem Beginn der Phonation. Jeder Punkt repräsentiert die mittlere Latenz von 16 pa-Äußerungen eines Probanden bei einem bestimmten Blutalkoholspiegel. Lineare Korrelationen wurden für jeden Probanden berechnet: SP: y = 21,34 + 2,47 × (r = 0,78); HB: y = 9,36 + 2,94 × (r = 0,95); BN: y = 13,13 + 2,56 × (r = 0,91); MH: y = 15,67 + 1,55 × (r = 0,79). **b** Blutalkoholspiegel (mmol/l) und Variabilität der Latenzen angeben als Standardabweichung der Latenzen (in ms). Jeder Punkt repräsentiert die mittlere Abweichung von 16 pa-Äußerungen für eine Versuchsperson bei einem bestimmten Blutalkoholspiegel. Lineare Korrelationen wurden jedem Probanden berechnet: SP: y = 5,58 + 0,89 × (r = 0,89); HB: y = 7,27 + 1,39 × (r = 0,79); BN: y = 5,10 + 2,14 × (r = 0,85); MH: y = 6,05 + 1,20 × (r = 0,84)

231

signifikanten Zunahme der Streuung der Latenzen als Indikator für eine Abnahme der Genauigkeit der motorischen Steuerung (s. Abb. 2 b).

3) Unter Alkohol kommt es zu einer Abnahme der Genauigkeit der endpositionalen Kontrolle für die Unterkieferbewegungen.

Zusammenfassung

In der vorliegenden Untersuchung konnte gezeigt werden, daß sich mit der Analyse konventioneller Sprechparameter, wie spontane und maximale Sprechgeschwindigkeit, keine systematischen Alkoholwirkungen auf die Sprechmotorik nachweisen lassen. Im Gegensatz dazu erlaubt das Verfahren der elektromagnetischen Artikulographie den Nachweis signifikanter Veränderungen der Sprechmotorik selbst unter niedrigen Blutalkoholspiegeln. Bereits unter niedrigen Blutalkoholspiegeln kommt es bei Nichtalkoholikern zu einer Verschlechterung der zeitlichen und räumlichen Koordination der Sprechmotorik.

Die elektromagnetische Registrierung von Artikulationsbewegungen eignet sich für pharmakologische Untersuchungen von Effekten zentral wirksamer Substanzen auf die Sprechmotorik, da das Verfahren nichtinvasiv, einfach durchzuführen und wiederholt anwendbar ist.

Literatur

Schönle PW, Wenig P, Schrader J, Gräbe K, Bröckmann E, Conrad B (1983) Ein elektromagnetisches Verfahren zur simultanen Registrierung von Bewegungen im Bereich des Lippen-, Unterkiefer- und Zungenbereichs. Biomed Tech (Berlin) 28:263–267

Ein Fall von Cannabisingestion bei einem 16monatigen Mädchen

N. Graf, M. R. Möller, G. Biro

Kasuistik

Am 4. Okt. 1983 wurde ein 16 Monate altes Mädchen von den Eltern zur Klinik gebracht, nachdem das Kind zu Hause seit wenigen Stunden immer wieder unmotiviert gelacht hatte und zunehmend torkelte, „als ob es betrunken sei". Eine Intoxikation wurde von den Eltern energisch bestritten.

Vorgestellt wurde ein eutrophisches 16 Monate altes Mädchen, das zunächst einen recht munteren Eindruck machte, immer wieder im Raum umherblickte, Gegenstände fixierte und laut lachte. Selbst eine Blutentnahme führte zu einem heftigen Lachanfall. Daneben war das Kind schwerst ataktisch. Es konnte nicht mehr laufen, stehen oder sitzen. Innerhalb einer Stunde kam es zur raschen Bewußtseinstrübung bis zur tiefen Somnolenz ohne Schmerzreaktion. Die Pupillen blieben isokor, mittelweit, mit nur trägen Lichtreaktionen. Die Konjunktiven waren deutlich gerötet. Eine zeitweise Tachykardie um 160–180/min trat auf. Der weitere körperliche Untersuchungsbefund war unauffällig.

Nach Magenspülung konnten im Mageninhalt mittels Dünnschichtchromatographie und Gaschromatographie-Massenspektrometrie Cannabinol, Cannabidiol und Tetrahydrocannabinol (THC) nachgewiesen werden.

Das Kind blieb für 12 h tief somnolent. Es wurde nur sehr langsam wach. Die Ataxie war in dieser Phase nur noch angedeutet nachweisbar. Die Pupillen wurden mittelweit und zeigten weiterhin träge Lichtreaktionen. Konjunktivale Rötungen oder Tachykardien wurden nicht mehr beobachtet.

Das Mädchen war sehr unruhig und launisch. Es traten wiederholt kürzere Phasen mit Somnolenz auf, aber nur noch vereinzelte Lachausbrüche. Nach 48 h war das Mädchen klinisch völlig unauffällig.

Laborchemisch traten keine pathologischen Werte auf. Das EEG blieb normal. Neben der initialen Magenspülung und der Gabe von Kohletabletten und Glaubersalz in üblicher Menge, wurde keine Therapie durchgeführt.

Toxikologische Untersuchungen

Im Urin wurden Cannabinoide mittels Radioimmunoassay (abuscreen®-Roche) eine Woche lang nachgewiesen (Abb. 1). Ein

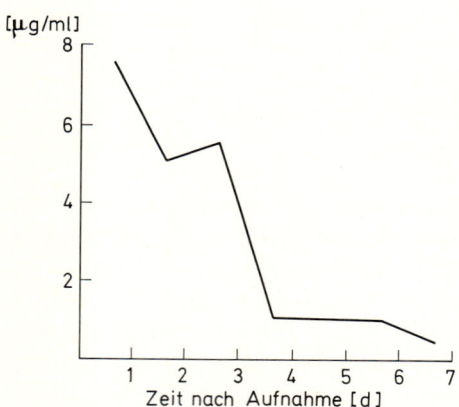

Abb. 1. Cannabinoide im Urin

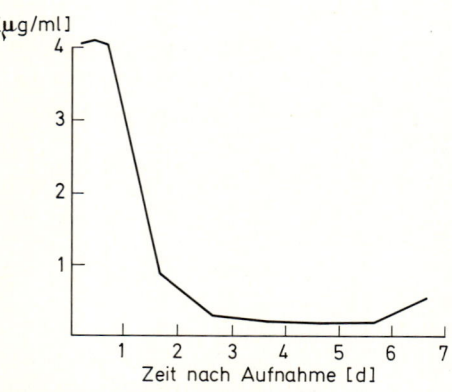

Abb. 2. Cannabinoide im Serum

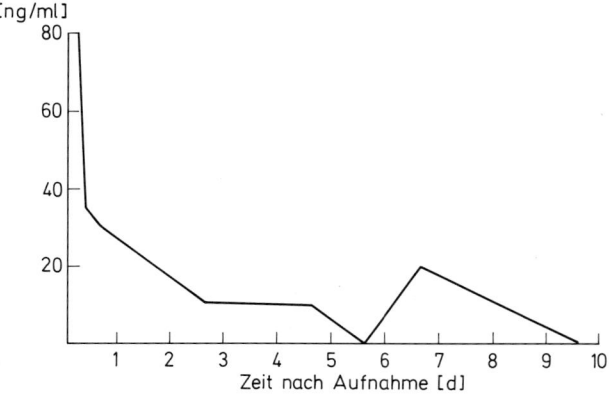

Abb. 3. THC im Serum

entsprechender Hinweis gelang auch im Serum nach Extraktion
(Abb. 2). Zusätzlich konnte mittels eines spezifischen radioimmu-
nologischen Nachweisverfahrens (Owens et al. 1982)[1] im Serum
Tetrahydrocannabinol (THC) 10 Tage nachgewiesen werden
(Abb. 3). Initial waren im Magen, trotz Magenspülung, 80 ng/ml
THC nachweisbar. Im 24-h-Sammelurin wurden 3 Tage nach Ingestion noch THC-Spiegel über 5 ng/ml nachgewiesen. Im Magen-
nüchternsekret waren Cannabinol, Cannabidiol und THC auch
mittels Gaschromatographie-Massenspektrometrie nachweisbar.

Literatur

1. Weinberg D, Lande A, Hilton N, Kerns DL (1983) Intoxication from
   Accidental Marihuana Ingestion. Pediatrics 71:848–850
2. Owens SM, McBay AJ, Reisner HM (1982) Radioimmunoanalysis of
   Delta-9-THC in blood by means of an ^{125}I tracer. In: Hawks RL (ed)
   The analysis of cannabinoids in biological fluids. National Institute on
   Drug Abuse Research Monograph Series, No 42
3. Marihuana and Health (1971) A report to the congress from the secre-
   tary. Department of Health, Education and Welfare, January 31

---

[1] Für die Bereitstellung des spezifischen Radioimmunoassays für Delta-9-
THC danken wir Herrn Dr. R. L. Hawks, National Institute on Drug
Abuse, 5600 Fishers Lane, Rockville, MD 20857, USA.

Erkrankungsverlauf und Mortalität bei Suchtkranken: vorläufige Katamneseergebnisse

U. Strehlow, B. Piesiur-Strehlow, W. Poser

Es ist bekannt, daß die Mortalität bei Suchtkranken gegenüber der Normalbevölkerung deutlich erhöht ist, am ausgeprägtesten bei Opiat- und Alkoholabhängigen [1–3]. Es soll nun untersucht werden, ob ein Zusammenhang zwischen Mortalität und dem weiteren Verlauf der Suchterkrankung hinsichtlich Abstinenz besteht.

An den Psychiatrischen und Neurologischen Kliniken und Polikliniken der Universität Göttingen wurden von 1972–1985 insgesamt 1403 Suchtkranke erfaßt, davon 821 Männer und 582 Frauen. In 1221 Fällen konnten wir eine Katamnese erhalten. Von diesen 1221 Patienten waren inzwischen 123 verstorben, 1098 zum Katamnesezeitpunkt noch am Leben.

In Tabelle 1 ist dargestellt, wie sich die 1221 Patienten nach den im Leben konsumierten Suchtstoffen einteilen lassen. Für jede der vier Gruppen sind die Gruppengröße, durchschnittliche Katamnesedauer, die nach den Sterbetafeln (Statistisches Bundesamt 1978) zu erwartenden Todesfälle, die tatsächlich beobachteten Todesfälle und der Quotient der beobachteten zu den erwarteten Todesfällen als Maß für die Mortalität angegeben. Die Mortalität ist in allen Fällen erhöht, am ausgeprägtesten in der Gruppe der (auch) Opiatabhängigen.

In Tabelle 2 sind die Todesursachen für die 123 Todesfälle aufgeführt. Die größte Einzelgruppe bilden hier die Todesfälle durch Suicid.

In Tabelle 3 sind die oben aufgeführten Daten hier aufgegliedert in sechs Gruppen dargestellt, die die Patienten hinsichtlich ihres nach Erstdiagnose weiteren Suchtmittelkonsums zusammenfassen. Je mehr Suchtstoffe weiterhin konsumiert werden, desto schlechter ist die Prognose hinsichtlich der Mortalität.

Dieses Ergebnis erscheint plausibel angesichts des großen Anteils der Patienten, die Alkohol als Suchtmittel gebrauchen, ebenso

Tabelle 1. Mortalität in den einzelnen Patientengruppen, aufgeschlüsselt nach Suchtstoffgruppen

Lebenslang konsumierte Suchtstoffe	Katamnese-fälle	Durchschn. Katamnese-dauer (Jahre)	Beobachtete Todesfälle	Erwartete Todesfälle	O/E
Alkohol	423	5,6	39	10,93	3,57
Arzneimittel	287	4,9	25	10,20	2,45
Alkohol + Arzneimittel	378	7,7	47	13,69	3,43
Illegale Drogen allein oder in Kombination mit Alkohol u./o. Arzneimitteln	133	6,4	12	1,40	8,57
	1 221	6,2	123	36,22	3,40

Tabelle 2. Todesursachen

Suizid			36
Intoxikation			5
Unfälle			11
	Davon	Verkehrsunfall	2
		Verbrannt	3
		Verhungert	1
		Ertrunken	1
		Krimineller Abort	1
Crimen			2
Delir, Entzugskrampf			3
Leberzirrhose			5
intracerebrale/ cranielle Blutung			4
Malignome			13
	Davon	Leberzell	2
		Tonsillen	2
		Bronchial	3
Magendurchbruch, perforierte Appendicitis			2
Pneumonie, Lungenembolie, Herzinfarkt			12
unbekannt			30
			123

für die Opiatabhängigen. Bei der Gesamtgruppe der Arzneimittel-abhängigen, die ebenfalls eine gegenüber der Normalbevölkerung erhöhte Mortalität hat, sind Unterscheidungen nach einzelnen definierten Stoffen oder Stoffgruppen wegen der kleinen Zahl noch nicht möglich.

Ob die erreichte Abstinenz eine Folge weiterer Behandlung oder sonstiger günstiger Entwicklung ist oder umgekehrt die Abstinenz Voraussetzung für einen günstigen Verlauf ist, läßt sich aus den obigen Daten nicht entnehmen. Immerhin erscheint es uns aufgrund unserer Beobachtungen wahrscheinlich, daß eine weitgehende Abstinenz Voraussetzung für einen günstigen Verlauf ist. Wichtig ist, daß der Patient ausreichend lange nüchterne, nicht durch Suchtstoffe oder durch Entzugssymptome beeinträchtigte Zeiten hat, in denen er auch therapeutisch sinnvolle Aktivitäten unterneh-

Tabelle 3. Mortalität aufgeschlüsselt nach Reexposition mit Suchtstoffen

Erkrankungs-verlauf		Katamnese-fälle	Mittl. Katamnese-dauer (Jahre)	Beobachtete Todesfälle (O)	Erwartete Todesfälle (E)	O/E
Sehr gut	Seit 1. Jahr nach Erstbehandlung nüchtern oder >10 J. nüchtern zum Katamnesezeitpunkt	48	5,3	1	1,23	0,81
Gut	Nüchterne Zeiten mit einzelnen Rückfällen, jedoch keine (Re-) Hospitalisierung nach Erstbehandlung	49	6,5	1	1,51	0,66
Mäßig	Nüchterne Zeiten mit Rückfällen mit (Re) Hospitalisierung	268	8,9	17	9,77	1,74
Schlecht	Süchtiges Verhalten unverändert im Vergleich zum Zeitpunkt der Erstdiagnose	377	6,8	65	12,59	5,16
Verschlechtert	Hinzunahme weiterer Suchtstoffe ohne Weglassung anderer; eindeutige Dosissteigerung. Wechsel vom inter-mittierenden zum kontinuierlichen Trinktyp	42	9,6	26	2,46	10,58
Unbekannt	Suchtverhalten nach Erst-diagnose unbekannt	337	3,7	13	8,66	1,51
		1 221	6,2	123	36,22	3,40

men kann. Hierbei haben dann auch kurzdauernde Rückfälle insgesamt nur einen geringen negativen Einfluß.

Literatur

1. Bschor F, Wessel J (1983) Zur Überlebensquote Drogenabhängiger. Dtsch Med Wochenschr 108:1345–1351
2. Edwards G, Kyle E, Nicholls P, Taylor C (1978) Alcoholism and correlates of mortality. J Stud Alcohol 39:1607–1617
3. Piesiur-Strehlow B, Strehlow U, Poser W (1986) Mortality of patients dependent on benzodiazepines. Acta Psychiatr Scand 73:330–335

Erste Ergebnisse
einer epidemiologischen Cannabinoiduntersuchung
mit *EMIT-dau*
kombiniert mit einer Bestätigungsanalyse

R. Heemken, W. Poser

Fragestellung

Anlaß dieser Untersuchung war die überraschend große Zahl von
Patienten, die wegen einer Suchtkrankheit hospitalisiert wurden
und bei der Aufnahme Hinweise für den Mißbrauch von Cannabisprodukten boten. Weiterhin fiel auf, daß zwar viele Untersuchungen mit Befragungsinstrumenten zur Exposition mit Cannabisprodukten existieren, kaum aber Untersuchungen mit Stoffnachwei-
sen. Außerdem sind diese Befragungen fast ausschließlich bei Jugendlichen durchgeführt worden, es gibt kaum Angaben über den
Mißbrauch von Cannabisprodukten bei über 24jährigen.

Es sollen daher folgende Fragen untersucht werden:

a) Wie häufig finden sich Cannabinoide im Urin von Arbeitnehmern verschiedenen Lebensalters?
b) Wie häufig finden sich Cannabinoide im Urin von psychiatrisch
Hospitalisierten – auch ohne Anforderung eines Cannabinoid-
nachweises?

Untersuchte Gruppen und soziale Struktur der Gruppen

Gruppe A ist ein Teil der Belegschaft eines großen Arbeitgebers. Die
Proben sind in einem Zeitraum von 4 Monaten gesammelt worden.
Bei Gruppe B handelt es sich um neu aufgenommene Patienten der
Psychiatrischen Universitätsklinik Göttingen.

Gruppe A ist heterogen, da in dem betreffenden Betrieb fast alle
sozialen Schichten vertreten sind. Bei den Beschäftigten handelt es
sich also um Auszubildende, Arbeiter, Angestellte und Beamte.
Auffällig ist das zahlenmäßige Verhältnis zwischen weiblichen und
männlichen Beschäftigten. Es beträgt ca. 2:1 in der gesamten
Gruppe.

In Gruppe B ist zu erwarten, daß alle sozialen Schichten und auch Randgruppierungen vorkommen. In dieser Gruppe liegt der Altersdurchschnitt (38,2 Jahre) um 5 Jahre höher als in Gruppe A (33,4 Jahre). Das zahlenmäßige Verhältnis zwischen männlichen und weiblichen Patienten beträgt bei den 44jährigen nahezu 1:1.

Ergebnisse

In Gruppe A sind 1043 Urine untersucht worden. Davon waren 20 Proben positiv, das entspricht 1,9%. Die Aufspaltung des Ergebnisses in männlich und weiblich ergibt folgendes: Von den 397 (38,1%) männlichen Personen hatten 9 ($\triangleq$2,3%) Cannabinoide zu sich genommen. Von den 646 (61,9%) weiblichen Personen hatten 11 ($\triangleq$1,7%) Cannabinoide zu sich genommen.

Die Untersuchung der Gruppe B ist momentan noch nicht abgeschlossen. Von den bisher untersuchten 158 Proben waren 8 ($\triangleq$5,1%) positiv. Die Anzahl der männlichen Personen betrug 76 (48,1%), 7 ($\triangleq$9,2%) waren THC-positiv. Von den 82 (51,9%) weiblichen Personen hatte eine ($\triangleq$1,2%) Cannabisprodukte zu sich genommen.

Vergleich mit anderen Untersuchungen

Da die meisten Untersuchungen auf Befragungen beruhen und sich fast nur mit der Altersgruppe zwischen 12 und 24 Jahren befassen, ist ein direkter Vergleich mit unserer Stichprobenuntersuchung nicht möglich. In einer 1983 von „Infratest Gesundheitsforschung" in Auftrag der Bundesländer durchgeführten Befragung ergaben sich folgende Ergebnisse: Von den 11 711 Personen im Alter von 12–24 Jahren gaben 9,7% Drogenerfahrung an. Darunter waren 3,6% aktuelle Konsumenten. (Als aktuelle Konsumenten werden Personen bezeichnet, die in den letzten 6 Monaten Drogen zu sich genommen haben. Zu den aktuellen Konsumenten gehören Probierer, schwache und starke „User"). Unter den verwendeten Drogen lagen Cannabisprodukte wieder an der Spitze. Haschisch wurde in 80% und Marihuana in 40% der Fälle als verwendete Droge angegeben.

Von den beiden von uns untersuchten Gruppen ist nur Gruppe A repräsentativ. Das Ergebnis liegt mit 1,9% deutlich unter den Befragungsergebnissen, wenn man bei diesen Untersuchungen nur

Tabelle 1. Altersverteilung und positive Befunde (Gruppe A und Gruppe B)

A					B				
Alter (Jahre)			„Positiv"		Alter (Jahre)			„Positiv"	
	n	[%]	n	[%]		n	[%]	n	[%]
–24	207	(19,8)	7	(3,4)	–24	33	(21,0)	3	9,1)
25–34	445	(42,7)	10	(2,3)	25–34	49	(31,0)	5	(10,2)
35–44	203	(19,5)	2	(1,0)	35–44	29	(18,4)	0	(0,0)
45–54	138	(13,2)	1	(0,7)	45–54	21	(13,3)	0	(0,0)
55–	50	(4,8)	0	(0,0)	55–	26	(16,5)	0	(0,0)

A: n (gesamt) = 1043, positiv (gesamt) = 1,9%
B: n (gesamt) = 158, positiv (gesamt) = 5,1%.

die „aktuellen" oder „regelmäßigen" User berücksichtigt. Der Grund hierfür liegt eindeutig in der Altersverteilung in Gruppe A (Altersdurchschnitt 33,4 Jahre). Wenn nur die bis 24jährigen berücksichtigt werden (n = 207), dann ergeben sich in der Stichprobe 3,4% positive Proben. Dieses Ergebnis deckt sich gut mit den Befragungsergebnissen.

Die Ergebnisse in Gruppe B sind nur mit ähnlichen untersuchten Kollektiven zu vergleichen. Als Anhaltspunkt können die Daten der Patienten dienen, die im Zeitraum 1980–1985 aufgrund einer Suchtproblematik in der Psychiatrischen Universitätsklinik Göttingen behandelt wurden. Die Anzahl der Patienten, die Cannabis benutzt haben oder benutzen, ist von Jahr zu Jahr bis 1983 gestiegen, seit 1984 sind die Zahlen rückläufig.

7,0–11,7% der Patienten, die aufgrund einer Suchtgefährdung oder Suchtkrankheit hospitalisiert waren, gaben den Gebrauch von Cannabisprodukten in der Anamnese an. Eine Umrechnung der Ergebnisse auf die Gesamtaufnahmen der Klinik zwischen 1980 und 1985 ergibt folgendes: 1,3%–2,2% aller stationär aufgenommenen Patienten gaben den Gebrauch von Cannabisprodukten an.

Diskussion

Das interessanteste Ergebnis in bezug auf Gruppe A ist, daß auch Personen über 24 Jahren in einem relativ hohen Prozentsatz Cannabisprodukte zu sich nehmen. In der Gruppe der 25- bis 34jährigen sind es immerhin 2,3%, wobei die Männer überwiegen. Im Gegensatz dazu waren in der Gruppe der bis 24jährigen nur bei Frauen Cannabinoide nachweisbar. Der Grund hierfür mag aber in der geringen Anzahl männlicher Personen liegen (38 Personen).

Da nach der Studie des Bundesministers für Jugend, Familie und Gesundheit 1983 durchschnittlich im Alter von 17 Jahren das erste Mal illegale Drogen probiert werden, handelt es sich bei den über 24jährigen vermutlich nicht um Probierer, sondern um schwache und starke User, die Cannabisprodukte regelmäßig benutzen (*Probierer:* Personen, die jemals eine oder mehrere Drogen bis zu 5mal genommen haben; *schwache User*: Personen, die eine oder mehrere Drogen zwischen 6- und 50mal genommen haben; *starke User:* Personen, die eine oder mehrere Drogen über 50mal genommen haben). Über den Umfang und die Häufigkeit des Cannabisgebrauchs einer Person mit positivem Befund kann in unserer Stichprobenuntersuchung selbst mit einer semiquantitativen Nachweismethode keine Aussage gemacht werden, da Cannabinoide bei einmaligen Gebrauch (z. B. ein „Joint") zwischen 1,5 h bis maximal eine Woche später im Urin nachweisbar sind und bei starken Usern bis zu 3 Monaten nach dem letzten Gebrauch (Kanter et al. 1982).

In bezug auf die Fragestellung kann gesagt werden, daß der Gebrauch von Cannabisprodukten unter gesunden Arbeitnehmern unerwartet hoch liegt. Dies trifft v. a. auf die Gruppe der über 24jährigen zu.

In Gruppe B liegen die als positiv bestätigten Befunde deutlich über den errechneten Ergebnissen zwischen 1980 und 1985. Hinzuzufügen bleibt, daß hier die Diskrepanz zwischen EMIT-dau-Ergebnissen und Bestätigungsanalysen besonders groß ist (von 19 Proben konnten nur 8 bestätigt werden). Dies könnte an den eventuell für eine Bestätigungsanalyse nicht ausreichenden Probenvolumina liegen. Daher ist zu vermuten, daß viele Proben, die positiv waren, nicht bestätigt werden konnten, weil das eingesetzte Volumen zu gering war und somit die Aussage zu geringeren Werten hin verfälscht ist. Wenn wir die EMIT-dau-Ergebnisse mit der jährlichen Statistik der Psychiatrischen Universitätsklinik vergleichen, so liegen die Ergebnisse sogar deutlich höher als die Zahlen in bezug auf den Cannabinoidmißbrauch, die durch Anamnese in Erfahrung gebracht wurden. Auch in Gruppe B ist auffällig, daß in der Gruppe der 25- bis 34jährigen der prozentuale Anteil der Cannabiskonsumenten unerwartet hoch liegt.

Untersuchungsverfahren

Das Screening ist mit dem "EMIT-d.a.u. Cannabinoide Assay" und dem "AutoCarousel" der Fa. Syva-Merck durchgeführt worden.

Die Bestätigungsanalyse erfolgte mittels Säulenextraktion und Dünnschichtchromatographie.

Die Bestätigungsanalyse ist in jedem normal ausgerüsteten klinischen Labor durchzuführen. Der Zeitaufwand für 10 Proben beträgt ca. 3 Stunden, die Materialkosten für 10 Proben belaufen sich momentan auf DM 130,–.

Literatur

Bundesminister für Jugend, Familie und Gesundheit (Hrsg) (1983) Konsum und Mißbrauch von Alkohol, illegalen Drogen, Medikamenten und Tabakwaren durch junge Menschen. Bonn

Bundeszentrale für gesundheitliche Aufklärung (Hrsg) (1983) Die Entwicklung der Drogenaffinität Jugendlicher unter Berücksichtigung des Alkohol-, Medikamenten- und Tabakkonsums – Ergebnisse einer Trendanalyse 1973 / 1976 / 1979 / 1982. Köln

DeLaurentis MJ et al. (1982) An EMIT assay for cannabinoid metabolites in urine. In: Department of Health and Human Services (ed) The analysis of cannabinoids in biological fluids. Rockville, pp 69–84

Elsohly MA et al. (1983) Analysis of the major metabolite of delta-9-tetrahydrocannabinol in urine. II: A HPLC procedure. J Anal Toxicol 7, 262–264

Kanter SL et al. (1982) Identification of marijuana use by detection of delta-9-tetrahydrocannabinol-11-oic acid using thin-layer chromatography. J Chromatogr 234:201–208

Magliozzi JR et al. (1983) Detection of marijuana use in psychiatric patients by determination of urinary delta-9-tetrahydrocannabinol-11-oic-acid. J Nerv Ment Dis 171/4:246–249

Peat MA (1982) Laboratory evaluation of immunoassay kits for the detection of cannabinoids in biological fluids. In: Department of Health and Human Services (ed) The analysis of cannabinoids in biological fluids. Rockville, pp 85–98

Schenk J (1975) Droge und Gesellschaft. Berlin

Diskrepante Befunde
zwischen *EMIT-st* (Benzodiazepine) und DC-Screening [*]

H. Schütz, W.-R. Schneider, A. Borchert, H.-J. Kaatsch

Mit dem EMIT-st-System ("Enzyme-multiplied immunoassay technique single test"; vgl. Firmenschrift Syva-Merck 1984) steht ein außerordentlich weit verbreitetes Screeningverfahren zur Verfügung, das hinsichtlich der Analysendauer dem dünnschichtchromatographischen Suchtest (DFG 1986; Schütz 1982 a, b) überlegen ist (Zeitbedarf für EMIT-st wenige Minuten, für die DC-Methode einschließlich Hydrolyse und Extraktion 1,5–2,5 h). Diese gute Praktikabilität mag auch ein Grund dafür sein, daß der EMIT-st bei vergleichsweise hohen Kosten so häufig eingesetzt wird, obwohl er hinsichtlich der Nachweisempfindlichkeit, Selektivität und Spezifität der DC-Methode (Kupplung mit Bratton-Marshall-Reagens zu Azofarbstoffen nach Hydrolyse, photolytischer Desalkylierung und Diazotierung) in vielen Fällen unterlegen ist (z.B. Nachweisgrenze 0,5 mg Oxazepam/l bei EMIT-st gegenüber 0,05 mg Oxazepam/l beim DC-Screening sowie keine Differenzierung zwischen verschiedenen Benzodiazepinen beim EMIT-st). Nach allgemeiner Auffassung sollten beim Benzodiazepinscreening *beide* Verfahren eingesetzt werden, um die Forderung nach einer "confirming method" zu erfüllen. Dabei ergibt sich nach den Beobachtungen von Oellerich (1979) und auch aufgrund eigener Studien eine relativ hohe Effizienz von etwa 85%. Bereits Oellerich berichtet in diesem Zusammenhang über „falsch-negative" Resultate und vermutet einen störenden Einfluß der Konjugatbildung. Vor einem unkritischen Einsatz von Immunotests warnte kürzlich Bäumler (1985). Aufgrund seiner Erkenntnisse werden die Benzo-

[*] Diese Arbeit enthält Ergebnisse der geplanten Dissertation von W.-R. Schneider.
Für ständige Förderung und Unterstützung sei folgenden Institutionen gedankt: Bund gegen Alkohol im Straßenverkehr e.V.; Deutsche Forschungsgemeinschaft; Fond der Chemischen Industrie.

diazepinderivate Flunitrazepam (Rohypnol) und Bromazepam (Lexotanil, Durazanil, Normoc u. a.) nicht erfaßt. Von einer Anwendung des EMIT-st bei klinisch-toxikologischen Eilanalysen sei daher sogar abzuraten, da eine Benzodiazepinvergiftung vorliegen könne, obwohl der Immunotest die Anwesenheit von Benzodiazepinen verneine (Bäumler 1985).

Diese und eigene diskrepante Befunde waren Anlaß für klärende Untersuchungen, über die nachfolgend berichtet werden soll.

Untersuchungsmethoden

a) EMIT-st (Benzodiazepine)
   Art.-Nr. 448 503 (Benzodiazepintest),
   Art.-Nr. 448 509 (Urinkalibrator),
   Art.-Nr. 448 510 (Urinkontrollen),
   Art.-Nr. 448 810 (EMIT-st-System);
   alle Artikel von Syva-Merck, 6100 Darmstadt.
b) Dünnschichtchromatographischer Screeningtest (DC-Test)
   Ausführliche Beschreibung der Methode s. DFG 1986 und Schütz 1982 a, b.

Ergebnisse und Diskussion

a) Befunde nach der Verabreichung von Oxazepam (u. a. Adumbran, Praxiten)
   Es konnte etwa ein Dutzend Fälle beobachtet werden, die nach Oxazepameinnahme durch folgendes Befundmuster gekennzeichnet waren:
   EMIT-st (Benzodiazepine): negativ,
   DC-Screening (2-Amino-5-chlorbenzophenon): stark positiv.
   Nach einer enzymatischen Hydrolyse (Zusatz von 0,5-Vol.-% Arylsulfatase/β-Glukuronidase/EC 3.1.6.2/EC 3.2.1.31/pH 5,5/37 °C/12 h) verlief der EMIT-st in diesen Fällen stets deutlich positiv. Da wir dieses Phänomen nicht bei allen Oxazepamanwendern fanden, vermuten wir, daß interindividuelle Unterschiede in der Fähigkeit zur Konjugatbildung eine Rolle spielen. Weitere Untersuchungen zur Bestätigung dieser Hypothese sind geplant.
   Ähnliche Zusammenhänge sind auch für Lorazepam (Tavor, Pro Dorm) zu diskutieren.

Es wird daher die Wiederholung des EMIT-st nach einer enzymatischen Hydrolyse empfohlen. Bei sehr niedrig dosierten Benzodiazepinen, die darüber hinaus auch noch Konjugate bilden – z. B. Lorazepam (Tavor) – empfiehlt sich ein zusätzlicher Extraktionsschritt:

Beispiel:

Nach der Einnahme therapeutischer Dosen von Lorazepam verläuft die Prüfung mittels EMIT-st (Benzodiazepine) häufig *negativ* (z. B. Calibrator 296/Sample 222), falls der unbehandelte Originalharn untersucht wird.

Nach einer enzymatischen Hydrolyse mit 0,5-Vol.-% Arylsulfatase/β-Glucuronidase bei pH 5,5 und 37 °C (Zeitdauer etwa 12 h) liegt immer noch ein *negatives* Resultat vor; die Readings der Probe lagen aber näher an der Entscheidungsgrenze (z. B. Calibrator 288/Sample 263).

Anschließend wurde die Probe auf pH 9 gebracht und mit 20 ml Diethylether extrahiert. Der Rückstand der eingedunsteten Etherphase wurde in etwas Harn aufgenommen und erneut untersucht. Nach dieser Anreicherungsoperation sprach der Test positiv an (z. B. Calibrator 290/Sample 358).

Bei Vergiftungsverdacht besteht die Möglichkeit einer *schnelleren Variante* der enzymatischen Hydrolyse (pH 4,5–5,5/55 °C/1 h; vgl. DFG 1985).

b) Befunde nach der Verabreichung von Bromazepam (Lexotanil u. a.)

Nach einer Bromazepameinnahme ergaben sich regelmäßig folgende Befunde:

EMIT-st (Benzodiazepine): negativ,

DC-Screening (2-Amino-5-bromphenyl) (pyridin-2-yl)-methanon: deutlich positiv.

Zur Abklärung dieser Diskrepanz wurden folgende Selbstversuche durchgeführt: 9 freiwillige Versuchspersonen nahmen jeweils 1 Tbl. Lexotanil (entsprechend je 6 mg Bromazepam) ein. Innerhalb der ersten 30 h nach der Verabreichung wurden Harnproben gesammelt und untersucht. In allen Fällen ergab sich der obige Befund (EMIT-st: negativ/DC-Screening: positiv).

Da zunächst vermutet werden konnte, daß auch bei Bromazepam Konjugate eine Rolle spielen (z. B. Glukuronidierung von 3-Hydroxi-Bromazepam), wurde ein Teil der Proben einer enzymatischen Hydrolyse (Vorschrift s. oben) unterzogen. Aber auch nach dieser Prozedur verlief der EMIT-st weiterhin negativ.

Zur Ermittlung der Nachweisgrenze des EMIT-st (Benzodiazepine) für Bromazepam und 3-Hydroxi-Bromazepam wurde Leerharn entsprechend aufgestockt. Dabei ergab sich ein positiver EMIT-st-Befund erst ab etwa 2–5 mg/l. (Diese relativ hohe Nachweisgrenze darf nicht sonderlich überraschen, da die Struktur von Bromazepam und seinen Metaboliten [5-(2-Pyridyl)- anstelle von 5-(Phenyl)-Struktur] doch wesentlich von den übrigen 1,4-Benzodiazepinen abweicht.)

Diese Ergebnisse sprechen dafür, daß nach der Einnahme einer therapeutischen Dosis von Bromazepam *nicht* mit einem positiven EMIT-st-Befund gerechnet werden kann, während der DC-Screeningtest (Nachweisgrenze 0,05 mg/l) in solchen Fällen ausnahmslos positiv anzeigt. In diesem Zusammenhang sei auf die klinische und forensische Bedeutung des Nachweises therapeutischer Dosierungen von Benzodiazepinen hingewiesen (vgl. Zs. *Blutalkohol* 1985 zur Einmaldosis, sowie Poser et al. 1982).

In Übereinstimmung mit unserer Deutung konnte bei zahlreichen *Vergiftungs*fällen mit Bromazepam auch ein positiver EMIT-st-Befund erhalten werden, falls in solchen Fällen die Nachweisgrenze überschritten wurde. Wir möchten deshalb den EMIT-st als Screeningmethode bei Vergiftungsfällen nicht ablehnen.

Gewarnt werden muß vor der Fehlinterpretation falsch-negativer Harnbefunde im Anfangstadium einer Bromazepamintoxikation. Bereits an anderer Stelle (DFG 1986) wurde darauf hingewiesen, daß zur Vermeidung von Fehlinterpretationen im Rahmen der klinisch-toxikologischen Untersuchung stets *alle* verfügbaren Asservate (Harn, Blut, Mageninhalt u. a.) zu untersuchen sind. Auch eine zu einem späteren Zeitpunkt asservierte 2. Harnprobe kann wertvolle zusätzliche Erkenntnisse liefern.

c) Befunde nach der länger zurückliegenden Einnahme von Benzodiazepinen, die sich gut mit EMIT-st und DC erfassen lassen (z. B. N-Desmethyldiazepam u. a.)
Typischer Befund:

EMIT-st (Benzodiazepine): negativ,
DC-Screening (2-Amino-5-chlor-benzophenon): schwach positiv.

Dieses Befundmuster tritt meist in der späteren Eliminationsphase auf, kann jedoch auch kurze Zeit nach der Einnahme größerer Dosen beobachtet werden, wenn die renale Exkretion gerade erst eingesetzt hat. Die Diskrepanz zwischen den Befunden läßt sich leicht damit erklären, daß die Nachweisgrenze des EMIT-st (ca. 0,5 mg Oxazepam/l) unterschritten wird, während dies beim empfindlicheren DC-Screening (0,05 mg Oxazepam/l) noch nicht der Fall ist.

d) Befunde nach der Verabreichung von Triazolobenzodiazepinen – z. B. Triazolam (Halcion), Midazolam (Dormicum), Alprazolam (Tafil, Xanax)

Typischer Befund:
EMIT-st (Benzodiazepine): schwach positiv bis positiv,
DC-Screening: negativ.

Obwohl diese neuartigen Benzodiazepine äußerst niedrig dosiert werden (Einmaldosis zwischen 0,25 und 0,5 mg), konnten wir nach regelmäßiger Einnahme positive EMIT-st-Befunde beobachten. Da bei der sauren Hydrolyse bzw. Desalkylierung keine primären aromatischen Amine entstehen, muß die DC-Prüfung nach dem oben angegebenen Verfahren negativ ausfallen.

Zur Absicherung der positiven EMIT-st-Befunde müssen im Falle der Triazolobenzodiazepine daher andere Methoden herangezogen werden, über die wir ebenfalls berichten (Triazolam: Schütz 1985; Schütz u. Fritz 1981; Midazolam: Schütz 1985; Alprazolam: Schütz u. Schneider 1986).

Untersuchungen zur Entwicklung eines empfindlichen DC-Screenings für Triazolobenzodiazepine befinden sich gegenwärtig in der Bearbeitung (nach Abschluß wird darüber berichtet werden).

Schlußfolgerungen

Die beschriebenen Untersuchungen und Beobachtungen zeigen deutlich, daß beim alleinigen Einsatz des EMIT-st im Rahmen des

Benzodiazepinscreenings mit klinisch-toxikologisch relevanten Fehlinterpretationen gerechnet werden muß. Daher wird eine zusätzliche dünnschichtchromatographische Kontrollanalyse dringend empfohlen.

Literatur

1. Bäumler J (1985) Der analytische Nachweis von akuten Vergiftungen. MTA-Journal 7:360–364
2. Blutalkohol (1985) 22:473 (Rechtsprechung)
3. EMIT-st (1984) (Firmenschrift, Syva-Merck)
4. DFG – Deutsche Forschungsgemeinschaft (1985) Empfehlungen zum Nachweis von Suchtmitteln im Urin. VCH-Verlagsgesellschaft, Weinheim, S. 15 (Mitteilung III der Kommission für Klinisch-toxikologische Analytik)
5. DFG – Deutsche Forschungsgemeinschaft (1986) Dünnschicht-chromatographische Suchanalyse für 1,4-Benzodiazepine in Harn, Blut und Mageninhalt. VCH-Verlagsgesellschaft, Weinheim (Mitteilung VI der Kommission für Klinisch-toxikologische Analytik)
6. Oellerich M (1979) Anwendung der EMIT-Technik beim Drogenscreening. In: Vogt W (Hrsg) Praktische Anwendung des Enzymimmunoassays in klinischer Chemie und Serologie. Thieme, Stuttgart New York, S. 66–75, sowie pers. Mitteilung
7. Poser W, Kemper N, Poser S (1982) Mißbrauch und Abhängigkeit bei Benzodiazepin-Hypnotika. In: Hippius H (Hrsg) Benzodiazepine in der Behandlung von Schlafstörungen. Upjohn, Heppenheim
8. Schütz H (1982a) Benzodiazepines – A handbook. Springer, Berlin Heidelberg New York Tokyo
9. Schütz H (1982b) Screening von Benzodiazepinen. Ärztl Lab 28:117–132
10. Schütz H (1985) Analytische Daten des neuen Benzodiazepinderivates Midazolam (Dormicum) und seiner Metaboliten. Z Rechtsmed 94:197–205
11. Schütz H (1985) Weitere Daten zum Nachweis von Triazolam (Halcion) und seinen Hauptmetaboliten. Beitr Gerichtl Med XLIII: 465–467
12. Schütz H (1986) siehe [5]
13. Schütz H, Fitz H (1981) Analytik und Biotransformation von Triazolam (Halcion), einem neuen Benzodiazepin mit forensisch relevanten Nebenwirkungen. Beitr Gerichtl Med XXXIX: 339–346
14. Schütz H, Schneider W-R (im Druck) Analytische Daten des neuen Benzodiazepinderivates Alprazolam (Tafil, Xanax) und seiner Metabolite. Beitr Gerichtl Med XLIV

Sachverzeichnis